곽재식의 세균 박람회

곽재식의 세균 박람회

1판 1쇄 발행 2020. 2. 21.
1판 5쇄 발행 2024. 4. 26.

지은이 곽재식

발행인 박강휘
편집 임솜이 디자인 윤석진 마케팅 윤준원 홍보 박은경
발행처 김영사

등록 1979년 5월 17일 (제406-2003-036호)
주소 경기도 파주시 문발로 197(문발동) 우편번호 10881
전화 마케팅부 031)955-3100, 편집부 031)955-3200 | 팩스 031)955-3111

값은 뒤표지에 있습니다.
ISBN 978-89-349-9234-9 03470

홈페이지 www.gimmyoung.com   블로그 blog.naver.com/gybook
인스타그램 instagram.com/gimmyoung   이메일 bestbook@gimmyoung.com

좋은 독자가 좋은 책을 만듭니다.
김영사는 독자 여러분의 의견에 항상 귀 기울이고 있습니다.

Archaea
Bacteroides
Clostridium botulinum
Cyanobacteria

Microcystis
Trichoplax
Escherichia coli
Clostridium tetani
Bacillus anthracis

곽재식의

Lactobacillales
Lactobacillus
Spirulina
Diatom

세균 박람회

Bacillus thuringiensis
Thiomargarita namibiensis
Salmonella typhimurium
Bacillus subtilis

김영사

1980년대 캐나다의 텔레비전 시리즈 중에 〈쌍둥이 에디슨The Edison Twins〉이 있었다. 에디슨 집안의 쌍둥이 남매가 과학 지식과 얽힌 소동을 겪는다는 내용이었는데, 지금 생각해보면 어린이들에게 과학에 대한 흥미를 갖게 하자는 목적이 강한 프로그램이었던 것 같다. 한 회가 끝나면 말미에 그날 다루었던 과학 지식에 대해서 잠깐 해설을 해주기도 했다.

이 프로그램은 한국에서도 방영되었는데, 한 에피소드에서 손에 세균이 얼마나 많이 묻어있는지 보여주겠다면서 손에 있는 세균들을 실험을 거쳐 자세히 보여주는 장면이 있었다. 그 모습은 이후 내 마음속에 오래도록 자리한 세균에 대한 이미지가 되었다. 손바닥 같은 곳에서 항상 곁에 있고, 그런데도 신비하게도 눈에 보이지 않는다. 그러면서도 여러 이상한 일을 벌이는 괴상한 것, 그것이 내가 기억하는 세균의 모습이다.

내가 세균에 대해서 제대로 알 기회를 갖게 된 것은 불과 몇 년 되지 않았다. 당시 급하게 논문을 써야 할 일이 생겼는데, 일정이 매우 촉박한지라 시간 안에 논문으로 완성할 만한 주제가 별로 많지 않았다. 마침 그때 내 상황에서 쉽게 자료를 입수하고 분석할 수 있는 것이 세균에 관한 내용이었다. 나는 그런 이유로 처음 진지하게 세균에 대한 교과서와 논문들을 읽고 자료를 찾아보기 시작했다.

그런데 막상 세균에 관해 파고들수록 굉장히 신기하고 흥미로운 내용이 어마어마하게 쏟아졌다. 어릴 적 텔레비전에서 잠깐 보았던 장면이 심어준 흥미와 호기심이 되살아나는 것 같기도 했다. 논문이라는 목적은 잊고 어느새 세균 이야기에 푹 빠져서 한동안 여러 자료와 글을 읽으며 지냈다. 이 책은 그 과정에서 내가 알게된 것 중에 특별히 재밌는 이야깃거리들을 알기 쉽게 정리해본 것이다.

세균은 눈에 보이지 않는 생물이며 사람이 할 수 없는 여러 일을 한다는 점에서 무척 신비롭다. 또한 바로 지금도 우리 몸 위에, 몸속에 언제 어디서나 늘 아주 가까이 머무는 생물이다. 손 한 번만 씻어도 물에 씻겨 내려가는 허약한 생물이면서 한편으로는 요즘과 지구 환경이 전혀 달랐던 수십억 년 전에서 지금에 이르기까지 어마어마하게 긴 세월 동안 곳곳을 마음껏 누비며 살아온 생물이기도 하다. 어찌 보면 참 보잘것없고 사람과는 너무 다른 간단한 구조의 생물인데, 동시에 사람처럼 생명을 갖고 자신의 삶을 살아가는 같은 생명체라는 공통점도 있다. 그 때문에 살아있다는 것, 삶이라는 것을 이해하기 위해서 많은 사람들이 세균을 탐구했고 그 많은 세균에 대한 온갖 이야기들 속에 여러 학자들이 빠져 살았다.

나는 이 책이 그 많은 이야기에 비교적 쉽고 가까이 접할 수 있는 기회가 되었으면 한다. 세균에 관한 심오한 지식을 정교하게 전달해주는 책이라기보다는, 세균에 대해 관심을 갖게 할 만한 이야기들을 소개하는 책을 목표로 했다. 그래서 이 책을 본 독자가 세균, 미생물, 생화학에 대해 더 많은 관심을 갖고 더 깊은 호기심을 갖게 되어 더 많은 세균 이야기들을 찾아 나서게 하고 싶었다.

그렇기 때문에 차근차근 이 분야의 기초를 쌓아가는 방식 대신에 우리 주변에서 쉽게 만날 수 있는 이야기를 차례로 꺼내보는 식으로 글의 흐름을 잡았다. 또한 외국 학자들의 일화보다는 한국에서 있었던 일이나 한국 연구자의 이야기들을 더 많이 담아보려고 노력했다.

그렇게 해서 세균이라는 것이 이 세상의 온갖 것들과 이렇게나 관련이 많다는 것, 그러면서도 이렇게나 이상한 점들이 많다는 것, 그 다양한 모습들을 죽 둘러볼 수 있는 책을 쓰고자 했다. 혹여나 쉽게 이야기하려고 중간 과정에 대해 설명을 생략한 부분이나 비유 혹은 예시에서 오해를 불러일으킬 대목이 보인다면 언제든 연락해주시기를 기쁜 마음으로 기다리겠다.

끝으로 세균 연구의 길을 처음 보여주신 박준홍 교수님께 진심으로 감사의 말씀을 전하고자 한다. 또한 공부하고 연구하는 과정에서 많은 도움을 주신 김우주 교수님, 김상현 교수님, 김형일 교수님, 이태권 교수님을 비롯한 여러 분께도 감사의 인사를 드리고 싶다.

2020년, 테헤란로에서

곽재식

2부 현재관 ○

3부 **미래관** ○

4부 우주관 ○

1부

과거관

BACTERIA EXHIBITION

1장

최초의 생명

왜 사는가, 혹은 어쩌다 사는가?

도대체 우리는 왜 태어나서, 왜 살고 있는가? 대답하기 쉬운 질문
은 아니다. 우리가 사는 세상이 생겨난 것은 140억 년 전쯤이라고
하는데, 사람의 삶은 백 년 정도니까 짧은 순간이다. 세상이 생겨
난 이야기를 만약 14기가바이트 정도의 동영상 파일로 바꾼다고
상상해본다면 사람의 삶 백 년이 차지하는 기간은 고작 100바이
트 정도다. 세상 전체의 시간이 30부작 연속극이라면, 한 사람이
차지하는 시간은 20분의 1초쯤, 반짝하고 지나가는 장면의 일부
를 차지하는 작디작은 한 조각 정도밖에 되지 않을 것이다.

  사람은 그 정도로 짧은 시간만을 산다. 그렇다면 도대체 이 기
나긴 세월 속에 그 짧은 삶이란 것이 왜 있어서, 그 짧은 시간 동

안 태어나서 자라나고 웃고 울고 애쓰고 안타까워하고 즐거워하고 감격하는 일을 겪는 걸까?

공간이라는 면에서 보면 사람의 삶이 차지하는 부분은 더욱더 좁다. 태양이 속해 있는 은하계에는 태양 같은 별이 천억 개가 훨씬 넘게 있다고 한다.

그리고 이 세상에는 그런 은하계가 역시 천억 개 이상 있다. 최근의 연구를 보면 태양 같은 것 천억 개가 있는 은하계가 세상에는 수조에서 수백조 개 정도 있을 수도 있다고 한다. 이렇게 어마어마하게 넓고 엄청나게 거대한 세상이 펼쳐져 있는데, 도대체 왜 하필 그 한 켠을 차지하고 있는 아주아주 작은 지구라는 곳에서 그 많은 사람들이 태어나고 사라지면서, 돕기도 하고 싸우기도 하고, 전쟁도 하고 축제를 열기도 하고, 온갖 엄숙한 의식으로 거창한 행사를 열기도 하고 새로운 소식에 놀라고 기뻐하기도 하는 일이 일어나게 된 걸까? 이게 다 뭐 하자는 것일까?

《오산설림초고》라는 기록에는 조선 전기의 학자 서경덕이 지리산 꼭대기에서 이상한 사람을 만난 이야기를 싣고 있다. 이 이상한 사람은 팔에 긴 털이 나있는 모습이었다고 하는데, 자신의 말에 따라 기운을 잘 가다듬고 정신을 열심히 수련하면 삶에 대한 깨달음을 얻을 수 있다고 했단다. 그 사람은 아마 왜 사는지에 대해 진정한 답을 알고 있었을 것이다.

덧붙여 그 사람은 삶에 대한 깨달음을 얻어서 경지에 이르면 대낮에 하늘 위로 사람이 떠올라 지금 우리가 사는 세상이 아닌 전혀 다른 곳으로, 세상 밖의 세상으로 떠나갈 수 있게 된다고 설명했다.

이런 식으로 '왜 사는가'라는 물음에 대한 답은 예로부터 신비롭게 포장되었다.

그런데 우리가 도대체 왜 사는가에 대해서 좀 다른 방식으로 의문을 품는 사람들도 있었다. 그들은 '왜 사는가'가 아니라 '어쩌다가 삶이란 것을 살게 되었는가'라는 질문에 초점을 맞추었다.

사람은 생물이다. 그리고 생물은 태어난 이상 대부분 죽는 것을 싫어하고 더 즐겁게 살고 싶어 한다. 그러므로 지금 사람이 애써 아등바등 살고 있는 가장 큰 이유를 대보라면 사실 무엇보다도 '일단 태어났기 때문에 산다'고 해야 한다. 그러고 보면 사람이 태어난 것은 조상이 자식을 남겼기 때문이다. 그러면 생물의 공통된 성질이 태어난 삶을 유지하고 싶게 만든다. 그래서 살게 된다. 그리고 그 조상은 조상의 조상이 자식을 남겼기 때문에 태어났다. 이런 식으로 거슬러 올라가보면 우리가 살려고 하는 것은, 먼 옛날 생명이란 것이 나타나 자손을 남겼기 때문이다.

그러니까 결국 이 지구라는 행성에 어쩌다가 생명체가 생겨났고, 그 생명체가 후손을 남기며 살고자 하는 습성을 갖게 되었다. 그 때문에 이 모든 것이 시작된 것이다. 그렇게 생명체가 생겼기 때문에 그 후손인 다른 모든 생명체들과 우리 사람들도 태어났고 살고 싶어 하고 번성하고 싶어 해서 이렇게 살게 된 셈이다. 그러니까 우리가 태어난 것, 나름대로 열심히 살아보려고 하는 것, 죽기를 싫어하는 것은 결국 따지고 보면 최초의 생명체로부터 이어진 생명의 습성이다. 수십억 년 전 지구에 아주 원시적이고 눈에 보이지도 않을 정도로 작은 한 생물이 태어났고 그 생물이 자손을 남겼다는 이유 때문에 그의 먼 후손인 우리는 살 수밖에 없게 되었다. '왜 사는가'에 대한 명확한 답이라고는 할 수 없지만, 적어도 '어째서 살게 되는가'에 대해서는 어느 정도 설명이라고 할 만한 이야기다.

스트로마톨라이트의 이상한 무늬

그러면 도대체 어쩌다가 지구에는 생명체가 생겨났을까? 이 질문은 서경덕 같은 철학자가 아니라 생물학자, 지질학자, 화학자 등이 지금껏 열심히 매달려 연구하고 있는 주제다. 이런 학자들은 여러 증거와 단서들을 통해 지구에 생명이 생겨난 이유를 따진다. 그리고 아주 옛날 지구에 생명이 처음 생겨나고 얼마 되지 않았을 무렵의 상황을 추측하고 연구한다.

비교적 쉽게 찾을 수 있는 대표적인 단서로 나는 스트로마톨라이트Stromatolite라는 것을 소개해보고자 한다. 스트로마톨라이트라니, 익숙하지 않은 상황에서 이름만 들으면 머나먼 나라의 깊숙하고 외딴 곳에 가야 있는 기이한 물질 같지만, 의외로 대한민국 서해의 소청도에서도 간단히 찾을 수 있는 것이다.

소청도는 남북한의 대치 때문에 군사적으로 중요한 지역이라고들 하는 서해 5도 중 하나다. 그 서해 5도 중에서도 작은 편에 속하는 섬이다.

〈국제신문〉의 이승륜 기자는 소청도에서 전해 내려오는 전설을 하나 소개한 적이 있다. '화장쇠 전설'이라는 것인데, 옛날 서해를 오가던 장삿배가 풍랑 때문에 위기를 겪게 되었을 때 선장의 꿈에 흰머리 노인 모습을 한 서해의 신이 나타나 '화장쇠'를 소청도에 내려놓고 가야 풍랑이 멎는다고 했다는 이야기다. 화장쇠는 배에서 밥을 짓고 잡일을 하는 사람이었는데, 선장은 화장쇠에게 물을 구해 오라고 시키며 소청도에 내리게 한 뒤에 도망쳤고, 화장쇠는 선장을 기다리면서 바위에 글자를 새기다가 결국 죽었다는 것이다. 세월이 지나면서 화장쇠가 새긴 글자는 깎여나가 지금은 정확히 찾아낼 수 없다고 한다.

이승륜 기자가 소개한 전설에는 이후 무당들이 굿을 하면 그 옛날에 죽은 화장쇠의 혼령이 나타난다는 이야기가 덧붙여져 있다. 화장쇠의 혼령이 정말 굿판에 나타나는지에 대해서는 알 길이 없다. 하지만, 도대체 왜 그런 전설이 생겼는지 어느 정도 추측해 볼 만하다.

소청도 바닷가 한 켠에는 나무의 나이테나 퍼져나가는 기름띠 모양의 묘한 무늬를 갖고 있는 돌이 있다. 그런데 언뜻 보기에 따라서는 누가 일부러 그림을 그렸다든가 돌에 신비로운 무늬, 모양 같은 것을 새겨놓았다는 등의 상상을 할 만하게 생겼다. 전설에

소청도 스트로마톨라이트 | 겹겹이 층을 쌓아 만든 것처럼 줄무늬 모양을 띤다.

따라 이름을 붙여보라면, 나는 '화장쇠돌' 정도로 이름을 붙여볼 텐데, 바로 이 이상한 무늬를 갖고 있는 돌을 현대 학자들은 스트로마톨라이트라고 부른다.

소청도의 화장쇠돌, 그러니까 스트로마톨라이트가 중요한 까닭은 역시 그 무늬 때문이다. 학자들은 스트로마톨라이트의 독특한 무늬가 파도나 바람 때문이 아니라 생명체 때문에 생겨난 것이라고 보고 있다.

생명체라고 해서 정말로 화장쇠 같은 사람이 있어서 돌에 무늬를 새겼다는 말이 아니다. 세균들이 아주 오랜 세월 동안 모여 살면서 살고 죽은 흔적이 쌓이고 쌓여서 그런 무늬가 생겼다는 것이다. 그러니까 소청도 화장쇠돌의 무늬는 뱃사람이 새긴 것이 아니라 세균들이 만든 것이다. 말을 만들어보자면, 세균이 바로 전설 속의 화장쇠 역할을 한 셈이다.

주변의 지형과 세균의 흔적이 스트로마톨라이트라는 돌로 변했다가 눈앞에 드러나는 시간을 고려해보면, 세균이 소청도 화장쇠돌에 흔적을 남긴 것은 대략 6억 년 전에서 10억 년 전으로 추정된다고 한다. 화장쇠 전설의 배경이 될 만한 무역하던 700년 전이나 신라의 장보고가 활약하던 1200년 전 정도가 아니다. 그와는 비할 바 없이 오래된 10억 년 전에 화장쇠돌은 생겨났다.

세균은 언제 생겨났을까

고려시대, 신라시대만 해도 무척 옛날이니 풍경이 지금과 다를 것이다. 고속도로도 없고 고층 건물도 없을 것이다. 그러나 그 정도 옛날은 적어도 우리가 흔히 자연이라고 부르는 것들은 지금과 크게 다를 바 없는 시기다.

신라시대라고 해도 산은 나무로 뒤덮여 있고, 강물에는 물고기가 있을 것이다. 지금의 우리가 신라시대로 시간 여행을 간다고 해도, 쌀밥을 차려놓고 돼지고기 삼겹살을 숯불에 구워 먹으면 지금 먹는 음식과 크게 다르지도 않을 것이다. 사람들이 쌀과 돼지고기를 먹게 된 것은 몇천 년 전 정도이니, 단군이 나라를 세웠다는 전설을 지나서 5천 년 전 정도까지 시간을 거슬러 올라간다고 해도 쌀밥에 삼겹살 구이를 먹을 수는 있다.

그런데 10억 년 전은 전혀 다른 시간이다. 이 시기의 풍경이 다르다는 것은 신라시대의 풍경이 지금과 다르다는 것과는 또 전혀 다르다. 우리 눈에 쉽게 뜨일 만한 자연 자체가 완전히 다른 시기다. 10억 년 전이라는 시간은 사방을 온통 둘러보아도 산에 지금과 같은 나무 한 그루, 풀 한 포기가 보이지 않는 시기다. 넓디넓은 바다를 한참 헤치고 다녀도 물고기는커녕 벌레 한 마리도 눈에 보이지 않을 것이다. 정확한 것은 알기 어렵지만, 세계는 바위와 진흙만으로 가득한 삭막한 곳이었을 테고 물고기 한 마리 없는 빈 물속과 같은 바다에는 가끔 이상한 거품, 가루 같은 것들이 좀 떠다녔을 것이다.

그렇지만 그런 세상에도 생명은 곳곳에 퍼져있었을 것이다. 10억 년 전, 아무 생물도 없는 것처럼 비어 보이는 지구에도 생명은 다양하고 많았다. 이 시기의 생명체는 대체로 아주아주 작은 크기였다. 너무 작아서 눈에 보이지도 않을 정도로 작다. 몇백 마리, 몇천 마리를 줄줄이 늘어놓아야 고작 1밀리미터가 될까 말까 할 정도로 작은 생물들이다.

그중에서도 가장 널리 퍼져있었고 꿋꿋이 자리잡고 있었던 것이 바로 세균이었다. 우리가 흔히 세균이라고 부르는 생물은 좀 더 엄밀히 말하자면 보통 박테리아bacteria 부류의 생물을 말하는 것으로, 대체로 우리가 흔히 생물이라고 부르는 것들 중에서 가장 작고, 가장 단순한 축에 속하는 것들이다. 2017년에 캐나다의 누부악잇턱Nuvvuagittuq에서 돌 속에 남아있는, 세균의 미세한 흔적을 발견했다는 연구 결과가 나왔는데, 이 연구에 따르면 38억 년 전에도 지구에는 세균이 살고 있었다고 한다. 연대는 최대 43억 년까지도 올라갈 가능성이 있다고 한다.

30억 년 전이라면 이것은 10억 년 전과 또 다른 수준으로 한결 더 먼 옛날이다. 10억 년 전의 세상은 삼겹살도 먹을 수 없고, 산에서 풀 한 포기를 볼 수 없고, 벌레 한 마리를 볼 수도 없는 곳이지만, 적어도 그냥 가만히 있을 수는 있다. 10억 년 전에는 지금과는 전혀 다른 병을 일으키는 미생물이 있었을지도 모르고, 먼지도 오늘날과는 다를 테니 위험하기야 하겠지만 일단 땅에 서서 숨을 쉬는 것은 당장 크게 어려움이 없을 것이다. 특별히 사람에게 치명적인 기체만 없다면, 낯선 냄새와 이상한 기분이 느껴지기는 하겠지만 잠시 버틸 수는 있을 거라고 상상해볼 만하다.

그런데 30억 년 전의 지구로 사람이 가게 되면 일단 거기에 가만히 있을 수가 없다. 30억 년 전의 지구에는 공기 중에 산소가 거의 없다. 그래서 숨을 쉴 수조차 없다는 이야기다.

기후도 지금과는 대단히 달랐을 것이다. 이 시대의 지구에서 사람이 걸어 다니려면 우주복 같은 옷을 입어야 한다. 이런 이유로 30억 년 전의 지구를 본다면 아마 지구보다는 SF물에 나오는 우주 저편의 괴상한 외계 행성 같은 느낌이 먼저 들 것이다.

그런데 그런 외계 행성 같은 옛 지구에도 세균만은 살고 있었다는 것이 2017년 연구의 내용이었다. 정확한 증거가 아니라는 반론이 있기도 하지만, 만약 이 주장이 맞다면 캐나다에서 흔적이 확인된 38억 년 전의 세균은 지금까지 우리가 증거를 찾을 수 있었던 가장 오래된 생물이다.

지구 밖에서는 아직까지 어떤 생물도 찾아내지 못했으므로, 이 세균이 우리가 아는 한 우주에서 가장 오래된 생물인 셈이다. 그 길고 긴 시간, 그 수천억 개의 별, 몇조 개의 은하계로 가득한 이 넓디넓은 우주에서 맨 처음 나타난 생명체에 아직까지는 가장 가까워 보이는 것이 바로 이 세균이다. 눈에 보이지도 않는 이 세균의 별 대단찮아 보이는 흔적이 세상 모든 생물과 사람들이 태어나서 살게 만든 그 모든 생명 역사의 시작점에 가장 가까이 있다.

세균은 40억 년쯤 전에 세상에 나타났으며, 지구 전체를 뒤덮었고, 지금까지도 온갖 곳에 속속들이 퍼져 있다. 지금 공기 중에도 세균은 떠다니고 있으며, 흙에도 물에도 있다. 사람의 몸속이나 피부 위에도 세균은 적지 않다. 우리가 마시는 음식에도 물론 갖가지 세균이 있다. 유산균 음료 같은 것만이 아니라, 맑은 물이라고 구해온 것이라고 하더라도 그 숫자가 상대적으로 적을 뿐이지 세균이 전혀 없는 물은 드물다. 세균이 전혀 없는 음식을 구하고 싶으면 세균을 없애기 위해 상당한 노력을 해야 한다.

세균은 적어도 몇억 년 동안은 다른 생물이라고는 없는 빈 지구를 지키고 있었다. 그 후 얼마 만에 고균archaea이라고 부르는, 세균과 닮은 점이 많지만 세균으로 분류하지는 않는 비슷한 생물들이 나타나기는 했을 것이다. 그러나 여전히 겉모습이 세균과 크게 다른 생물은 나타나지 않은 채로 시간이 흘렀다.

물론 최초의 세균은 현대에 우리가 세균이라고 일컫는 것과는 상당히 다르며 오히려 현재 우리가 고균이라고 부르는 것과 더 닮았을지도 모른다. 다만 여기에서는 요제프 라이히홀프Josef Reichholf 등의 학자들이 교양서적에서 쓴 예를 따라 최초의 생물을 그냥 세균이라고 부르기로 하겠다.

그런 식으로 족히 10억 년 정도는 세균과 고균만이 지구에 사는 생명체의 전부였다. 지구가 생긴 것이 46억 년 전이니, 세균은 지구가 생긴 지 얼마 되지 않아 생겨났고, 지구 역사의 4분의 1쯤을 자기들끼리 채우고 있었던 셈이다.

만일 46억 년 지구의 역사를 1년으로 줄여서 달력에 표시해본다면, 세균은 2월 중순쯤에 출현한다. 그렇다면 사람이 처음으로 출현하는 때는 언제일까? 12월 31일 하고도 그날이 거의 끝나가는 밤 11시 55분쯤이다. 세균은 2월에 나타나서 몇 달을 자기 혼자 지냈고, 1년 내내 그리고 지금에 이르기까지 활발히 활동하고 있다. 그런데 이 사람이라는 생물은, 비유하자면 한 해가 끝날 때가 다 되어, 제야의 종을 치려고 서울시장과 시민 대표들이 보신각에 올라 서로 악수하고 있을 즈음이 되자 그제야 갑자기 지구에 나타났다. 그러니까 인류는 세균에 비하면 이제 막 지구에 모습을 드러낸 손님 같은 모습인데 자기 스스로 지구의 주인이고 지구의 지배자라고 주장하기도 한다.

렌즈 앞에 펼쳐진 놀라운 세계

사람들은 세균이라는 생물이 세상에 있다는 것조차도 얼마 전까지 잘 알지 못했다.

세균이라는 것을 포착해서 사람들이 확실히 알게 된 것은 고작 3백여 년 전이다. 고주몽, 박혁거세 같은 인물은 물론이고 현재 한국 지폐에 등장하는 이황, 이이, 세종, 신사임당 모두 세균이라는 생물을 아무도 알지 못했던 시대를 살았다. 신사임당이 살던 무렵에는 조선뿐만 아니라 전 세계 누구도 세균 같은 눈에 보이지도 않는 작은 생물이 세상에 살고 있고, 그것이 아주 먼 옛날부터 지구 구석구석에 퍼져있었다는 사실을 알지 못했다.

1600년대 후반에 이르자 세균이라고 부르는 생물이 세상에 살고 있다는 사실이 비로소 학계에 널리 알려지기 시작했다.

이 무렵은 세계적으로 물체를 확대해 볼 수 있는 안경과 렌즈가 보급된 시기였다. 심지어 당시 조선에서도 안경은 제법 널리 쓰였다. 책을 읽고 옛 성현의 지혜를 되새기는 것을 대단히 중요한 일로 여기는 문화 때문에, 눈이 나빠진 사람들도 책을 읽게 도와주는 돋보기와 안경은 조선에서 중요한 물건이었다. 그 때문에 조선에서는 수정처럼 투명한 광물을 갈아서 렌즈를 만들기도 했다. 특히 경주 지역에서 채굴한 수정은 품질이 우수하기로 소문이 자자했는데, 이 광물로 만든 렌즈는 경주 남석 안경이라고 불리며 특산물로 유명했다.

조선에서 수정으로 만든 돋보기 렌즈는 책을 많이 읽는 선비들이 주로 사용하는 데 그쳤다. 그런데 유럽에서는 유리 가공 기술이 발달해서 용도별로 다양한 렌즈가 개발되어 쓰였다. 네덜란드에는 안톤 판 레이우엔훅Antonie van Leeuwenhoek이라는 어느 옷감 장수가 있었는데, 그는 여러 종류의 렌즈에 대단히 관심이 많았다.

옛 표기 방식인 레벤후크라는 이름으로 우리나라에 더 잘 알려져 있는 레이우엔훅은 과학자로 오랜 세월 교육을 받았던 사람도 아니었고, 공부를 잘해서 천재라고 소문난 사람도 아니었다. 그는 그저 돋보기 렌즈에 관심을 갖게 되어, 더 좋은 렌즈를 구하고 만드는 일에 재미를 느끼는 사람이었을 뿐이다.

나는 레이우엔훅이 돋보기 렌즈에 관심을 갖게 된 것이 아마 옷감 장수라는 직업과 관련이 있지 않을까 하는 상상을 해본다. 옷감은 실을 엮어 만든다. 그러므로 좋은 옷감을 판별하려면 어떤 실로 얼마나 촘촘히 얼마나 깔끔하게 엮어서 옷감을 짰는지 살펴봐야 한다. 그래야 속지 않고 제값에 옷감을 거래할 수 있다.

이렇게 옷감의 날실과 씨실이 엮인 상태를 자세히 살펴보려면 눈이 좋아야 한다. 시력이 좋지 않으면 그것을 확대해서 볼 수 있는 돋보기 렌즈라도 있어야 한다. 대항해시대 이후 상업이 크게

조선시대 안경

발전해서 항상 활발히 거래가 이루어지는 네덜란드의 시장에서, 옷감 장수가 돋보기 렌즈를 요긴하게 사용할 일이 아마 분명히 있었을 것이다. 현재에도 서울 동대문의 의류 시장 상인들 중 몇몇은 옷감의 상태를 확인하기 위해 확대경을 사용한다.

레이우엔훅은 이후 동네 관청의 열쇠 관리인이 되었다. 그 무렵 돋보기와 렌즈를 향한 그의 관심은 더 커졌다고 한다. 그는 물건을 더 깨끗하고 크게 볼 수 있는 돋보기를 구하러 다녔고, 결국 자신이 직접 돋보기를 만들기 위해 작업에 뛰어들었다.

레이우엔훅은 마침내 수백 배 크기로 물건을 확대해서 볼 수 있는 현미경을 손수 완성하게 되었고, 맨눈으로는 볼 수 없었던 작은 물건들의 세세한 모습까지 살펴보게 되었다. 대단한 목적이나 엄청난 연구를 하겠다는 생각을 가지고 했던 일 같지는 않고,

아마 돋보기 만드는 기술을 점점 가다듬으면서 만드는 행위 그 자체에, 도전하고 성능을 시험하는 일에 즐거움을 느꼈던 것 같다. 또한 벌레의 몸과 작은 기관들을 자세히 관찰하면서 본 세세하고 기묘한 모양이 멋지고 신기해서 그 일에 더 깊이 빠진 것일지도 모르겠다.

그러다가 1676년 5월 26일, 레이우엔훅은 우연히 지붕 위에서 떨어진 빗방울을 살펴보았다. 만일 그가 어떤 큰 연구목적을 가지고 현미경으로 작업을 하던 전문 과학자였다면 빗방울을 들여다보려는 생각을 하지 않았을 가능성이 크다. 레이우엔훅이 곤충 연구에 몰두하는 교수였다면 현미경으로 곤충만 계속 살펴봤겠지, 아무것도 없다고 생각했을 빗방울을 괜히 들여다볼 이유는 없었을 것이다. 그런데 레이우엔훅에게 현미경을 만들고 그것으로 다른 사물을 자세히 관찰하는 일은 즐거운 놀이에 가까웠다. 그는 뭐든 닥치는 대로 현미경을 들이대보고 뭔가 재미난 것이 나타나지 않을까 하는 생각으로 일을 했던 것 같다.

그런데 그렇게 그저 재미 삼아 벌인 일 때문에 예상치 못한 놀라운 일이 벌어졌다. 레이우엔훅의 현미경 앞에, 그런 것이 세상에 있다고는 미처 상상하기도 어려웠던 아주아주 작고 이상한 벌레 같은 것이 나타났다. 미생물이 세상에 살고 있다는 사실을 처음으로 발견한 순간이었다.

경전을 읽기 위해 돋보기를 사용하던 고매한 학자들은 전혀 상상도 못했던 아주 작은 생물들의 세계가 열쇠 관리인이 재미로 만

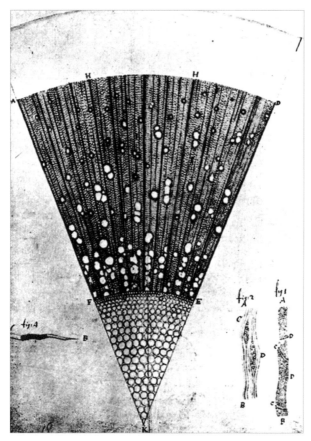

식물의 단면도 | 레이우엔훅은 현미경으로 식물의 단면을 관찰하고 이를 그림으로 남겼다.

든 렌즈 앞에 그 모습을 드러냈다. 레이우엔훅은 이후 여러 미생물을 보고했고, 1680년대에 들어서는 세균을 보다 확실히 관찰하는 데도 성공했다. 40억 년 동안 지구를 가득 채우고 번성하던 생물들이 17세기 말이 되어서야 옷감 장수 출신으로 돋보기 렌즈를 만드는 일이 취미였던 사람에 의해 인간 세상에 알려졌다는 이야기다.

그전까지는 아무리 뛰어난 학자, 아무리 뛰어난 사상가라고 하더라도 지구상의 생물은 소, 말, 사슴과 같이 산과 들을 뛰어다니는 동물이나 꽃과 풀 같은 식물이 전부라고 생각했다. 기껏해야 나비나 벌처럼 좀 더 작은 동물에 관심을 갖는 사람들이 가끔 있었을 뿐이다. 지구 역사의 대부분을 살아왔고, 지구에 가장 널리 가장 많이 퍼져서 가장 많은 수로 득실거리며 사는 가장 왕성한 생물, 세균이 있다는 이 어마어마한 사실을 아무도 모르고 있었다.

세균들의 첫인상

레이우엔훅이 본 세균들은 단순한 모양이었다. 비엔나소시지를 닮은 동그랗고 길쭉한 덩어리의 알갱이 모양이다. 실제로도 세균의 구조는 사람이나 나비, 이끼 같은 생물에 비하면 대단히 간단하다.

간단히 말하는 김에 정말 간단히 말하자면, 세균 중에서 단순한 것은 그저 동그랗고 길쭉한 작은 봉지에 이상한 국물이 담겨 있는 정도라고 할 수 있다. 이 국물 속에는 좀 특이한 물질이 양념처럼 들어 있다. 봉지의 겉면이 세포벽이고 봉지의 안쪽 면이 세포막에 해당된다.

국물 속에 들어있는 특이한 물질이란 DNA와 여러 효소들이다. DNA와 효소들은 탄소, 수소, 산소, 질소, 인, 황 등의 원자가 연결된 물질인데, 효소는 크기가 작은 것이라도 원자가 수백 개 연결되어 있는 크기고, DNA는 무려 원자 수백만 개, 수천만 개가 연결되어 있는 크기다.

술의 성분인 에탄올은 원자 아홉 개가 결합되어 있는 물질이고, 부탄가스는 열네 개의 원자가 결합되어 있는 물질이다. 그렇게 보면 효소나 DNA는 한 덩어리가 굉장히 큰 물질이다. 그렇다고 해도 그 양이 아주 적기 때문에 눈으로 본다고 해서 쉽게 볼 수 있다거나 하는 정도는 아니다. 세균의 DNA나 효소는 눈에 보이지도 않는 그 작은 세균 속 국물의 작은 건더기에 불과한 양이다.

효소와 DNA는 봉지 속의 국물을 떠다니며 여러 화학 반응을 일으킨다. 이 화학 반응의 결과로 효소와 DNA는 주변의 물질을 흡수해서 자신과 똑같은 효소와 DNA를 더 만들어내는 일을 한다. 그동안 효소와 DNA가 일으키는 복잡한 화학 반응에 따라 봉지의 안쪽 면과 바깥쪽 면도 조금씩 더 만들어진다. 그러다 보면 나중에는 자신과 똑같은 한 벌의 봉지와 효소, DNA가 모두 생겨나서 원래 세균 전체의 모습과 같은 복제품이 하나 탄생한다. 이런 방식으로 그들은 새끼를 치며 점차 식구를 늘린다.

이것이 세균이다. 40억 년 전 처음 세상에 생겨난 생명체도 아마 이와 비슷한 모습이었을 것이다.

이렇게 간단한 생명체가 40억 년 동안 계속, 끝도 없이, 긴긴 세월 동안 새끼를 치면서 퍼져나간 끝에 온갖 괴상한 형태로 진화해서 어떤 것은 헤엄치고, 어떤 것은 뛰어다니고, 어떤 것은 날아다니기도 하고, 어떤 것은 덩치가 커지기도 하고, 어떤 것은 노래를 부르거나 춤을 추거나 혹은 왜 사는가에 대해 고민하기도 하는, 갖가지 다양한 생명체가 되었다.

우리가 이 옛 세균의 후손이라는 추측에 대해서는 여러 증거가 있다. 대표적인 증거는 바로 우리 몸속에도 이 세균과 비슷한 효소와 DNA가 들어있고, 효소와 DNA가 같은 형태로 화학 반응을 일으켜 몸을 자라나게 하고 자손을 남긴다는 점이다. 세균과 사람만 그런 것이 아니라, 지구상의 생물은 모두 다 효소와 DNA가 일으키는 화학 반응 때문에 자라나고 새끼를 친다.

단순히 효소라는 물질, DNA라는 물질을 공통적으로 활용한다는 점이 일치하는 정도가 아니라 그 세부적인 형식까지 모든 생물이 동일하다.

DNA는 수천만 개의 원자가 결합되어 이루어진 물질이라고 하지만 구조를 자세히 따져보면 원자 몇십 개 정도의 단위로 잘라서 살펴볼 수가 있다. 이렇게 잘라놓고 보면, DNA는 대체로 원자 수십 개 정도가 결합되어 이루어진 네 개의 서로 다른 조각 여러 개가 이리저리 조합되어 이루어진 것이라는 사실을 알 수 있다. 이 네 개의 물질을 아데닌adenine, 구아닌guanine, 시토신cytosine, 티민thymine이라고 부른다. 그리고 DNA라는 물질은 결국 아데닌, 구아닌, 시토신, 티민이 각기 다른 순서로 조립되어 이루어진 것이다. 이 네 물질의 구조를 보면 화학에서 이야기하는 염기성을 띨 것처럼 생긴 부분이 보이는데 이 부분이 서로 다르게 생겼기 때문에 이 물질들을 흔히 DNA의 염기base라고 부른다. 다시 말해서 DNA는 염기라고 하는 서로 다른 네 가지 블록들을 조립해서 만드는 블록 장난감과 비슷한 구조다.

DNA에 초점을 맞춰 생각하면 모든 생명체가 자라나고 새끼를 치려고 해서 생명을 태어나게 하는 현상의 핵심은 바로 DNA가 자기 자신과 같은 모양의 DNA를 만들어 내는 화학 반응이다. 그렇게 보면 지금 세상의 온갖 생명이 태어나는 현상들도 모두 결국 먼 옛날 DNA와 효소가 자신과 같은 물질을 만들어내려고 했던 화학 반응이 시간이 지남에 따라 점점 복잡해진 결과라고 볼 수 있다. 더욱 파고들어보자면, DNA와 효소가 자기와 같은 물질을 만들어내려고 하는 이 화학 반응은 결국 아데닌과 티민이라는 물질이 서로를, 구아닌과 시토신이 서로를 찾아 끌어당겨 짝을 이루는 힘 때문에 일어날 수 있다. 즉, 아주 단순하게 줄여서 말하면 모든 생명이 태어나는 현상에서 가장 뿌리가 되는 원인은 아데닌과 티민, 구아닌과 시토신이 서로 끌어당기는 성질을 갖기 때문이다.

이런 사실은 1953년 초에 로잘린드 프랭클린Rosalind E. Franklin, 레이먼드 고슬링Raymond G. Gosling, 모리스 윌킨스Maurice Wilkins, 프랜시스 크릭Francis Crick, 제임스 왓슨James D. Watson 등의 연구로 밝혀졌다. 1953년 2월 28일 점심 무렵, 프랜시스 크릭은 이 사실을 알아낸 후에 흥분해서 영국 케임브리지의 '이글'이라는 펍으로 달려가 거기 있는 사람들 앞에서 소리쳤다. "우리가 삶의 비밀을 발견해냈다." 이 말을 큰 과장이라고 할 수는 없다. 모든 생명, 모든 삶은 그들이 밝혀낸 대로 아데닌과 티민이라는 물질이 서로 끌어당기는 힘과 구아닌과 시토신이 서로 끌어당기는 힘을 최초의 원동력으로 시작되기 때문이다. 그 네 물질의 서로 당기는 힘이 우리 생명을 탄생시킨 원인이다. 지금도 그날 프랜시스 크릭이 그렇게 외쳤다는 표지판이 있다.

지구상의 모든 생명체는 이러한 방식을 지금까지 사용하고 있다. 수십억 년 전의 세균 DNA든, 어제 태어난 비둘기의 DNA든, 십 년 전 심은 오동나무의 DNA든 지구상 모든 생명체의 DNA가 전부 다 아데닌, 구아닌, 시토신, 티민 이 네 개의 염기가 조립되어 이루어져 있다. 세균 DNA와 비둘기 DNA는 아데닌, 구아닌, 시토신, 티민이 조립된 순서와 길이가 다를 뿐, 이 네 개가 아닌 다른 물질이 대신 잔뜩 들어있다거나 하는 경우는 없다. 그렇기 때문에 사람의 DNA를 조금 잘라다가 세균의 DNA 속에 적당한 위치를 찾아 끼워넣어도 세균은 멀쩡하게 잘 살 수 있다.

1982년에 개봉한 걸작 SF영화 〈E.T.〉에는 과학자들이 외계인을 조사하는 장면이 나오는데, 이 장면에서 과학자들이 이 외계인은 DNA가 네 개가 아닌 여섯 개 물질이 조합된 것이라고 말하는 장면이 나온다. 지구가 아닌 다른 곳에서 온 생물의 DNA는 그런 식으로 다를 것이라는 상상을 표현한 대목이다.

DNA와 비슷하게 효소는 아미노산이라고 부르는 단위로 잘라서 살펴볼 수 있는데, 자세히 보면 스물두 개의 서로 다른 아미노산이 각각의 방식으로 조합된 모습이다. 동물이든 식물이든, 곰팡이든 세균이든 지구에 존재하는 생명체라면 체내의 효소는 모두 스물두 개의 아미노산이 서로 다른 순서와 횟수로 조립된 형태다. 스물두 개의 아미노산을 재료로 활용한다는 이 사실은 어떤 생물이 어디에 살든지, 어떻게 살든지, 어떤 형태로 살든지 동일하게 적용된다.

어떻게 이것이 가능할까? 나는 이 사실을 대학에서 처음 배웠는데, 이 글을 쓰는 지금 이 순간까지도 이것이 너무 신비롭다.

어떻게 길가에 피어난 강아지풀과 초원을 내달리는 코끼리와 요구르트 광고에서나 언급될 뿐 보이지도 않는 유산균이 자라나는 원리가 똑같단 말인가? 세상의 모든 시계, 선풍기, 스쿠터, 기관차를 다 분해해봤더니 그것을 돌아가게 하는 엔진은 모두 똑같이 생겼고 모두 같은 회사의 제품이라는 상상보다도 더 신기하게 느껴진다.

이 신기한 현상에 대한 좋은 설명 하나는 바로 이 지구에 사는 생물들이 다 40억 년 전 지구에 있었던 세균 무리의 후손이라는 것이다. 그 세균이 새끼를 칠 때 사용하던 DNA와 효소가 전해지고 전해져서 40억 년 동안 모든 생물들에게 퍼진 것이기 때문에 다들 같은 방식을 사용하게 되었다고 하면 말이 된다.

나는 이 사실이 많은 사람의 생각을 크게 바꾸었다고 생각한다. 흔히 뉴턴이 만유인력의 법칙을 이용해서 해와 달, 행성들의 움직임을 예측한 것은 사람들에게 큰 충격을 안긴 굉장한 발상이라고 말한다. 공을 던지고 폭포수가 떨어질 때 적용되는 원리와 하늘에 떠있는 해와 달이 움직이는 원리가 같다는 점을 보여주었다는 점에서 당시 사람들을 놀라게 했다는 것이다.

뉴턴의 시대 이전까지만 해도, 해와 달은 하늘의 신성한 무엇인가여서 어떤 신령스러운 것이 움직여주고 있고, 행성의 움직임이 한 국가나 사람의 운명에 관한 비밀을 품은 신비로운 것이라는 생각이 어디에나 퍼져있었다. 그런데 그게 아니라 중력에 의해 별 볼 일 없는 돌멩이가 떨어지는 것과 꼭 같은 원리 때문에 해와 달이 움직인다는 것을 뉴턴의 만유인력 법칙이 정확하게 설명해주었다. 그리고 그런 설명이 많은 사람들의 문화와 사상까지도 바꾸어버렸다.

이와 비슷하게 나는 우리가 평소에 보고 느끼지도 못하는 미미한 생물들과 하늘 높이 뻗은 침엽수가 모두 같은 방식으로 자라나고 후손을 퍼뜨리고 있다는 사실을 생물학자, 화학자, 물리학자가 함께 밝혀낸 것은 대단히 강렬하다고 생각한다.

지상의 모든 생명과 우리 자신의 생명이 모두 봉지 속에 든 이상한 국물 같아 보이는 지극히 단순한 세균의 후손이라는 사실과 바로 그 세균이 있었다는 이유로 오늘날 우리들이 다들 이렇게 태어나 살아가고 있다는 점은 온갖 생각을 끝없이 하게 만든다. 무엇 때문에 사는지, 왜 사는지에 대해 상념에 빠질 때, 내가 애태우는 일과 깊은 고민거리에 마음이 괴로울 때에도 세균과 생명 탄생의 이유에 대한 생각은 삶에 대해 다시 돌아보게 만든다.

서울의 서대문자연사박물관에는 실제로 소청도에서 가져온 스트로마톨라이트 돌 조각이 전시되어 있다. 먼 옛날 세균의 흔적이 쌓여서 돌로 굳어진 것이니, 10억 년 전에 살던 선배 생명체의 공동묘지인 셈이다. 세균은 그 자신의 유전자를 다른 생물에게 전해주는 일을 굉장히 빈번하게 하는 경향이 있으므로, 거기에 전시된 10억 년 전의 그 세균들은 어쩌면 우리에게 유전자를 전해준 우리의 방계 조상에 해당하는 것일지도 모른다.

아무래도 자연사박물관에서는 공룡 화석이나 매머드 모형이 인기가 많다 보니, 입구 한편에 별 대단한 장식도 없이 전시되어 있는 이 스트로마톨라이트 돌멩이 따위에 관심을 갖는 사람은 많지 않다. 아이들과 어른들로 북적이는 주말, 그 많은 사람 중에서 흘깃 눈길 한 번 주는 사람조차 거의 없다.

그렇지만 혹시 관심이 생긴다면, 그 긴 세월 동안 쌓이고 굳으면서 생긴 모양을 잠시 살펴보면서 먼 옛날 텅 빈 지구를 홀로 오래도록 지배했던 세균들을 향해 경의를 표해보는 것도 좋지 않을까 생각한다.

2장

암흑시대

세균의 기원을 찾아서

생김새가 매우 단순한 세균을 봉지와 봉지 속에 몇 가지 물질이 들어있는 국물이 담긴 형태라고 본다면, 한 가지 어려운 수수께끼가 남는다. 바로 이 봉지 속에 담긴 물질의 구조가 무척 복잡하다는 점이다.

효소의 형태가 단순하다고 해도 보통 수백 개 이상의 원자가 입체적으로 연결된 복잡한 구조를 갖고 있다. 이런 복잡한 물질들이 있어야, 주변의 물질을 이용해서 자기와 똑같은 것들을 만들어 새끼를 치는 일이 가능해진다.

어떤 공장에 전자제품을 조립하는 로봇이 있는데, 이 로봇이 주변의 부품을 이용해서 자기 자신과 똑같이 생겼고 똑같이 움직이는 로봇을 그대로 만들어낸다고 상상해보자. 그러니까 자기 자신과 같은 로봇을 만드는 로봇을 만들어낼 수 있는 로봇을 떠올려보자. 그러려면 아마 이 로봇을 개발하기 위해 필요한 기술은 상당히 복잡할 것이다. 단순히 한 군데에 멈춰 서서 나사못 돌리는 작업만 반복하는 간단한 로봇을 만드는 것보다는 훨씬 더 어려울 것이다.

그렇다면 생명체라고는 하나도 찾아볼 수 없던 옛 지구에서 어떻게 세균 속에 들어있는 복잡한 효소와 DNA 같은 물질이 생겨났을까? 대체 40억 년 전 지구에는 무슨 일이 있었기에, 그 복잡한 물질들이 만들어지고 필요한 것들끼리 한 벌을 이뤄 봉지 속에 잘 담겨서 세균 모양으로 준비된 것인가?

이 문제를 풀기 위해 1953년에 처음으로 멋진 실험을 보여준 사람들이 바로 미국 시카고대학교의 스탠리 밀러Stanley Miller와 클레이턴 유리Clayton Urey다. 두 사람은 수증기, 메탄가스, 암모니아가스, 수소기체를 밀봉한 유리 속에 넣어두고 그 안에 전기 스파크를 일으켰다. 40억 년 이전의 지구에는 이런 기체가 대기 중에 많았을 거라고 추정했다. 그리고 그런 옛 지구에서 가끔 번개가 치는 일은 실험 장치 속에서 전기 스파크가 일어나는 현상과 비슷했을 것이다. 실험을 일주일 반복하자 이 안에서는 좀 더 복잡한 물질들이 생겼다. 그렇게 생겨난 물질 중에 생명체 속 효소의 재료가 될 수 있는 아미노산이 나타났다는 것도 확인했다.

그러니까 어떤 성분들이 떠돌아다니고 있는데 번개가 치면 이

전보다 조금 더 구조가 복잡한 물질이 생길 수 있고, 이런 과정이 계속 반복되다 보면 복잡한 물질들이 더 복잡한 물질을 만들어내는 일이 생길 수도 있다는 가정을 실험으로 입증해낸 것이다. 아주 어려운 일이겠지만 몇십만 년, 혹은 몇백만 년 동안 이런 일이 반복된다면, 이러한 과정을 통해 봉지 속에 든 물질이 생겨날 수 있다는 가능성을 확인하는 실험이었다.

게다가 이 실험은 겉보기에 근사한 구석도 있었다. 준비한 실험 재료에 번쩍하고 전기 스파크를 일으켰더니 이 물질이 자신과 유사한, 조금 더 생명체에 가까운 무언가를 만들어낸 장면은 많은 이들에게 멋지고 강렬한 인상을 심어주었기 때문이다.

1931년에 개봉한 영화 〈프랑켄슈타인Frankenstein〉에는 우리가 잘 아는 프랑켄슈타인 박사가 만들어낸 괴물이 등장한다. 콜린 클라이브Colin Clive가 연기하는 프랑켄슈타인 박사가 전기를 번쩍 흘려보내자, 괴물이 손가락을 움직인다. 영화 속 프랑켄슈타인은 감동과 환희에 벅차 전율하며 SF영화 역사에 길이 남을 명대사를 외친다. "살아있다! 살아있다!(It's alive! It's alive!)" 전기를 흘려주거나 번개가 치니까 뭔가가 깨어나는, 흔히 영화 속에 나오는 재미난 장면과 밀러와 유리의 실험은 비슷한 느낌을 준다. 어쩌면 그 때문에 많은 사람들에게 더 멋진 인상을 남긴 것 아닌가 싶기도 하다.

DNA가 먼저일까, 효소가 먼저일까

그런데 이 실험만으로는 도저히 풀리지 않는 문제가 하나 남는다. 생명체 속에는 효소와 DNA가 있는데, 일반적으로 효소가 만들어지려면 DNA가 있어야 하고 DNA가 만들어지려면 효소가 있어야 한다. 그러니까 새끼를 치려면, 효소와 DNA가 짝을 이뤄 동시에 같이 만들어져 있어야 한다. 이 두 물질은 상당히 다르게 생겼다. 그중에 하나가 우연히 번개가 치는 어느 날, 갑자기 생겨난다는 것은 긴긴 세월 이 드넓은 지구에서 간혹 있을 법한 일인지도 모른다. 그러나 두 물질이 이 모든 조건에 딱 맞게 짝을 맞추어 동시에 생성된다는 것은 너무나 말도 안 되는 우연, 그러니까 도저히 불가능한 확률 같다는 이야기다.

《삼국사기》를 보면 서기 662년 9월에 신라의 여동이라는 사람이 번개에 맞아 죽었다는 기록이 있다. 매우 불행한 일이지만 살다 보면 하늘에서 내리치는 번개에 맞아 죽는 일이 누군가에게 일어날 수 있다. 그와 반대로 어떤 사람에게는 로또에 당첨되는 벼락같은 행운이 찾아올 수도 있다. 그런데 어떤 사람이 로또 번호를 확인하고 1등에 당첨되었다는 것을 알게 되는 바로 그 순간, 번개에 맞아 죽는 일이 일어날 수 있을까? 추리소설에서 이런 일이 벌어진다면, 이런 일은 결코 우연한 사고가 아니라 분명히 당첨금을 노린 누군가가 고압 전기를 흘려 살해한 것이라고 의심할 것이다.

대체 어떻게 하면 서로가 서로를 위해 꼭 필요한 DNA와 효소가 동시에 나타날 수 있는지를 두고 많은 추측이 있었다. 이를 두고 초반에는 그래도 효소와 비슷한 것이 먼저 생기지 않았을까 추정하는 설이 우세했다.

그러다 1980년대에 들어서 RNA라는 물질이 DNA와 닮았고 효소와 비슷한 기능을 할 수 있다는 사실이 알려졌고, 그러자 RNA가 처음에 먼저 생겼다가 그 물질이 시간이 흐르면서 여러 화학 반응을 일으켜 DNA와 효소로 발전했다는 설이 수십 년간 크게 유행했다. 소위 지금과 같은 생명체 이전에는 'RNA 세상RNA World'이 있었다는 이야기다. 좀 단순하게 말해보자면, DNA와 효소라는 두 가지 물질이 우연히 동시에 생기는 것은 너무 어려운 상황이지만 두 물질과 비슷한 점이 있는 RNA라는 한 가지 물질이 일단 우연히 먼저 생겼고 그 RNA가 우연이 아니라 어떤 이유가 있는 필연적인 방식으로 DNA와 효소가 생겨나도록 점차 이끌었다는 추측이다.

그러다 몇 년 전부터는 생물의 식량이 되는 물질들을 변화시킬 수 있는 물질이 RNA보다 더 중요하다는 소위 '대사 우선metabolism first' 학설이 새롭게 인기를 얻고 있다. 대사 우선 학설에서는 세균의 겉을 이루는 봉지가 먼저 생겼을지도 모른다는 주장을 한다.

이런 학설들에 대한 논문이 계속 나오는 것을 읽다 보면, 나는 여전히 RNA 세상 학설이 화려하고 멋지다는 생각을 버릴 수 없다. RNA 세상 학설은 그 생각이 생겨난 계기나 증거를 찾아내는 방식이 극적이고 짜릿한 면이 있다. 이것이 진실로 밝혀진다면, 과학 발견에 관한 흥미롭고 멋진 이야깃거리가 또 하나 생길 것이다. 반면에 대사 우선 학설은 단순하고 밋밋한 면이 있다. 그렇기에 상대적으로 조금 더 현실적인 느낌이 든다.

어느 학설이건, 아직까지는 어떻게 길쭉한 봉지 모양의 세균에 담긴 DNA와 핵산이 짝을 맞춰 생겨났는지 확실히 설명하지는 못한다. 여기에 대해서는 아직도 우리는 정확히 아는 바가 없다. 몇몇 가능성이 있고, 아마 어찌하다가 어딘가에서 그런저런 물질들이 이래저래 엉켜서 점점 복잡해지다가 어느 날 지금의 세균과 비슷한 모양이 되었을 것 같으니까, 이런저런 방식을 거친다면 그렇게 되지 않았겠냐고 대략 짐작해보는 정도다.

어설프고 부실한 DNA가 일으키는 놀라운 일

이쯤해서 들 만한 또 다른 의문은 왜 하필 DNA라는 물질을 사용하느냐는 것이다. DNA와 비슷한 기능을 하는 다른 물질을 이용하는 생명체가 있을 수도 있지 않을까? 왜 하필 모든 생물이 다 DNA라는 물질을 이용해서 살아갈까? 정말 DNA를 사용하지 않는 생물은 없을까? 머나먼 외계 행성에는 있을지도 모르겠지만, 지금 우리가 사는 행성에는 이상하게도 그런 생물은 없다. 대체

DNA가 무엇이기에 모든 생명체가 DNA라는 물질을 사용하는 걸까?

누에고치에서 뽑은 실로 짠 비단은 훌륭한 옷감이지만, 화학공장에서 만들어낸 폴리아미드라는 합성섬유로 만든 옷감이 더 질기고 튼튼하다. 그래서 내구성이 중요한 등산복은 대부분 이 합성섬유로 만든다. 또한 이전에는 안경 렌즈를 유리로 만들었지만, 지금은 폴리카보네이트라는 재료를 이용해서 안경을 훨씬 강하고 가볍게 만들 수 있다. 이처럼 어딘가에 DNA보다 더 좋은 물질이 있을 가능성은 충분히 생각해볼 수 있다. 아니면 혹시 DNA가 가장 뛰어난 물질이라서 지금껏 생명체에 활용되고 있는 것일까?

2000년 가을, 대학교 화학 강의에서 나는 이런 문제가 있다는 것을 처음 알게 되었다. 그때 강의를 맡으신 이희윤 교수님께서 학생들에게 이 내용을 설명한 뒤에 DNA의 성능이 그다지 완벽하지 않다고 말씀하셨다. '새끼를 친다'는 점에서 보면 의외로 DNA는 부실한 점이 있다. DNA는 효소와 함께 다양한 물질과 화학 반응을 하면서 자신과 똑같은 것을 한 벌 더 만들어내야 자기 역할을 다하는 것인데 그 정확성이 완벽하지는 않다는 이야기였다.

DNA는 그다지 강하지 않은 물질이다. DNA와 효소가 다른 DNA를 똑같이 만드는 화학 반응이 일어나는 중에 자칫 잘못하면 DNA가 망가지는 수가 많다. 자외선을 조금만 쐬어도 DNA는 상해서 부서지기도 한다. 사람의 몸처럼 다양한 효소들이 함께 들어있어서 같이 화학 반응을 잘 일으켜준다고 해도 DNA에서 똑같은 DNA를 만들어내는 반응에서는 평균적으로 대략 백만 개의 염기 단위마다 한 번꼴로 오류가 생긴다. 도움이 되는 효소들이 별로 없는 상황이라면 천 개의 염기 단위마다 한 번꼴로 오류가 생길 수도 있다.

우리에게 가장 친숙한 세균인 대장균Eschericia Coli의 DNA는 수억 개 정도의 원자가 서로 연결되어 있는 형태의 아주 긴 분자다. 이 DNA를 염기라는 단위로 나누어보면, 대략 4백만 개에서 5백만 개 정도다. 그러니까 대장균이 새끼를 치기 위해서 내부에서 DNA를 하나 더 똑같이 만들어내는 화학 반응이 일어날 때, 아무리 잘해도 네다섯 번 정도는 오류가 발생해서 조금 다른 모양의 DNA를 만들어내게 된다. 잘못하면 4천 개에서 5천 개의 오류가 생길 수도 있다.

생명이 탄생하고 자라날 때에 이렇게 오류가 생기는 현상은 언뜻 DNA의 약점 같아 보인다. 모바일 게임 '검은 사막'의 용량은 2기가바이트가 넘는데, 이 게임은 출시된 지 다섯 시간 만에 백만 번 다운로드가 되었다. 1바이트를 한 단위로 본다면, 20억 단위의 큰 덩어리가 백만 번이나 게임 이용자의 전화기에 복제되었다는 뜻이다. 사람이 만든 인터넷 기술을 이용하면 백만 번이나 베껴서 게임이 설치되는 동안에 오류가 단 한 번도 생기지 않는다.

꼭 디지털 기술이 아니더라도 DNA와 효소가 다른 DNA와 효소를 만들어내는 것보다 더 정확하게 물질을 만들어내게 하는 일은 어렵지 않다. 만일 사람이 인공적으로 길고 큰 어떤 물질을 그대로 복제해낼 수 있는 기술을 개발해낸다면 훨씬 더 정확하고 튼튼하게 만들 수 있을 것이다.

이와 비교하자면 DNA는 그보다 약하고 오류도 가끔 나는, 부실한 것이다. 그렇게 어딘가 부실한 물질이 지구의 모든 생명체를 구성하는 중요한 물질로 들어가 있는 셈이다. 교수님은 이 내용을 설명하시던 중에 학생들을 향해 슬쩍 웃으며 농담을 던지셨다. "이 세상을 누가 만들었는지 참 바보인가 봐요. 생명이라고 만들어놓은 것을 어쩜 이렇게 엉성하게 만들었을까요?"

강의를 듣던 나도 문득 궁금해졌다. 이 내용에 대해 한 번이라도 들어본 학생이라면 이미 답을 다 알고 있는 따분한 이야기에 지나지 않았겠지만, 당시 나는 그런 이야기를 처음 듣는 상황이었다. 세상의 모든 생물을 구성하는 이 DNA라는 것은 왜 어딘가 살짝 부족한 틈이 있는 것일까? 세상 어느 것보다 완벽해야 하는 것 아닌가? 나는 노력해도 도저히 극복할 수 없는 무슨 악마의 저주 같은 문제가 있어서 그렇게 된 것 아닌가 하는 상상도 해봤다. 그러나 정작 이어진 답변은 내가 전혀 예상하지 못한 이야기였다.

가끔씩 오류가 발생하기 때문에 오히려 돌연변이가 나타날 기회가 생기고, 그로 인해 진화가 일어나게 되는 것이다!

그러니까 만일 세균 속의 물질이 너무 완벽하고 튼튼해서 오류가 일어나지도 손상되지도 않아서 한 치의 오차도 없이 정확하게 똑같은 물질만 만들어낸다면, 세균의 자식은 언제나 항상 부모와 똑같이 생긴 모양일 것이다. 그렇다면 몇 년이고, 몇천 년이고, 몇

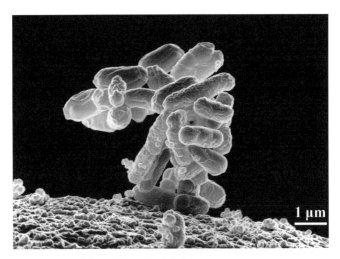

대장균이 서로 뭉쳐있는 모습이 담긴 현미경 사진

십억 년이고 계속 똑같이 생긴 세균만 생겨날 뿐이다. 다른 생물로 진화하는 모습은 결코 나타나지 않을 것이다. 아마 지금까지도 지구 전체에 다른 생물은 아무것도 없고 단 한 종류의 세균만이 살고 있을 것이다.

그런데 다행히도 가끔씩 오류가 생기는 바람에, 자식을 이루는 물질의 모양은 항상 부모와는 아주 조금씩 다르다. 그중에서 살아남고 번성하는 데 조금이라도 더 유리한 것이 더 잘 살아남아서, 그것이 환경에 적응하고 그것이 더 많이 퍼진다. 그 자식의 자식들도 마찬가지다. 이런 것이 몇 대, 몇십 대, 몇천 대를 지나고 나면, 작은 차이들이 모이고 쌓여 원래의 조상과는 굉장히 다른 모습을 갖게 된다. 적합한 자가 살아남는 적자생존의 원리에 따라 다양한 환경에 적합한 모습으로 그렇게 생명은 진화한다.

그렇다고 오류가 무턱대고 너무 많이 발생해도 문제가 생긴다. 만약 그렇다면 자기 자신과 같은 것을 만들어내는 화학 반응 자체를 할 수 없을 정도로 망가질지도 모른다. 예를 들자면, 최소한 봉지에 들어있는 DNA와 효소라는 형태를 만들어야 할 텐데, 오류가 너무 많이 생기면 봉지 자체를 제대로 만들지 못해서 그냥 다 흩어지고 말지도 모른다. 그러면 더 이상 자손을 남기지 못한 채 진화가 일어나기도 전에 사라져버리고 말 것이다.

그러니까 변화가 전혀 일어나지 않을 강하고 완전한 물질을 사용하면 진화가 일어나지 않고, 변화가 너무 많이 일어날 약한 물질을 사용하면 생명이 유지될 수 없다. 조선시대 말, 외국 문물을 받아들이지 않겠다고 버틴 대원군 이하응의 쇄국정책이 결국 실패했지만 하루아침에 세상을 뒤집어버리겠다고 일으킨 갑신정변 또한 끝내 삼일천하로 조선의 발전에 이바지하지 못한 채 실패하고 만 것과 비슷한 느낌이다. 지금 지구상의 모든 생명체 속에 있는 DNA와 효소들은 대를 이어나가며 번성할 정도로 적당히 튼튼하고, 다양한 모습으로 변화하며 진화할 정도로 적당히 약한 상태인 것이다.

한편 무엇인가 아주 완벽한 것보다, 좋기는 좋은데 완벽한 것에서는 아주 살짝 부족한 것이 오히려 더 놀라운 수준의 희한한 변화의 가능성이 될 수도 있다는 점이 내게 대단히 신기하게 다가왔다. 교수님의 설명을 들을 때까지 나는 DNA가 또 다른 DNA를 만들어낼 때 오류가 생기는 것이 문제라고만 생각했고, 그 문제를 해결하는 방법만 고민했다. 그런데 알고 보니 내가 문제라고 생각한 그 지점이 곧 답이었다. 진화라는 것, 이 세상에 온갖 다채로운 생명이 가득 퍼지게 할 빛나는 돌파구였던 것이다.

나는 그날 그걸 깨닫고, 나중에 학교 친구에게 엄청나게 재밌는 걸 배웠다고 신나게 그 내용을 설명해주었다. 그 친구가 지금의 한국국방연구원의 조홍일 박사인데, 처음에는 심드렁하게 무슨 강의 때 들은 이야기를 자신에게까지 하냐는 태도로 듣고 있다가 결론에 이르자 맞장구를 쳐주었던 기억이 난다.

생명의 진화를 이끄는 세균의 변신술

그렇게 생명은 진화하게 되었다. 구조가 간단하고 빠르게 자라는 세균은 더 재빨리 모습을 바꾸고 금세 다양해지는 것처럼 보이기도 한다. 그 때문에 실제로 세균을 이용해서 진화에 관한 여러 생각들을 실험해보고 증명하는 연구를 하기도 한다.

1988년 무렵 미국 시카고 대학의 리처드 렌스키Richard Lenski 교수 연구팀은 오랫동안 대장균을 기르면서 대장균이 정말로 시간이 지나면 진화하는지 지켜보기로 했다. 연구팀은 대장균을 키우고 새끼를 치면 다시 그 새끼를 키워서 또 새끼를 치게 하기를 몇만 번 반복했다. 이 실험에는 수십 년이 걸렸다. 그 과정에서 4만 세대가량 대대로 대장균이 자손을 이어왔고, 2009년에는 대장균 몸속에 들어있는 DNA를 꺼내어 DNA 물질의 형태가 어떻게 바뀌어왔는지도 조사했다. 이 연구는 한국생명공학연구원의 김지현 박사와 유동수 박사의 연구팀이 맡아 진행했다.

이 연구 결과는 아직까지도 세균의 진화에 대해 이야기할 때 자주 언급된다. 렌스키 교수는 실험 환경에서 구연산을 먹지 못하던 대장균의 후손이 진화해서 구연산을 먹고도 살 수 있게 되었다고 발표했다. 3만 1천 세대쯤이 지난 시점이었다. 이것은 마치 사람이 오랫동안 도서관 안에서만 대대로 살았더니 어느 날 그 후손이 종이를 씹어 먹을 수 있게 되었다는 느낌과 비슷하다. 김지현 박사는 이 과정에서 DNA 형태가 가끔씩 아주 놀라운 수준으로 격변할 때도 있다고 말했다.

동아시아인들 중에는 우유를 잘 소화하지 못하는 사람들이 많은데, 서유럽 사람들은 대부분 우유를 마셔도 별 탈이 없다. 사람은 20만 년 전에서 몇만 년 사이에 지금과 같은 모습을 갖추게 되었다고 하는데, 인간의 한 세대를 대략 20년으로 잡으면 이것은 몇천 세대밖에 되지 않는다. 몇천 세대 만에 인간이라는 동물은 못 먹던 우유를 먹을 수 있게 되거나 잘 먹던 우유를 못 먹게 되었다. 이와 비교해보니 몇만 세대로 이어지는 위의 실험에서 대장균이 구연산을 먹게 되는 것쯤은 충분히 벌어질 수 있는 일로 느껴진다.

이런 식으로 40억 년 전 태어난 세균들의 후손은 지구의 다양한 환경에 따라 다양한 모습으로 변해왔다.

효소와 DNA는 자신과 같은 모양을 똑같이 만들어낼 뿐만 아니라, 그 과정에 방해가 되는 일이 있으면 그것을 방어하는 기능도 갖추게 되었다. 예컨대 너무 뜨거운 곳에 있으면 뜨거운 것을 막는 물질을 만드는 기능도 갖게 된다든가, 반대로 너무 차가운 곳에 있으면 차가운 것을 막는 물질을 만드는 기능을 갖게 되었다.

평소에는 여러 화학 반응에 쓸 수 없었던 물질을 유용하게 활용하는 쪽으로 바뀐 경우도 있다. 렌스키 교수 연구팀이 조사했던 대장균처럼, 조상이 먹지 못하던 물질을 먹을 수 있도록 후손이 진화한 것이다. 구연산뿐만 아니라 갖가지 다양한 종류의 당분이나 알코올 같은 물질을 먹는 세균이 나타나기도 했을 것이고, 심지어 돌을 먹거나 철분을 먹으면서 그것을 몸속에서 일어나는 화학 반응에 유용하게 사용하는 세균도 나타났다.

중금속 오염을 연구하는 사람들은 납 성분이나 수은 성분이 있는 물질을 먹는 세균을 찾아내려고 연구하고 있다. 2016년에 제주대 박수제 교수 연구팀은 비소 성분이 든 맹독 물질을 먹어서 독성이 덜한 물질로 바꾸는 세균을 찾아내기도 했다.

다양한 세균이 온갖 물질을 먹어치우는 능력은 황당할 정도로 놀라워서, 먹는 양과 속도에 차이가 있을 뿐이지 지구상에 있는 물질이라면 분명 어딘가에 그것을 먹을 수 있는 세균도 있을 것이라고 생각해도 전혀 이상하지 않다.

한편 어떤 세균은 꼬리가 돋아나 헤엄치며 움직일 수 있게 진화했고, 어떤 세균은 자신을 좀 더 질긴 껍질로 둘러싸서 외부의 충격으로부터 더 잘 방어하는 모습으로 진화하기도 했다. 어떤 세균들은 다른 세균과의 경쟁에서 이기기 위해 다른 세균을 방해하거나 공격할 수 있는 물질을 뿜어내는 형태로 진화하기도 했다.

온갖 종류의 다양한 세균들이 있었겠지만, 초기의 세균들은 대체로 산소 기체를 싫어하는 것들이 주류였을 것이다. 싫어하지는 않더라도 산소 기체를 별로 필요로 하지 않는 세균들이 많았을 거라고 나는 생각한다. 40억 년 전 무렵의 먼 옛날에는 지구에 산소 기체가 지금보다 훨씬 적었기 때문이다.

우리들은 항상 산소를 마시며 살아가고, 산소가 부족하면 단 몇 분 만에도 목숨을 잃을 수 있기 때문에 산소를 대단히 친숙하게 생각한다. 친숙하게 생각하는 정도가 아니라 산소를 깨끗함, 신선함, 싱그러운 자연과 생명의 상징처럼 여길 때도 많다. 무언가가 '산소 같다'고 하면 그 대상이 그만큼 없어서는 안 된다는 뜻이다.

사실 산소 기체는 다른 흔한 물질에 비해 화학 반응을 잘 일으키는 강렬한 물질에 속한다. 화학 반응만 고려하면 '산소 같다'는 표현은 오히려 거침없이 덤벼들어 강렬한 반응을 일으킬 수 있다는 느낌에 걸맞다.

어떤 물질이 산소와 결합하는 화학 반응을 일으켜 빛과 열을 내뿜는 것을 우리는 '불태운다'고 한다. 산소를 이용해 불을 내는 화학 반응은 쉽게 일으킬 수 있는 편이라서, 약간의 기술을 가진 종족이라면 이를 쉽게 활용할 수 있다. 평안북도 상원의 검은모루 동굴에서는 몇십만 년 전 구석기시대 사람들이 코뿔소 뼈 옆에서 불을 피운 흔적이 발견되었다.

다른 것과 비교해봐도 산소 기체가 일으키는 반응은 강하다. 열을 내는 화학 반응이야 제법 있지만, 거기에 빛까지 내는 화학 반응은 산소를 이용하는 것만큼 간단한 것이 없다. 원자폭탄이 개발되기 전까지만 해도, 불을 질러 태우는 것 말고는 사람들이 무엇인가를 쉽게 파괴할 수 있는 방법이 많지 않았다. 충남 부여의 송국리 유적에는 청동기시대 사람들이 상대방 요새를 공격하려고 불을 지른 흔적이 남아있다. 몽골군이 고려에 침입해왔을 때에 거대한 황룡사 9층 목탑이 처참히 파괴되었는데, 이때 사용한 방법도 그냥 불을 지르는 것이었다. 595년 동안 자리를 지키고 있던 이 건물은 산소 기체가 반응을 시작하자 순식간에 잿더미로 변해버렸다. 농도가 진한 산소를 충분히 많이 불어넣어 주면 불의 온도를 높여 쇳덩이도 녹일 수 있다. 온 세상의 철, 아연 같은 온갖 금속을 녹슬게 하는 주요인도 바로 산소 기체다.

그런데 지금 우리가 생명이라고 하면 산소를 쉽게 떠올리는 것과 달리, 30억 년, 40억 년 전의 옛날에는 생물이 산소와 상관없이 살아가는 것이 보통이었다. 이런 성격을 가진 세균을 무산소성 anaerobe 세균 또는 혐기성 세균이라고 한다. 무산소성 세균 중에는 아예 산소를 만나면 위험한 독가스를 만난 것처럼 죽어버리는 것도 있다.

우리 가까이에서 가장 쉽게 찾을 수 있는 무산소성 세균의 예를 들어보라면 박테로이데스Bacteroides 종류가 먼저 떠오른다.

박테로이데스는 바로 우리 곁에 있다. 곁에 있는 정도가 아니라, 우리 속에 산다. 박테로이데스는 산소가 없는 곳을 찾아 사람 몸속, 장의 구석에 붙어살아가는 세균이다. 모든 사람이라고 해도 좋을 만큼 누구나 배 속에 드글드글한 박테로이데스 세균을 갖고 있다. 지금 이 책을 쓰고 있는 내 배 속이나 이 책을 읽고 있는 사람의 배 속에도 지금 이 순간 박테로이데스가 몇 마리 정도는 새끼를 치고 있을 것이다.

사람의 배 속에는 족히 그 사람의 한 주먹 분량은 되는 갖가지 세균들이 살고 있는데, 박테로이데스는 그중에서도 제법 많은 양을 차지하는 부류다. 생김새는 소시지 모양으로 길쭉하게 생긴 평범한 세균이다.

박테로이데스는 사람 배 속에서 다른 여러 세균과 공존한다. 현재 지구의 공기 속에는 산소가 20퍼센트 정도 들어있는데, 박테로이데스는 산소를 들이마시면 그 독성을 견디지 못하고 죽고 만다. 그러니 사람 배 속 깊은 곳은 박테로이데스가 산소를 피해 숨어서 안락하게 쉴 수 있는 좋은 쉼터인 셈이다. 사람이 병에 걸리거나 장에 상처가 생기면 박테로이데스가 사람을 괴롭힐 수 있다고는 하지만, 건강한 사람의 몸속에 적당량 들어있는 박테로이데스는 별반 문제를 일으키지 않는 것 같다.

어디까지나 상상일 뿐이지만, 산소가 거의 없는 30억 년 전,

40억 년 전에 활개 치던 머나먼 과거의 생물이 산소가 많아진 지금의 지구에서 살 곳을 찾아 사람 배 속으로 도망쳐 안식을 취하게 되었다고 생각하면 무척 재밌다.

주름을 없애는 무시무시한 살상 무기

조금 독특한 무산소성 세균으로는 보툴리눔균Clostridium botulinum이 있다. 보툴리눔균은 식중독을 일으킨 통조림이나 소시지에서 가끔 발견되던 것이다. 소시지를 즐겨 먹는 독일에서 소시지 식중독이 크게 문제가 되었을 때, 소시지를 조사하던 한 학자가 일부 소시지가 상하면서 발생한 독성 물질을 찾아낸 일이 있었다. 이 때문에 소시지 식중독을 일으키는 세균에 소시지라는 뜻의 라틴어인 보툴리눔이라는 이름이 붙게 되었다. 보툴리눔균 역시 겉모습은 그저 가장 흔한 세균들처럼 길쭉한 소시지 모양이다.

보툴리눔균도 산소를 들이마시면 바로 죽어버리기 때문에, 산소가 없는 곳에서만 살 수 있다. 아마 그래서 밀봉된 통조림의 음식 틈새 같은 곳에서 잘 자라는 것 같다. 이 보툴리눔균은 사람이 먹으면 치명적인 독성 물질을 뿜어낸다.

세균이 대를 이어 살아가다가 돌연변이가 만들어진 결과, 우연히 주변의 다른 생물에게 해로운 물질을 뿜어낼 수 있는 세균도 나타났다고 가정해보자. 그런 세균은 주변의 경쟁자를 제거할 수 있을 것이다. 그러면 주변의 음식을 혼자서 차지할 수 있고 넓은 공간에 새끼를 더 많이 칠 수 있어 결론적으로 더 많은 후손을 퍼뜨릴 수 있게 된다. 이런 식의 다툼이 벌어지면 결국 공격 무기가 없는 생물은 살아남지 못하고, 독을 뿜어내는 생물은 살아남아 널리 퍼진다.

만일 이보다 더 강한 독을 품은 생물이 나타난다면, 이번에는 이 새로운 생물이 원래의 생물보다 좀 더 생존에 유리해져서 결국 경쟁자를 물리치고 자신의 후손을 더 많이 남길 것이다. 가끔 독성이 약한 생물이 나타날 때도 있겠지만, 이런 경우에는 대부분 소리 소문 없이 잊혀진다. 강한 독, 그보다 더 강한 독을 뿜는 생물이 나타날 때마다 가장 강한 독을 뿜는 생물의 후손이 번성하고, 이 일이 긴 세월 반복되다 보니 이전보다 훨씬 강력한 독성을 띠는 생물이 생겨난다.

보툴리눔균은 위와 같은 방식으로 긴 시간을 지나며 어쩌다 보니 터무니없이 치명적인 독을 갖게 된 사례인 듯싶다. 보툴리눔균이 갖고 있는 독은 적은 양으로 사람을 죽일 수 있다는 측면에서만 보면 그 어떤 화학 물질 못지않게 강력하다.

영화 〈더 록〉에는 VX가스가 무시무시한 테러리스트의 무기로 나오고, 2017년 말레이시아의 공항에서 일어난 악명 높은 암살 사건에서도 VX가스가 사용되었다. 그런데 보툴리눔균이 내뿜는 독은 그 VX가스보다 더 적은 양으로도 사람을 해칠 수 있다. 실제로 제2차 세계대전 중에는 이 독을 무기로 활용하기 위한 연구도

보툴리눔균을 현미경으로 확대해 본 모습

진행되었다고 한다.

그런데 이 보툴리눔균의 독소를 아주 묽게 희석해서 최대한 사람에게 해가 되지 않도록 특수하게 가공하면, 생명에는 지장이 없이 살짝 마비시키는 용도로 쓸 수 있다는 사실을 학자들이 알아냈다. 처음에는 눈꺼풀이 이상하게 떨리는 증상을 치료하는 과정에서 근육을 마비시키는 일시적인 치료 효과를 위해 이 물질을 사용했다.

그런데 이 과정에서 주사를 맞은 사람의 주름진 피부가 펴진다는 것을 알게 되었다. 1980년대에 미국에서 미용 시술을 하던 사람이 이 사실을 알리자, 사람들 사이에서는 난리가 났다. 보툴리눔균의 독을 원료로 개량한 물질은 '보톡스 코스메틱'이라는 제품이 되어 불티나게 팔리기 시작했고, 우리가 흔히 보톡스라고 알고 있는 이 물질은 지금까지 미용을 목적으로 널리 이용되고 있다.

따지고 보면 '보톡스'라는 말은 사실 '소시지 독'이라는 뜻인데, 그러거나 말거나 성형수술 기술이 발전한 한국에서는 대단히 매력적인 단어가 되었다. 2015년 기준으로 한국에서는 한 해에 25만 번의 보톡스 시술이 이루어졌다고 한다. 인구 대비 보톡스 시술 횟수를 따져보면 이는 압도적으로 세계 1위에 해당하는 수치다. 2017년 한국의 한 제약회사가 건설한 공장은 1년에 보톡스 제품 5백만 병을 만들 수 있는 설비를 갖추었고 이를 전 세계로 판매하고 있다.

지금도 보톡스 제품을 만들 때는 보툴리눔균을 공장에서 키우고 보툴리눔균이 뿜어내는 독을 재료로 활용한다. 산소를 마시기만 하면 죽어버리는 이 세균들은 자신들이 대단히 강력한 독을 뿜어내고 있다면서 의기양양하게 살아가는 듯 보이지만, 실상은 보톡스 공장의 장비 안에서 멋모르고 꼼지락거리고 살다가 사람들에게 그 독을 뽑히고 있을 뿐이다. 보툴리눔균이 소중하게 품고 있는 치명적인 무기를 사람들은 추출하고 가공해서 여유롭게 피부 주름을 펴는 일에 활용하고 있다. 보툴리눔균들은 전혀 모르고 있겠지만, 보툴리눔균을 잘 키우는 방법을 두고 회사들이 서로 소송을 걸며 한참 싸우기도 했다.

이러한 상상을 한번 해보자. 핵폭탄이 터지면 희귀한 방사능 물질들이 잔뜩 생긴다. 사람들의 세상이 핵전쟁으로 멸망한 후 사람들을 몇천 년 전부터 지켜보던 외계인들이 찾아와서는 "아, 이 행성도 잘 익었네"라고 좋아하면서 핵폭발의 잔해 위에 널려 있는 특이한 방사능 물질들을 수확해서 즐겁게 돌아간다. 나는 이런 장면을 상상하면 보톡스 제품 생산 공장의 풍경을 떠올릴 때와 비슷한 느낌을 받는다.

세균의 역사를 뒤흔들 존재의 등장

어떤 학자들은 깊은 바닷속 뜨거운 온천수가 나오는 곳에서 생명이 처음 시작되었다고 짐작한다. 그렇다면 아마 40억 년 전의 먼 옛날에는 많은 세균들이 햇빛도 들어오지 않는 깊은 바다 밑에서 조용히 살아가고 있었을 것이다. 말하자면 암흑시대인 셈인데, 그렇다고 해서 우울하고 답답한 시대라는 뜻은 아니다. 단지 빛을 별로 활용하지 않고 어두운 데에서 자리를 잡고 살아가는 생물들이 많을 뿐, 나름대로 평화롭고 아늑한 시절이다. 이 시기의 지구에는 오존층이 없었기 때문에 어두운 곳에서 나와 햇빛을 받겠다고 하면 자외선에 손상당할 위험이 컸다.

심해 열수분출공이라고 부르는 깊은 바닷속 온천 근처는 따뜻한 열기로 인해 화학 반응이 잘 일어나서 화학 물질들이 다양하게

샴페인 벤트의 열수분출공 | 따뜻한 물이 하얀 연기처럼 뿜어저 나오는 모습이다.

생겨나고, 온천수에 온갖 다양한 금속과 돌 성분이 듬뿍 포함되어 있기 때문에 옛 생물들이 살기에 딱 좋은 곳이다. 2018년에는 한국의 탐사선 이사부호가 인도양에서 새로운 심해 열수분출공 한곳을 찾아내기도 했다. 매캐한 연기와 벌컥거리며 쏟아져 나오는 뜨거운 물이 있기에 갖가지 이상한 화학 반응이 일어날 수 있는 재료가 항상 쏟아지고 그 양도 넘칠 정도로 넉넉하다. 바닷속 열수분출공의 이런 극렬한 기운은 세균 입장에서 보면 언제나 사람들로 북적이고 흥겨운 분위기인 금요일 저녁 홍대 입구와 비슷한 느낌 아닌가 싶다.

이러한 흥겨운 암흑시대는 족히 십억 년가량 이어졌다. 그러던 어느 날, 세상을 완전히 바꿔버리는 대단히 놀라운 신기술을 가진 생물이 나타났다. 이 생물은 그 어떤 생물보다도 지구를 크게 바꾸었다. 그 영향은 지금까지도 뚜렷이 계속되고 있고, 현재 우리들도 그 압도적인 영향 아래에서 살아가고 있다.

바로 광합성이 시작된 것이다.

3장

지구의 지배자

고향을 떠나 새로운 터전으로

기원전 18년 고구려의 비류, 온조 두 형제와 그 어머니 소서노는
고구려를 떠나기로 했다. 본래 이 사람들은 고구려 임금인 주몽의
자식과 부인으로 궁전에서 지내고 있었다. 그런데 어디선가 나타난
유리라는 사람이 사실은 자신이 임금의 숨겨진 아들이라면서 임금
자식의 증표인 부러진 칼을 보여주었다. 소서노, 비류, 온조는 이런
21세기 TV 연속극 같은 상황에서는 결국 임금 자리는 갑자기 나
타난 숨겨진 자식이 차지하게 될 거라고 짐작했던 것 같다.

　소서노 일행은 이대로 버티고 있어봤자 괜히 싸움만 날 것 같
다고 생각했는지 과감하게 궁궐을 벗어나기로 했다. 개척자 기질
이 있는 소서노가 가장 먼저 제안을 했는지도 모르겠다.

그렇게 해서 이 사람들은 부하들을 거느리고 길을 떠났다. 이들은 남쪽을 향해 출발한 긴 여정을 마치고 지금의 서울 근방에서 새롭게 자신들만의 나라를 세우기로 했다. 이렇게 해서 건설된 나라가 바로 백제다.

백제는 이후 무섭게 성장했다. 한반도 한구석에 몰려있다는 지리적 약점을 극복하기 위해 항해술을 발전시켜 바다 건너 외국과 교류했다. 따뜻한 기후와 넓은 땅에서 생산되는 농작물도 국력을 키우는 데 큰 도움이 되었다. 결국 백제는 서기 371년, 약 4백 년 만에 북쪽 지역으로 군대를 보내 고구려의 평양성을 공격하는 데 성공했다. 고구려는 이 전투에서 임금이 전사하는데, 이것은 7백 년 고구려 역사에서 처음이자 마지막으로 전쟁터에서 임금이 목숨을 잃은 단 하나의 사건이다.

나는 가끔 이와 비슷한 일이 30억 년 전쯤 바닷속에서 세균들에게 일어났다고 상상해보곤 한다. 밀려나서 떠난 세균들이 결국 나중에는 오히려 더 넓은 세상을 차지했다는 이야기다.

주말 밤 사람들이 모여드는 번화가처럼 달콤하고 환상적인 음료가 펑펑 쏟아지는 곳, 세균들이 좋아하는 영양분이 많은 살기 좋은 곳에 세균들이 모여들어 정신없고 혼잡한 곳을 상상보자. 이곳이 태초에 세균들이 많이 살았던 바닷속 깊은 곳이다. 시간이 흐르자 여러 종으로 진화한 세균들은 점차 다른 곳에서도 그럭저럭 살아갈 수 있게 되었는데, 이때 아마 그 북적이는 곳에서 좀 더 먼 곳에 정착한 세균들도 생겨났을 것이다.

서로 좋은 자리를 차지하려는 세균들 사이의 치열한 경쟁에서 밀려난 모습을 상상해도 좋고, 그게 아니면 새로운 터전을 찾아 떠난 개척자 세균을 생각해도 좋다. 그런 세균들 중에는 결국 살아남지 못하고 죽는 경우도 많았을 것이고, 용케 버티고 있다고 해도 그저 겨우겨우 자손을 이어가는 것들도 많았을 것이다.

그런데 그 자손들 중 일부가 돌연변이를 일으켜 척박한 상황에서 오히려 더 잘 적응하며 살 수 있게 된 것 같다.

처음에는 그냥 강한 햇빛을 조금 더 잘 참아내거나, 식량이 부족할 때에도 조금만 먹어도 좀 더 잘 버텨내는 정도의 돌연변이가 나타났는지도 모르겠다. 이런 돌연변이들은 바닷가 얕은 곳, 직사광선이 내리쬐는 곳까지 와서도 정착했다. 썩 멋진 생활은 아니었겠지만, 그래도 햇볕 아래 얕은 물에서도 삶을 이어나갈 수 있는 세균들이 제법 나타났다. 내가 그런 세균이었다면, 혹독한 환경에서 버텨내는 동안 자꾸 미련이 생겨서 바다 깊은 곳, 먹고 마실 것이 넘쳐나는 어두운 고향을 자꾸 돌아보았을 것 같다. 우리 조상들은 저렇게 좋은 곳에 살았다는데, 우리는 왜 이렇게 살기 힘든 눈부신 곳에 살게 되었을까, 그런 생각도 많이 했을 것 같다.

이런 나와는 달리, 당시 어떤 세균들은 완전히 다른 길을 택했다. 먹을 것이 없고 위험한 햇빛만 쏟아지는 이 새롭고 낯선 곳이 오히려 삶을 다른 방향으로 바꿀 수 있는 기회가 될 거라고 본 모양이다. 즉 어떤 세균들이 원수 같던 햇빛을 오히려 자신들이 살아가는 데 필요한 자원으로 역이용해서 허공과 맹물로 기어이 먹을 것을 만들어내는 데 성공했다. 이들은 27억 년 전쯤 본격적으로 퍼져나가기 시작했다.

빛을 먹고 사는 세균

이들이 바로 광합성의 주인공 남세균cyanobacteria이다. 그렇다고 이때가 세균이 처음 빛으로 먹을 것을 만들어낸 시점은 아니다.

이들보다 몇억 년 더 앞서, 눈이 덜 부신 적외선을 흡수하고 황화합물을 이용해서 먹을 것을 만든 세균들이 있었다. 어쩌면 그런 옛 세균의 자손 중에서 더 센 빛과 더 먹을 것이 없는 환경에서 버티다가 새롭게 나타난 놀라운 돌연변이가 이 남세균인지도 모르겠다. 한편 남세균이 생각보다 더 일찍 화석에 흔적을 남겼다는 주장도 있다. 이 주장이 맞다면 남세균이 세상에 처음 등장한 시점은 더 과거로 거슬러 올라갈 수도 있다.

남세균은 종류도 생김새도 다양한데, 현대에 들어서 쉽게 발견되는 남세균은 서로서로 엉겨서 축축하고 끈적거리는 초록색 덩어리를 이루는 것들도 흔하다. 이렇게 덩어리를 이루면 맨눈으로도 쉽게 찾을 수 있다.

어떤 종류든 남세균의 몸속에서 일어나는 독특한 화학 반응의 핵심은 물에서 수소 원자를 뽑아내는 것이다. 수소 기체를 불태우면, 다시 말해 산소 기체와 결합하는 화학 반응을 일으키면, 그 결과 물이 생긴다. 그런데 남세균은 자기 몸속에서 태양빛을 이용하는 화학 반응을 일으켜 거꾸로 물에서 수소 원자를 얻어낸다. 이 것은 태양빛의 힘을 이용해서 불에 다 탄 잿더미나 다름없는 물질을 다시 불태울 수 있는 연료로 되돌리는 것이라고도 볼 수 있다.

꽤 오래 전부터 수소를 연료로 이용하는 자동차를 보급하려는 회사들은 수소를 만드는 공장을 세우기 위해 고민하면서 여러 기술을 시도하고 있다. 그런데 남세균이 이미 그와 비슷한 일을 하고 있다. 남세균은 물을 원료로 불타는 물질, 즉 수소를 만든다. 그리고 이렇게 얻은 수소 원자 덕에 남세균의 몸속에서는 다른 화학 반응이 일어나고, 몸을 지키고 키우는 데 필요한 물질이 생겨난다.

이런 이유로 남세균은 먹을 것을 걱정하지 않고 살아갈 수 있다. 만일 남세균을 이용해 사람이 연료로 사용할 수 있는 물질을 만들어낸다면 그 양은 얼마나 될까? 인도의 두타 박사가 정리한 자료에 따르면, 남세균 100그램이 한 시간에 0.7칼로리 정도의 열을 내는 연료를 만들어낼 수 있다. 포도주 한 잔의 열량이 100킬로칼로리 정도라고 하니, 남세균 100그램만 있으면 빛과 공기를 이용해 대략 6일 만에 맹물로 포도주 한 잔 정도의 연료를 만들 수 있다는 이야기다.

남세균이 빛으로 물질을 만들어내는 이러한 과정은 이후 식물이 빛과 이산화탄소와 물을 활용해 포도당이라는 당분을 합성해 내는 원리로 정착된다. 빛으로 물질을 합성해낸다고 해서 광합성이라고 부르는 반응은 대체로 이것을 가리킨다. 남세균처럼 공기

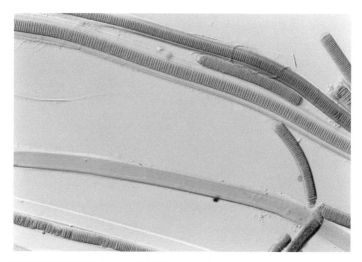

남세균의 한 종류인 링비야 Lyngbya**의 확대된 모습** | 한 가닥씩 길게 줄 모양을 이루며 자라난다.

중의 이산화탄소에서 유용한 물질을 만들어내는 생물의 솜씨는 현대 과학으로도 흉내 내기가 쉽지 않다.

많은 나라에서 석유나 석탄을 캐내는 대신 다른 방식으로 얻을 수 있는 연료를 개발하고자 한다. 자연히 많은 학자들이 햇빛이나 다른 에너지를 이용해서 연료를 만드는 방법을 연구했는데, 아직까지도 광합성을 하는 유채꽃 같은 식물에서 기름을 짜내고 이를 가공해서 쓰는 것만큼 유용한 방법을 찾아보기 쉽지 않다. 2000년대 중반, 이명박 정부의 정책으로 인해 한국에서 특히 이런 기술에 대한 관심이 크게 늘었다. 그린 바이오 에너지 연구 계획이라고 내걸고 누군가 거창하게 발표하는 곳에 찾아가보면, 결국 결론은 나무 조각을 땔감으로 쓰겠다는 계획인 경우도 있었다. 그런데 그런 방법도 마냥 이상하다고 할 수는 없을 정도로 생물이 해내는 광합성은 유용하고 강력하다.

다른 분야와 비교해보면, 생물이 해내는 광합성의 힘은 더 강력해 보인다. 화학 회사들은 몇십 년 전에 이미 유리보다 훨씬 가볍고 우주에서도 끄떡없이 버틸 수 있는 데다가 아주 맑고 투명한 플라스틱을 만드는 기술을 개발해 상용화했다. 또한 전자 회사들은 지난 30년 사이에 동일한 비용으로 만들 수 있는 메모리 반도체의 용량을 수십만 배 늘리는 기술을 개발해내기도 했다.

그런데도 27억 년 전, 세균이 해낸 이 광합성 기술을 능가하기란 아직도 간단한 문제가 아니다. 이제 겨우 우성일 교수, 김형준 교수, 박현웅 교수 등의 여러 연구팀에서 생물보다 뛰어난 광합성 반응을 해내기 위한 재료를 하나둘 개발하고 있다는 소식을 전하는 정도다. 남기태 교수 연구팀에서는 햇빛으로 연료를 만드는 장치를 만들기 위해 아예 생물에서 뽑아낸 물질을 재료로 이용해서 장치 속에 집어넣어 보기도 했다.

남세균 활용법

만일 사람에게 연료나 음식을 새로 만들어낼 방법이 없다면 남세균을 이용하는 것도 한 가지 방법이다. 예컨대 나는 남세균을 미래에 식량으로 쓰도록 만드는 연구도 그럴듯하다고 생각해왔다. 남세균은 지금도 곳곳에 퍼져있고 이 순간에도 남세균을 먹고 살아가는 생물들이 많다. 물속을 떠다니는 미세한 생물을 흔히 플랑크톤이라고 부르는데, 남세균도 플랑크톤의 한 종류로 보는 경우가 많다.

물고기나 새우처럼 물속에서 사는 어류 중에는 플랑크톤을 먹이로 삼는 것들이 많고, 남세균도 그 사이에 섞여있다. 남세균이 이들의 주식이 아니라고 하더라도, 다른 플랑크톤이 남세균을 먹고 자란다면 결국 남세균 또한 물고기가 먹고 사는 데 필요한 셈이다.

사람이 남세균을 식량으로 삼는 것에는 장점이 많다. 곡식이나 가축을 키우려면 넓은 땅이 필요하고 물과 사료, 비료 등을 충분히 공급해주어야 한다. 하지만 남세균을 키우기 위해서는 일단 이들이 살아갈 물만 있으면 충분하다. 남세균 중에는 스스로 비료 기능을 하는 물질을 만들어내는 종류도 있어서, 이를 잘 활용하면 비료에 신경 쓸 필요가 없다. 또한 여러 가지 다른 영양분을 만들어내는 남세균도 있기 때문에, 필요한 종류의 남세균을 잘 선택해서 기르면 좋은 영양분을 가진 다양한 식재료를 마련할 수 있다.

그러므로 식량을 길러내는 환경이 열악한 우주선이나 척박한 외계 행성 같은 곳에서 사람이 살아야 한다면 남세균을 키워서 먹는 방법도 도전해볼 만하다. 물과 햇빛, 남세균이 자랄 수 있는 최소한의 물질만 있으면 된다. 심지어 산소도 필요 없다. 남세균은 애초에 산소가 거의 없던 시대에 탄생한 생물이기 때문이다.

척박한 외계 행성을 개척해서 사람이 살 수 있는 기지를 만들기 위해 먼저 그 행성으로 보내진 로봇들이 남세균을 키우는 시설을 건설하는 모습을 상상해본다. 화성의 극지방에는 얼음층이 있다고 하는데, 이곳에 커다란 렌즈를 설치해서 태양빛을 모으면 얼음이 녹아 물이 생길 것이다. 여기에 남세균을 잘 키울 수만 있다면 화성에 간 사람은 그걸 먹고 살 수 있지 않을까? 심지어 남세균을 이용한 음식이 이미 나와 있기도 하다.

수백 년 전 멕시코 지역에 살던 아즈텍 사람들은 아즈텍 말로 '테쿠이틀라틀'이라고 하는, 돌에서 나오는 국물을 먹었다고 한다. 서울의 숙정문 근처에도 내려오는 전설 중에 그곳의 바위에서 사람이 먹을 수 있는 이상한 국물이 생겨나곤 했다는 이야기가 있는데, 두 이야기는 매우 비슷하다. 아즈텍 사람들이 먹던 테쿠이틀라틀은 이후 아르스로스피라 플라텐시스Arthrospira platensis 등의 몇몇 남세균을 키운 뒤에 말려서 가공한 것으로 밝혀졌다.

이렇게 남세균을 가공하면 보통 가루나 동그란 알갱이처럼 사람이 쉽게 먹을 수 있는 형태가 되는데, 흔히 '스피룰리나spirulina'

먹을 수 있는 형태로 판매되는 스피룰리나

라는 이름으로 만들어지고 지금도 많은 양이 유통되고 있다. 〈한국일보〉 자료에 따르면, 2005년 한국에서만 약 3백억 원어치의 스피룰리나가 팔린 것으로 추정된다. 그러다 보니 스피룰리나를 만들기 위해 남세균을 잘 길러낼 새로운 기술을 개발했다는 회사에 대한 소식도 가끔 나오고, 바닷속 플랑크톤을 연구해본 경험이 있는 남해안 지역의 대학들이 스피룰리나를 위해 남세균 연구를 한다는 소식도 종종 들린다.

남세균이 음식을 만들어내는 재주를 갖게 된 것은 단지 남세균 혼자 잘 먹고 잘 살게 되었다는 사실에서 끝나지 않는다. 남세균 은 이제 더 이상 어둡고 뜨거운 바닷속을 그리워하지 않고 백주

대낮의 삶을 마음껏 즐기게 되었다. 그뿐만 아니라 새로운 생활 방식의 결과로 무서운 물질, 산소 기체를 만들어냈다. 나는 이 점이 남세균이 저지른 가장 충격적이고 대단한 업적이라 생각한다. 산소 기체가 없던 행성에서 남세균이 산소 기체를 만들기 시작했기 때문이다.

처음에는 아주 미미하게 산소 기체가 조금씩 생겨나는 정도였던 듯하다. 산소 기체가 없던 시절에 바다의 좋은 곳을 차지하고 있던 세균 중에는 산소에 약한 것들이 많았을 것이므로, 남세균이 산소를 내뿜으면 그것은 그대로 독가스 무기가 되었을 것이다. 박테로이데스균이나 보툴리눔균과 비슷한 세균들은 산소 기체를 마시면 산소가 너무나 활발히 화학 반응을 일으키기 때문에 몸 곳곳의 화학 물질들이 망가져 죽게 된다.

과거 군인들이 사용하던 간단한 독가스 무기로 염소 기체가 있는데, 산소 기체를 마시면서 살아가는 인간이 염소 기체를 들이마시면 염소의 활발한 반응이 몸속을 녹여서 치명상을 입게 된다. 이와 비슷한 일이 수십억 년 전 세균들 사이에서 벌어진 셈이다. 산소 기체를 버틸 수 있도록 진화한 종류의 남세균들은 주위에 산소를 뿌려서 주변 세균들을 괴롭히고 경쟁에 더 유리해질 수 있었는지도 모른다.

남세균이 우리에게 준 선물

처음에는 산소 기체가 뿜어져 나와도 조금 떨어져 있으면 큰 문제는 없었을 거라고 생각한다. 왜냐하면 산소 기체가 없었던 지구에는 바닷속에 산소 기체와 결합하는 반응을 해서 산소 기체를 없애는 물질들이 많이 녹아있었기 때문이다.

대표적인 물질로 철이 있다. 철은 산소 기체와 잘 결합한다. 철을 습기가 있는 곳에 놓아두면 녹이 스는데, 이것이 바로 철과 산소 기체가 결합해서 산화철이 생긴 것이다. 사람의 피 속에도 철성분이 들어있는데 이는 산소 성분과 결합하여 신체 곳곳에 산소를 보내는 역할을 한다. 신선한 피를 맛보면 철을 핥을 때와 비슷한 맛이 나는 것도 이 때문이다.

먼 옛날 바닷물에는 철이 많이 녹아있었다. 남세균들이 산소를 뿜어내는 족족 철은 산소 기체와 결합했다. 산소 기체와 결합한 철은 물에 잘 녹지 않는 산화철 성분으로 변해서 밑바닥에 가라앉아 쌓인다.

남세균이 많이 모여 살았던 곳에서는 물속에 산화철 가루가 눈이 내리듯이 바닥으로 떨어졌을지도 모른다. 눈송이 같지는 않았겠지만, 남세균 주위에 층층이 산화철 가루가 쌓인다는 이야기는 하늘에서 내리는 눈이 소복소복 쌓이는 모습을 볼 때와 비슷한 느낌을 준다. 산화철, 즉 녹슨 철이 눈으로 바다에 내리게 된 셈이다.

한겨울 울릉도에 눈이 내리기 시작하면 몇 미터씩 쌓인다고 하는데, 남세균 때문에 바닷속에 내리기 시작한 녹슨 철의 눈보라는 며칠 내리다가 그치는 수준이 아니었다. 남세균은 유례없이 크게 번성했고, 바닷속 선조들과는 완전히 다른 수준의 거대한 규모로 활동을 이어갔다. 남세균이 눈의 여왕 역할을 해 일으킨 녹슨 철의 눈보라는 수백, 수천 년을 지나 족히 수억 년간 이어졌다.

이때 쌓인 산화철이 굳어져 오늘날 우연히 땅 위로 모습을 드러내면, 오랫동안 쌓인 독특한 무늬가 보이는데 이것을 보통 '호상철광층Banded Iron Formation'이라고 한다. 호상철광층은 사람들의 눈에 잘 띄는 철분 덩어리로, 철을 뽑아내 쇳덩어리를 만들기에 좋다. 충남 서산에 대표적인 호상철광층이 있는데, 실제로 이 지역에서는 오래전에 금속을 녹여 제조한 유물들이 여러 곳에서 발견되었다. 서산 지곡면의 몇몇 노인들은 백제의 전성기에 백제에서 제조되어 일본으로 전해진 보물인 칠지도라는 칼이, 바로 자신들의 마을에서 제조되었을지도 모른다고 생각하기도 한다. 그리고 함경북도에는 그 지역의 거대한 철광산인 무산광산이 호상철광층이라는 이야기도 있다.

호상철광층이 어마어마하게 넓게 펼쳐진 곳으로는 호주 서부를 꼽을 수 있다. 이곳에는 드넓은 대지에 산처럼 거대한 바위가 있는데, 이런 바위 전체가 호상철광층인 곳도 있다. 수십억 년 전 바다에 가득했던 남세균들이 뿜어낸 산소 때문에 몇억 년간 녹슨 철 눈보라가 내렸고 바로 이곳에 어마어마한 철광산이 생겼다. 한국의 제철소들은 철의 원료인 철광석의 절반 이상을 호주에서

호주 서부의 호상철광층 | 철 성분과 규질 성분이 많은 퇴적층이 번갈아 퇴적되어 단면이 줄무늬 모양을 띤다.

수입하며, 호주산 철광석의 상당량이 바로 이 호상철광층에서 생산된다.

다시 말해 이것은 남세균들이 바닷물에서 철을 뽑아내어 쌓아둔 것을 사람이 사용하고 있다는 이야기다.

거리를 가득 메운 수많은 자동차는 모두 철 덩어리이고, 우뚝우뚝 높이 솟은 건물과 다리를 지탱하는 것도 바로 철근과 철 기둥이다. 전쟁에 사용하는 총과 탱크에서부터 식사할 때 사용하는 숟가락과 그릇까지 우리 주변의 많은 것들이 철로 이루어져 있다. 2017년 한국에서 한 해 동안 생산한 철강은 7천만 톤이 넘는다고 한다. 우리가 살고 있는 이 사회는 남세균이 남긴 귀중한 유산 위에 세워진 셈이다.

그런데 바닷속의 그 많은 철분을 대거 녹슬게 만든 뒤에도 남세균은 사그라들지 않았고, 남세균이 뿜어내는 산소 기체는 줄어들지 않았다. 만일 이때 우리 인간처럼 산소 기체를 들이마셔서 없애버리는 생물이 출현해서 남세균이 뿜어내는 산소 기체를 다 마셔버렸다면, 더 이상의 변화는 일어나지 않았을 것이다. 그러나 그런 일은 한참 후에야 일어났고, 이후로도 한동안 남세균의 활약은 계속되었다.

남세균이 자행한 산소 대학살

바닷속에 배출된 산소 기체가 바다를 가득 채울 지경이 되자, 드디어 산소 기체는 바다 밖으로 모습을 드러내기 시작했다. 앤드루 H. 놀Andrew H. Knoll의《생명 최초의 30억 년》이라는 책에서는 프레스턴 클라우드Preston Cloud의 학설을 소개하고 있는데, 이에 따르면 남세균이 뿜어낸 산소 때문에 바닷속에 있는 철분이 모두 소모되어 산화철로 변해 가라앉았고, 그러자 바다 밖으로 산소 기체가 나오기 시작했다고 한다. 이 주장에 따르면 남세균이 뿜어낸 산소가 바다 전체를 녹슬게 만들었다는 것인데, 앤드루 놀은 클라우드의 주장만으로는 이 현상을 설명하는 데에 한계가 있다고 생각해 몇 가지 다른 화학 반응도 있었을 거라고 보완해 설명했다.

그런 몇몇 과정을 거쳐 대략 15억 년에서 20억 년쯤 전에, 지구의 공기 속에 점차 산소 기체가 생겨나기 시작했다. 세균이 없을 때에는 찾아보기 어려웠던 산소 기체는 폭발적으로 증가해 공기의 10퍼센트를 넘었고, 마침내 20퍼센트에 육박하게 되었다.

이게 다 그 시절 남세균이 저지른 일이다. 지금 공기 중에 널려 있는 산소 기체는 모두 남세균의 위업이다. 산소 기체가 많아지자 대기 상층부에서는 산소 기체가 오존으로 바뀌었고, 이것이 오존층을 이루었다. 오존층이 생기면서 지구는 강력하고 무서운 태양의 자외선을 방어할 수 있게 되었다. 남세균이 뿜어낸 산소 기체가 지구에 얇은 방어막을 씌워준 것이다.

어떻게 조그마한 세균이 지구의 대기 성분을 확 뒤바꿔놓을 수 있었을까? 도무지 믿기지 않아서 계산을 한번 해봤다. 빨리 자라는 세균은 삼십 분이면 새끼를 쳐서 두 마리로 불어난다. 한 시간이면 두 마리는 네 마리가 된다. 한 시간 반이면 여덟 마리, 두 시간이면 열여섯 마리가 된다.

나는 어릴 때 하루에 쌀 한 톨을 일당으로 요구했던 머슴 이야기를 아주 좋아했다. 이 머슴은 첫 날은 쌀 한 톨, 그 다음 날은 두 톨, 또 그 다음 날은 쌀 네 톨로 하루가 지나면 전날 일당의 두 배를 받는 조건을 내건다. 머슴을 고용한 사람은 하루에 두 배씩 불어나봤자 그 양이 얼마나 될까 싶어서 흔쾌히 그러자고 했고, 시간이 지나 결국 전 재산을 모조리 날리게 되었다는 이야기다. 나는 이 이야기가 너무 재밌어서 쌀 한 톨, 두 톨, 네 톨, 여덟 톨, 열여섯 톨, 서른두 톨로 이어지는 배수를 한동안 열심히 외우고 다니기까지 했다. 어른이 된 후에는 이 이야기를 복리 이자가 붙는 빚은 가능한 한 지지 말라는 경고로 마음속 깊이 새기고 있기도 하다.

남세균이 빠르게 불어나는 원리도 이와 비슷하다. 남세균이 잘 자랄 수 있는 좋은 환경만 주어진다면 남세균 한 마리는 다섯 시간 만에 천 마리 이상으로 불어난다. 천 마리를 줄줄이 세워놓아도 고작 1밀리미터가 될까 말까 하지만, 이 속도로 계속 불어나면 한 마리의 남세균이 하루가 지나지 않아 다닥다닥 붙어 가로세로 1미터 너비의 공간을 채울 만큼 불어난다. 사흘이면 한반도 전체를 가득 채우고도 남을 만큼 늘어날 것이다.

물론 남세균이 항상 두 배로 증식하는 것은 아니지만, 이들에게 주어진 시간이 몇억 년이라면 태양 앞에 몸을 드러내 그 빛을 마음껏 빨아들이고 온 세상에 산소를 뿜어내며 이 세상을 차지할 시간은 충분하다.

남세균은 이산화탄소가 많고 산소가 거의 없던 지구의 환경을 이렇게 완전히 뒤바꿔버렸다. 늘어난 산소를 도저히 견디지 못한, 산소가 없던 과거의 생물들 중에는 죽거나 새끼를 치지 못한 무리들도 많았을 것이다. 일명 '산소 대학살'이 일어난 셈이다. 그렇다면 세균들의 아늑한 보금자리에서 거칠고 황량한 땅으로 떠나온 개척자 남세균이 훗날 어마어마한 힘을 길러 끝내 세상을 통째로 뒤집어엎었다는 결론이 된다.

산소 대학살이라고 말하는 것이 약간 과장되었다고 하더라도, 남세균이 세상을 대단히 큰 폭으로 바꾼 것만은 분명하다. 사람들이 산업혁명 이후에 이산화탄소 배출이 늘어나 지구 온난화가 발생해 기후가 바뀌고 생태계에 대혼란이 일어났다고 하는데, 이 변화라는 것이 이산화탄소 농도 0.01퍼센트 단위에서의 차이다. 그런데 15억 년 전에 남세균이 저지른 변화는 1퍼센트 수준이었던 산소 기체 농도를 20퍼센트 수준에 가깝게 늘린 것이다. 생태계가 완전히 새로워지지 않을 도리가 없다. 생태계는 물론이고 땅과 하늘의 모습까지도 남세균의 산소 기체 때문에 바뀌었다.

토양을 이루는 흙 중에는 불그스름한 빛을 띠는 것이 많다. 영화 〈바람과 함께 사라지다〉에서 남자 주인공 클라크 게이블Clark Gable은 여자 주인공 비비안 리Vivien Leigh에게 "당신은 타라의 붉은 흙에서 힘을 얻는 것 같다"라고 말하는데, 영화의 마지막 장면에서 그 말을 기억하던 비비안 리는 그 붉은 흙이 있는 타라로 돌아가기로 결심하며 "내일은 내일의 태양이 떠오를 테니까"라는 명대사를 남긴다. 여기서 이야기하는 붉은 흙을 만들어내는 것은 흙속의 철 성분이 변해 만들어진 산화철이다. 산소가 없으면 철은 녹슬지 않기 때문에 흙도 붉게 보이지 않을 것이다. 만일 남세균이 없었더라면 타라의 붉은 흙도 없었을 것이다.

우리 이웃 행성인 금성이나 화성의 공기 속에도 이산화탄소가 많고 산소는 없다. 금성이나 화성과 별다를 바 없던 옛 지구의 공기를 지금처럼 사람들이 생각하는 맑고 깨끗한 공기로 바꿔놓은 장본인이 바로 남세균이다. 지구에게 초록빛 행성이라는 산뜻한 별명이 생긴 것도 모두 이들 덕분이다.

나는 어느 외계 행성에서 지구의 대기처럼 산소가 많이 발견된다면 그곳에 남세균이 산다고 짐작해볼 수 있다고 생각한다. 산소기체는 다른 물질과 화학 반응을 잘하기 때문에 발생한 이후에 자꾸 다른 것으로 변하려고 한다. 자연 상태에서 산소 기체가 쉽게 생기는 것도 아니고 생기면 곧장 사라져버린다는 뜻이다. 때문에 산소 기체가 많이 있는 행성이라면 없어져가는 산소를 계속 보충해줄 수 있는 외계 생명체가 사는 곳은 아닌지 의심해봐도 좋을 거라고 나는 생각한다.

곰곰이 생각해보면 어떤 행성에 산소 기체의 농도가 높아지는데 외계 생명체와 상관없는 다른 이유도 있을 수는 있다. SF영화의 영원한 걸작 〈토탈리콜〉에는 아놀드 슈왈제네거Arnold Schwarzenegger가 모험을 펼치며 화성에 산소 기체를 불어넣으려고 애쓰는 장면이 나온다. 그는 엄청나게 많은 악당들을 쓰러뜨린 끝에 거대한 외계인들의 기계 장치를 작동시켜서 화성에 산소 기체를 만들어낸다. 수십억 년 전 남세균들이 영화 속에서나 가능하다고 생각했던 그 일을 지구에서 해냈다.

남세균은 지금도 지구에 널리 퍼져있다. 지구에서 남세균만큼 중대한 생물은 없다고 나는 감히 말해본다. 공룡이 1억 년가량 지구를 지배했다고 하고, 바퀴벌레가 2~3억 년 가까이 자손을 이으며 살아왔다고 하는데, 남세균은 20억 년 가까이 지구에서 활발히 활동해왔으며 남세균이 10억 년도 전에 뒤엎어버린 지구의 환경은 다시는 그전으로 되돌아가지 않고 있다.

외계인이 지구를 찾아와서 인간과 대화를 하거나 싸운다는 이야기가 식상한지, 더글러스 애덤스Douglas Adams가 쓴 《은하수를 여행하는 히치하이커를 위한 안내서》에는 돌고래나 쥐가 지구의 진정한 주인이었다는 내용이 나오고 베르나르 베르베르Bernard Werber의 《개미》에서는 지구의 주인이 사람이 아니라 개미라고 되어 있다.

내가 만일 오래도록 지구를 관찰한 외계인이라면 남세균이야말로 지구의 진정한 지배자라고 생각할 것 같다. 외계인들이 지구를 정복하러 쳐들어온다면, 대도시에 비행접시를 보내고 광선포를 쏴 건물을 파괴하기에 앞서 행성 전체에 지독하리만치 퍼져있는 남세균부터 처리하려 들지도 모른다.

이산화탄소를 줄이고 산소 배출을 늘리기 위해 나무를 많이 심자고 하는데, 사실 전 세계의 모든 나무가 만들어내는 산소보다 지구에 사는 남세균이 뿜어내는 산소 기체가 더 많다는 통계도 있다. 우람하게 하늘 높이 솟은 나무들의 거대한 숲 못지않게, 바다 위에 보이는 듯 마는 듯이 떠다니는 남세균이 산소 기체에 끼치는 영향이 크다는 이야기다.

우리에게 친숙한 모든 덩치 큰 동물들과 사람이 지금 숨을 쉬고 있는 것도 바로 산소 기체를 뿜어주고 있는 남세균 덕분이다. 그렇다면 우리가 아무리 열심히 나무를 심는다 하더라도 바다가 심하게 오염되어 남세균들이 모조리 죽어버린다면, 산소 기체는 턱없이 부족해지고 결국 지구 생태계 전체가 망가질 것이다.

정반대로 남세균이 우리에게 공격을 해올 때도 있다. 남세균은 자기들이 살기 좋은 상황이 되면 강물이나 호수, 연못에서도 놀라운 속도로 자라서 수면을 덮어버린다. 먼 옛날 산소 기체로 바닷속에 녹슨 철의 눈보라가 몰아치게 하고, 지구 표면의 색깔을 바꾸었던 그 기세로 남세균은 번성해버린다. 이렇게 되면 남세균이 엉겨 떠다니는 모양이 초록 덩어리처럼 보이고, 이를 한국에서는 흔히 '녹조 현상'이라고 한다.

'녹조綠潮'는 발음 때문에 녹색 조류, 녹조류가 발생한 것이라거나 작은 식물이 퍼진 것이라고 착각하는 경우가 많은데, 녹조는 녹색이 밀물처럼 밀려 왔다는 뜻이다. '녹조'라는 표현이 많이 쓰이는 이유는 '적조'라는 말과 운율이 맞아 떨어지기 때문이다. 녹조 현상은 조류나 녹조류가 일으키는 것이 아니라 세균이 늘어난 것, 그중에서도 남세균이 많아진 것이 주요 원인이다.

우리나라에서 녹조 현상에 큰 관심을 갖는 데에는 정치적인 이유도 있고, 수면에 떠다니는 끈끈한 초록 덩어리가 보기에 안 좋다는 이유도 있지만 한편으로는 녹조가 사람의 건강을 크게 위협할 때가 있기 때문이다. 녹조 현상이 발생한 물속에 사는 남세균 중에는 마이크로시스티스Microcystis류의, 독성을 띤 세균이 발견되기도 한다. 이런 세균들은 마이크로시스틴microcystin 등의 물질을 뿜어낸다. 이런 물질은 일정량 이상 먹게 되면 간을 비롯한 장기와 신체 일부가 손상되기 때문에 물을 마시고 살아가는 우리에게는 골칫거리일 수밖에 없다.

남세균 중에는 마이크로시스티스 외에도 독을 뿜어내는 것들이 더 있다. 남세균이 독성 물질을 뿜어내서 무슨 이득을 얻는지 아직 명확히 밝혀지지는 않았다. 지구를 지배하고 있는 남세균이 대체 무엇이 두려워서 이렇게 강력한 독을 만들어내면서까지 방어하려는 것일까? 이 질문은 다음 이야기로 이어진다.

남세균의 전성기가 시작된 그 다음 시대에, 남세균이 만들어낸 산소 속에서 태어나 그 무시무시한 산소를 오히려 맛있다는 듯이 마음껏 들이마시고 남세균 같은 것들을 사냥해 잡아먹는 새로운 생물들이 나타났다.

　그 생물은 다름 아닌 우리들이다.

4장

우리 시대

미생물이라는 렌즈로 들여다본 세상

침팬지의 대모로 불리는 세계적인 동물학자 제인 구달Jane Goodall
은 원래 비서학교를 나와 사무직 직원으로 일하던 사람이었다.
20대 후반, 그는 케냐의 자연사박물관장 루이스 리키의 비서로
일하던 중에 정글에서 침팬지를 관찰할 사람을 모집한다는 것을
알게 되었다. 그리고 그는 그 일에 뛰어들기로 결심한다.

현지 당국으로부터 유럽인 여성 혼자서 정글에 들어가는 것은
허용할 수 없다는 말을 듣고, 제인 구달은 고향인 영국에 있던 어
머니를 모시고 함께 가겠다는 뜻을 전했다. 그렇게 해서 제인 구
달과 그 어머니는 지금의 아프리카 탄자니아 동부로 들어가 정글
생활을 시작하게 되었다.

얼마 후, 제인 구달은 침팬지가 가느다란 나뭇가지를 꺾어 그것으로 흰개미를 잡아먹는 장면을 목격한다. 이 사실을 루이스 리키에게 전하자 그는 크게 흥분했다. 그때까지만 해도 인간만이 도구를 사용하는 동물이고, 도구를 사용하는 동물이 곧 인간이라는 통념이 널리 퍼져있었다. 당시는 "인간은 도구를 사용하는 동물이다"라고 인간을 정의하던 때였으므로 루이스 리키는 "이제 도구라는 단어의 의미를 바꾸든지, 인간을 새로 정의하든지, 아니면 침팬지도 인간이라고 인정해야 된다"라며 너스레를 떨었다고 한다.

제인 구달은 2002년 한 강연에서 침팬지에 대해 연구할수록 사람과 사람이 아닌 동물 간의 구분이 점점 모호해지는 것을 느낀다고 말했다. 실제로 많은 연구 결과를 볼수록 침팬지는 사람과 거의 비슷하게 느껴진다. 또 침팬지는 원숭이와 비슷해 보이고, 여우원숭이와 같은 것들은 여우나 너구리와 비슷해 보인다.

괜히 비슷하다고 말하는 것이 아니다. 이 동물들의 아주 어린 시절 모습을 살펴보면 정말 대단히 닮았다. 아이가 만 2살 정도만 되어도 사람과 개와 고양이를 완벽하게 구분하기 마련이지만, 아무리 생물을 열심히 공부한 대학생이라고 해도 일주일 정도 된 태아의 모습과 그에 해당하는 시기의 당나귀, 악어, 개구리, 상어의 모습을 구분하기란 매우 어렵다. 박쥐든 사람이든 고등어든 그 정도로 어린 시기에는 그냥 다 작은 송사리와 비슷한 모습이다.

멍게는 한국인을 제외하면 세상에 먹는 사람이 거의 없는 해양 생물로 그 생김새가 아주 독특하다. 그런데 이 멍게도 어릴 때 모

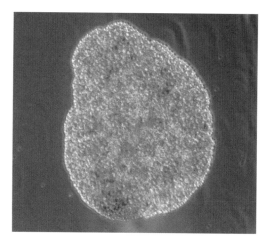

털납작벌레 | 수많은 세포들이 한데 뭉쳐 한 몸을 이룬 모습이다.

습을 보면 작은 메기나 올챙이와 비슷하다. 그렇게 놓고 보면, 충분히 발달하기 이전의 모습은 멍게나 호랑이나 사람이나 크게 다르지 않다고 할 수 있다.

멍게의 생김새는 해삼이나 불가사리와 유사하고, 해삼의 생김새는 그보다 더 단순하긴 해도 털납작벌레trichoplax와 닮았다. 털납작벌레의 몸은 작디작은 단위인 세포들이 무더기로 붙어있는 모양이다. 세포 하나가 다른 세포를 만들어내서 불어나면 그 옆에 달라붙고, 크기가 점점 커지면 해삼과 비슷하나 훨씬 작고 납작한 모양으로 자라난다.

털납작벌레의 새끼라고 할 수 있는 그 세포 하나만 떼어놓고 본다면 그 모습은 바닷속을 헤엄치는, 눈에도 잘 안 보이는 아주 작디작은 생물과 닮아 보인다. 예컨대 규조류diatom라고 부르는 돌말 부류의 작은 미생물과 새끼 털납작벌레 한 조각은 비슷해 보인다.

돌말과 그 비슷한 물속에서 사는 미생물들을 보다 보면, 미생물에 관한 자료 화면을 볼 때 자주 등장하는 짚신벌레나 아메바도 결국은 비슷한 모습이다. 몸을 이루고 있는 세포라는 작은 단위를 하나 떼어서 확대해보면, 이 많은 생물들은 모두 서로 비슷하다고 충분히 이야기할 만하다. 물론 다른 점도 있다. 그러나 닮은 점이 더 선명해 보인다.

돌말은 세포 하나가 떨어져 있는 모양으로 혼자 떠다니며 산다. 털납작벌레는 한 세포가 여러 다른 세포들을 만들어내서 서로 붙어 다니는 것이고, 해삼, 멍게, 오징어, 가자미 들은 여러 세포들이 여러 다른 모습으로 각자 다르게 자라나서 좀 더 다채로운 형태가 덩어리져 붙어있는 모습이다. 그 때문에 겉모습은 굉장히 달라 보인다. 그러나 처음 만들어질 때의 세포 구조는 비슷해 보인다.

돌말이 눈에 보이지 않을 정도로 작다고 무시해선 안 된다. 지금 책을 읽고 있는 독자들도 어린 시절에는 돌말과 비슷한 외모였을 것이다. 태어나기 전, 작은 수정란으로 처음 어머니 배 속에서 자라기 시작하던 시절, 혹은 시험관 아기로 세상에 태어날 것을 준비하던 시절에는 독자 여러분의 모습도 돌말과 크게 다르지 않았다고 할 수 있다.

어떻게 자라나느냐의 차이지 어릴 적 모습은 그렇게 다들 비슷하다. 물론 독자분께서 혹시 외계인이라거나 발달한 인공지능 로봇이라면 여기에 해당하지는 않을 것이다. 그러나 그런 드문 예외가 아니라면, 눈에 안 보일 정도로 작은 돌말이 사람이나 가축과 참 달라 보일 수도 있지만, 생각하기에 따라서는 가까운 관계라는 뜻이다.

게다가 돌말 정도는 어찌 보면 사람과 친숙한 생물이다. 서기 660년 음력 2월 백제의 어느 강물이 붉게 변해서 핏빛이 되었다는 기록이 《삼국사기》에 나온다. 그 기록에 따르면 서해에서 작은 물고기들이 떼로 죽는 일이 생겼다고 한다.

서기 660년은 백제가 신라의 침공을 받고 멸망한 해로, 물이 핏빛으로 변한 것을 두고 옛 사람들은 백제 멸망을 뜻하는 흉한 징조라고 생각했다. 이에 앞서 거인의 시체가 물 위에 떠올랐다는 기록도 있는데, 이것을 보면 옛 사람들은 백제를 지켜주던 바닷속 거인이나 신령스럽고 거대한 동물이 마침내 죽었고, 그래서 물이 온통 피로 가득했다고 믿었는지도 모르겠다.

지금 와서 이 기록을 가만 살펴보면, 이것은 아마도 적조 현상이 아닌가 싶다. 요즘도 따뜻한 바다에서 가끔 나타나는 이 현상은 돌말과 그 비슷한 붉은빛을 띠는 작은 생물들이 바다에서 어마어마한 떼거리로 크게 불어나서 떠다니기 때문에 발생한다. 헤아릴 수 없이 많은, 작은 붉은색 돌말 무리를 멀리서 보면 바다에 거인의 피가 흘러나온 것처럼 보이는 것이다. 이런 생물 중에는 가끔 독성 물질을 내뿜는 것이 있어서, 바닷속 물고기가 떼죽음을 당하게 할 때가 있다. 이 역시 660년 백제에서 일어난 일과 닮아 보인다.

적조 현상은 돌말과 그 비슷한 작은 생물들의 떼거리일 뿐, 거인의 피 같은 것이 전혀 아니다. 그러니까 적조 현상이 일어났다고 해도 그것이 멸망할 징조라고 볼 이유는 없다. 실제로 우리나라에 어마어마한 규모의 적조가 수차례 일어났지만 한국은 멀쩡하다.

이러한 이야기가 생겨난 과정을 상상해보자면, 적조 현상으로 물고기가 떼로 죽어버리는 바람에 어촌 마을들이 피해를 입었고 이 때문에 몇몇 바닷가 지역 경제가 어려워졌을 수도 있었겠다고 떠올려볼 만은 하다. 그래서 갑자기 먹고살기가 어려워진 사람들이 생기고, 그 지역의 세력가들이 어려워졌을 때 백제 조정과 갈등을 빚고, 그런 일이 점점 더 커지면서 어쩌면 백제에 분란을 가져오거나 백제의 군사력을 약하게 만든 한 원인이 되었는지도 모른다.

예년과는 확연히 다른 기상 이변이 나타날 때 적조 현상도 자주 발생하는 편이므로, 어쩌면 도무지 종잡을 수 없는 날씨 때문에 사람들이 살기 어렵게 되었고 그로 인해 여론이 악화되고 민심이 흉흉해진 것이 660년 백제에 나타난 멸망의 징조라고 할 수 있을지도 모르겠다.

이러한 적조 현상은 지금도 여러모로 골칫거리다. 작은 생물이 표면에서 떼거리로 자라나 물 색깔이 이상해지고 이 현상이 결국 생태계에 악영향을 미칠 수 있다는 점이 비슷하여, 적조 현상은 흔히 녹조 현상과 함께 설명된다. 바닷물에 붉은색이 밀려들면 적조, 강물에 초록색이 밀려들면 녹조라는 식으로 알기 쉽게 붙인 이름이기도 하고, 게다가 운율까지 맞아떨어지니 가끔 적조와 녹조는 비슷한 것처럼 이야기된다.

그러나 적조 현상을 일으키는 주원인인 돌말 부류의 생물들은 녹조 현상을 일으키는 원인인 남세균과는 너무나 다르다. 둘 다 사람 눈에 보이지 않을 정도로 작고 물에서 산다는 점이 닮았을 뿐이지, 현미경으로 그 내부 구조를 놓고 보면 크게 다르다. 오히려 돌말과 코끼리의 세포 구조가 비슷하지 돌말과 남세균은 전혀 다르게 생겼다.

돌말과 세균의 결정적 차이

사람이 태어나기도 전 수정란 하나였을 시절로 돌아가 보면, 그것은 돌말과는 유사하지만 남세균과는 판이하게 다르게 생겼다. 돌말은 사람과 아주 비슷하지만 단지 크기가 작은 생물일 뿐이다. 사람과 침팬지는 비슷하고, 원숭이는 사람과 비슷하면서 좀 작고, 토끼는 더 작고, 돌말은 아주 작다는 정도의 차이일 뿐이다. 그렇지만 세균은 사람과도, 돌말과도 전혀 다르게 생겼다.

세균과 돌말을 비교해보자면, 돌말이 더 크고 훨씬 더 복잡하다. 눈에 띄는 가장 큰 차이는 중앙에 덩어리진 독특한 물질인데, 그 덩어리진 물질을 핵nucleus이라고 부른다. 모든 동물과 식물의 몸을 이루는 세포에는 핵이 있다. 돌말에도 핵이 있고, 아메바나 짚신벌레에도 핵이 있다. 그런데 세균에는 핵이 없다.

보통 핵이 있는 생물을 진정한 핵이 있다고 해서 진핵생물眞核生物, eukaryote이라고 하고, 세균처럼 핵이 없는 생물을 핵 대신에 진정한 핵이 생기기 전의 원시적인 것이 있다고 해서 원핵생물原核生物, prokaryote이라고 부른다. 진핵생물, 그러니까 동물, 식물, 돌말, 아메바 등 우리와 비슷한 생물들은 이 핵 속에 DNA를 담고 있다. 그리고 이 핵을 구멍이 적당히 뚫린 막이 감싸고 있다.

세균은 몸 안에 DNA와 효소들이 널브러져 있으니, 일단 이 부분부터 세균과 핵이 있는 생물은 다르다. 이외에도 우리 인간처럼 핵이 있는 생물들은 세포 속에 미토콘드리아, 골지golgi체, 소포체 등 복잡한 내부 구조가 있다. 이 내부 구조는 각기 전문화되어 다양한 역할을 하며, 서로 영향을 주고받는다. 그 복잡한 작용을 살펴보면, 한 생물체 안에서 이루어지는 일인데도 마치 여러 명이 일사분란하게 명령에 따라 움직이는 것 같아 보일 정도다. 세포 내부의 일이 그런 식으로 돌아가기 때문에 세균보다 훨씬 크기가 큰 돌말이 제대로 움직일 수 있다.

실제로 돌말, 아메바, 짚신벌레 같은 진핵생물들은 대체로 세균보다 크기가 훨씬 크다. 어차피 사람 눈에 안 보일 정도로 작은 미

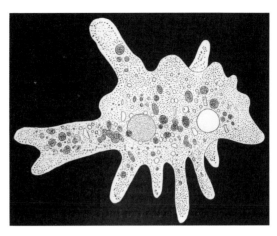

아메바의 구조 | 아메바는 핵이 있는, 눈에 보이지 않을 정도로 작은 미생물이다. 안에 무늬가 있는 커다란 원 모양이 핵이다.

생물인 것은 매한가지지만 그 작은 미생물 중에서도 세균은 아주 작고 아메바는 커다랗다. 사람처럼 여러 세포가 연결되어 있어서 덩치가 크다는 뜻이 아니다. 똑같이 세포 하나짜리인 생물이라 하더라도 핵이 있는 생물은 세균보다 더 크다는 이야기다. 아메바, 짚신벌레 같은 생물은 세포 하나로 이루어진 생물이지만 대장균 같이 흔한 세균보다 백 배 이상 크다. 돌말 종류도 역시 세포 하나 짜리 생물인데, 크기가 다양하지만 그래도 세균보다 크기가 크고, 백 배 이상 큰 것도 있다.

세균이 그냥 사람 한 명 크기라면, 돌말은 거대한 건물 크기의 3단 변신 로봇 같은 것이다. 이런 복잡한 형태로 큰 덩치를 유지할 수 있고 그 덩치 때문에 넓은 공간이 있어서 세균보다 돌말 속에 훨씬 큰 DNA가 들어갈 수 있다.

커다란 DNA가 있다는 것은 그만큼 더 많고 다양하고 커다랗고 복잡한 효소를 만들어낼 가능성이 있다는 뜻이다. 다시 말해 생물의 기능과 모습이 더 복잡하고 다채로워질 수 있다는 의미다.

대체로 세균보다 동식물의 DNA가 훨씬 크다. 연구자들은 생물에서 DNA를 추출해 염기라는 단위로 잘라 그 구조를 세세히 살펴보기도 한다. 염기라는 구조는 아데닌과 티민, 구아닌과 시토신이 당기는 힘에 의해 둘씩 쌍을 이루고 있으므로 흔히 염기쌍base pair, bp이라는 단위를 사용해 그 길이를 따진다.

2008년 보고된 바에 따르면 어느 남세균(Microcystis aeruginosa NITES-843) 한 마리의 DNA를 연결해 붙여보니 그 길이는 총 584만 2800염기쌍 정도였고, 2007년 보고된 바에 의하면 어느 돌말(Thalassiosira pseudonana) 한 마리의 DNA를 연결해 붙인 길이가 대략 3243만 7400염기쌍 정도였다. 그러니까 녹조 현상에서 발견되는 남세균과 적조 현상에서 발견되는 돌말이 얼핏 비슷한 것 같지만, 사실 DNA 길이로만 따져봐도 돌말은 대여섯 배 정도는 더 많은 물질로 이루어진 생물이다.

이보다 더 큰 규모의 DNA를 품고 사는 생물도 얼마든지 많다. 경기도, 호남 지역 등지에서 피어나는 들꽃인 애기장대Arabidopsis thaliana의 DNA는 1억 5700만 염기쌍 정도의 길이라서 돌말보다도 다섯 배 더 길다. 초파리의 DNA는 그보다 조금 더 길고, 생쥐

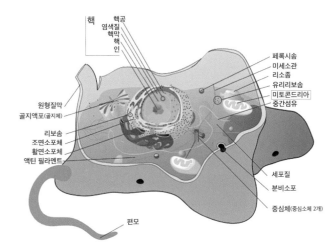

핵
핵공
염색질
핵막
핵인

페록시솜
미세소관
리소좀
유리리보솜
미토콘드리아
중간섬유

원형질막
골지액포(골지체)

리보솜
조면소포체
활면소포체
액틴 필라멘트

세포질

분비소포

중심체(중심소체 2개)

편모

핵이 있는 생물 세포의 모습 | 그림에는 미토콘드리아가 두 개밖에 그려져 있지 않지만, 보통 그보다는 훨씬 많은 미토콘드리아가 핵이 있는 생물의 세포 속에 들어있다.

Mus musculus는 29억 염기쌍 정도의 길이라서 초파리보다 17배 이상 길다. 사람의 DNA는 생쥐보다 조금 더 긴 30억 염기쌍 정도의 길이다. 그러니까 남세균의 DNA가 A4용지 한 장 정도의 내용을 담고 있는 길이라고 한다면, 돌말의 DNA는 약 6장, 초파리는 약 28장, 사람은 약 513장 정도다.

한 생물의 세포 하나 속에 들어있는 DNA를 한 줄로 잘 연결해서 이어 붙인 것 속에 들어있는 정보를 유전체 또는 게놈genome 이라고 한다. 이렇게 놓고 언뜻 보면 DNA의 길이가 길수록, 그러니까 유전체가 클수록 왠지 모르게 더 대단한 생물인 것 같기도 하다. 세균보다 돌말이 유전체가 크고, 돌말보다는 초파리가, 초파리보다는 사람이 훨씬 더 유전체가 크니 그렇게 보일 만도 하다. 그런데 사람보다 유전체가 더 큰 생물, 더 긴 DNA를 갖고 있는 생물도 얼마든지 찾을 수 있다. 예를 들어 아홀로틀Axolotl이라는 도롱뇽 중에는 사람보다 DNA의 길이가 10배 이상 더 긴 종류도 있다.

SF문학의 대부이자 로봇이라는 단어를 처음 만들어서 쓴 체코의 카렐 차페크Karel Čapek는 《도롱뇽과의 전쟁》이라는 SF소설을 썼다. 지능이 높은 도롱뇽이 나타나자 인간이 이 도롱뇽들을 노예로 부리면서 학대하는데 그러자 도롱뇽들이 반란을 일으킨다는 내용이다. 카렐 차페크가 이 책을 쓴 것은 DNA의 구조가 밝혀지기 수십 년 전이었고, 생물들의 DNA를 살펴본다거나 그 길이를 비교해본다든가 하는 연구를 시도하기도 한참 전이다. 그런데 카렐 차페크는 하필이면 많고 많은 동물 중에 도롱뇽을 인간에게 도전하는 동물로 설정했다. 나는 카렐 차페크가 시간과 공간을 초월하는 환상적인 재주를 갖춘 사람이거나, 대단히 기묘한 우연에 휘말린 사람이라고 생각한다.

그렇지만 사실 더 큰 유전체를 갖고 있다고 해서 반드시 더 강하고 우월하고 발달한 상태의 생물이 되는 것은 아니다. 예컨대 DNA가 그저 길이만 길 뿐, 상당 부분이 효소와 화학 반응을 일으키지 않거나 쓸모없는 화학 반응만 일으키는 구조로 되어있어서 별 작용을 하지 않는다면 이는 아무런 소용이 없다. 그러니까 단지 도롱뇽 DNA가 사람보다 10배 길다는 이유로, 도롱뇽들이 미래의 어느 날 갑자기 물 밖으로 걸어 나와 초능력을 발휘하며 인간을 지배할 거라고 볼 수는 없다는 이야기다.

그런데 활동하는 DNA가 커야 복잡한 구조를 갖게 될 가능성이 높아지는 것은 사실이다. 일단 DNA의 덩치가 커야 그 DNA의 여러 부분이 반응해서 새로운 효소를 만들어낼 수 있는 다양한 조합에 의해 더 다양한 물질들이 더 절묘한 조건으로 더 복잡하게 만들어질 가능성이 커진다.

사람의 세포는 자리 잡은 위치와 조건에 따라 갖가지 모양으로 바뀔 수 있어서, 같은 세포가 어떤 것은 피가 되기도 하고 어떤 것은 근육이 되기도 하고 어떤 것은 빛을 느끼는 기능을 하는 시세포가 되어 눈을 이루기도 한다. 세포 하나의 기나긴 DNA 속에는 이와 같이 몸의 어떤 부분으로도 변할 수 있게 만드는 다양한 구조들이 굽이굽이에 다 들어있다.

DNA가 처한 환경과 조건에 따라, 그 DNA의 일부만 반응 결과가 나타나 어떤 세포는 간이 되고 어떤 세포는 허파가 된다. 그렇기 때문에 세포 하나의 DNA만 있어도 조건만 잘 형성해주면 그것을 손으로도 발로도 엉덩이로도 키울 수 있다. 이런 원리를 이용해서 망가진 몸을 다시 만들어보려는 기술이 바로 줄기세포 기술이고, 아예 사람을 통째로 만들어내려고 하는 것이 SF영화 속의 복제 인간이다.

그런 식으로 다양한 역할을 할 수 있는 방대한 DNA가 들어있으려면 세포가 커야 하고, 그 세포의 활동도 정교해야 한다. 그러려면 구조가 단순한 세균 같은 형태로는 감당하기가 어렵다. 큰 DNA를 품고 있으면 그 큰 덩치를 유지하고 움직이는 것도 문제다. 복잡한 구조의 생물, 즉 핵이 있는 생물, 다시 말해 진핵생물 같은 것이 있어야 한다.

골치 아픈 문제는 핵이 있는 생물의 구조는 너무 복잡해 보여서 세균이 아무리 열심히 진화한다고 해도 핵을 가진 생물로 돌변하기란 어려워 보인다는 것이다.

닉 레인Nick Lane은 《우연의 설계》에서 세균이 핵이 있는 생물로 돌변하는 것은 너무나 이상한 현상이라서 확률이 극히 낮은 일인 것 같고, 그 때문에 아직 은하계에 외계인이 나타나지 않은 것일 수도 있다고 썼다. 그러니까 지구와 비슷한 조건의 행성이 있다면 세균과 같은 간단한 생명체는 나타날 수 있겠으나, 그 세균이 아무리 열심히 진화한다고 해도 핵이 있는 생물로 변하는 것은 거의 불가능해 보인다는 것이다.

일단 진핵생물이 나타나기만 하면, 그 속의 복잡한 세포의 여러 구조를 활용하고 커다란 DNA를 담고 살아가는 능력도 활용해서 훨씬 다양한 방식으로 더욱 복잡해질 수 있다. 여러 다른 모양의 세포를 만들고 그것들을 결합해서 움직이는 것도 가능해질 것이고, 세포 하나로 이루어진 작은 생물이 아니라 더 복잡하고 더 거대한 생물이 쉽게 생겨날 수 있다.

외계 행성에서 태어난 세균의 자손들 중 대부분은 시간이 아무리 흘러도 대체로 그냥 영원히 세균 같은 모습으로 살아갈 것이다. 하지만 언젠가 일단 한번 세균이 진핵생물로 진화하기만 하면, 그 후에는 그것이 번성해서 별별 동물로 진화하고 얼마 후에는 사람 비슷한 동물이 등장하고, 얼마 지나지 않아 비행접시를 타고 지구로 찾아오는 일은 시간문제일지도 모른다.

공생이라는 새로운 아이디어

그러나 세균이 진핵생물로 변하는 그 한 단계만은 너무나 어려워 보인다. 이 문제에 대해 아주 그럴싸한 답을 제시한 사람은 생물학의 혁명가로 손꼽히는 린 마굴리스Lynn Margulis다. 린 마굴리스는 과거에 비슷한 생각을 했던 몇몇 학자들의 학설을 활용하여 기가 막힌 아이디어를 떠올렸다. 기본적인 진화 방식이라면 보통 한 종류의 생물이 대를 이어가는 가운데 돌연변이를 일으켜 점차 변해가는 모양을 떠올린다. 그런데 린 마굴리스는 핵이 있는 복잡한 생물은 그런 방식이 아니라, 둘 이상의 생물이 하나로 합쳐지는 형태로 탄생했다고 주장했다.

핵이 있는 복잡한 세포의 내부에 있는 서로 다른 작은 덩어리들은 마치 사람이 팀을 짜서 서로 역할을 나누어 협업하는 것처럼 나름의 방식을 따라 절묘하게 움직인다. 우리나라 중학교 과정에서는 세포가 분열할 때 염색체가 한 줄로 맞춰서 정가운데에 자리

를 잡고 방추사라는 것이 나와 각 염색분체를 양쪽으로 끌어당긴
다고 가르친다.

눈에 보이지도 않는 작은 세포 속에 있는 그 작은 덩어리들이
대체 어떻게 이처럼 조화롭게 움직일 수 있을까? 어떻게 같은 시
간에 중앙에 줄을 맞춰 서고, 때마침 방추사라는 것이 나오는가?
린 마굴리스는 이처럼 작은 세포 하나에서 이루어지는 일이 마치
여러 사람이 안무에 따라 함께 춤을 추는 것과 닮았다고 표현하기
도 했다.

린 마굴리스는 이것을 하나가 아닌 여러 생물체의 움직임이 합
쳐진 결과라고 설명한다. 원래 따로 떨어져서 각자 특이한 구조로
발전한 완전히 다른 두 생물이 하나로 합쳐지면서, 혼자 발전해서
는 결코 나타날 수 없는 기이한 모양이 이루어지고 그렇게 해서
갑자기 놀라운 경지로 변해갈 수 있었다는 이야기다.

비슷비슷한 상황이 아니라 다양한 환경에서 서로 아무런 관계
없이 성장한 두 사람이 서로 어울려 합쳐지면 완전히 새로운 결과
를 보여줄 수 있다는 발상과도 비슷하다. 말하자면 핵이 있는 생
물이 거대한 합체 로봇처럼 보이는 까닭은 실제로 합체 로봇이었
기 때문이라는 뜻이다.

린 마굴리스의 제안 중에 지금까지 가장 널리 인정되고 있는
것은 세포 속 미토콘드리아에 관한 이야기다. 사람을 포함하여 핵
이 있는 생물의 절대 다수는 세포 하나하나에 미토콘드리아라는
작은 덩어리가 여러 개 들어있다. 이 미토콘드리아의 역할은 산소

와 당분을 이용해서 ATP라는 물질을 대량 생산하는 것이다.

ATP는 생물의 몸속에서 이루어지는 다양한 화학 반응에 대단히 유용하게 쓰인다. ATP는 ADP와 AMP라는 물질로 변하려는 성질이 있는데, 바로 이 성질이 활용되어 효소와 DNA가 일으키는 별별 화학 반응이 일어난다. ATP는 자신의 이러한 성질을 이용해서 다른 일어나기 힘든 화학 반응을 일어나게 해주므로, 이것은 사람이 전기를 사용하는 것처럼 매우 유용하게 몸속에서 활용된다. 그래서 ATP를 생물 속 에너지의 원천이라고도 하고, 생물 속 에너지의 단위라고도 한다.

세균이라고 해서 ATP를 만들지 않는 것은 아니다. 세균들도 화학 반응을 위해 ATP를 줄기차게 만든다. 가끔 TV 프로그램에서 도마나 휴대전화에 세균이 많다며 그것을 보여주기 위해 숫자 표시 장치가 달린 작은 기기를 사용하는 장면이 등장하는데, 그 장비가 미세하게 변화하는 ATP 양을 측정하는 장치이다.

세균도 살면서 다른 모든 생물처럼 몸속에서 일으키는 화학 반응을 위해 ATP를 많이 만들기 때문에 ATP의 양을 측정해 세균의 양을 계산하는 것이 바로 그 세균 측정 장치의 원리다. 세균이 아닌 생물 역시 ATP를 사용할 수 있다는 점을 생각해보면, 그 장치는 사실 세균 측정기라기보다는 생명체 측정기라고 보는 편이 맞겠다.

그런데 그 세균들 중에 어떤 세균들은 다름 아닌 산소 기체를 이용해서 ATP를 만들어내는 형태로 진화하게 되었다. 산소 기체는 활발하게 반응하기 때문에 산소를 이용해서 ATP를 만들어내면 ATP를 더 쉽게 많이 만들어낼 수 있다. 남세균이 산소 기체를 펑펑 만들어 세상을 가득 채우고 있는 시대가 온 뒤로 산소 기체는 늘 풍부했다. 그 때문에 산소를 이용하는 생물이 살아남기가 굉장히 유리해졌다. 사람이 숨을 쉬면 사람의 몸속에서도 마찬가지로 이런 일이 일어난다.

그런데 먼 옛날, 산소로 ATP를 만들어내는 솜씨가 유독 좋았던 세균 하나가 다른 생물에 붙어서 살기 시작했다. 아마 그 생물이 갖고 있는 영양분이나 여러 화학 물질을 빨아먹으며, 다른 생물을 호구 삼아 편하게 살아가려고 한 것 같다.

그런데 이 세균이 달라붙었던 생물은 영양분이나 화학 물질은 잘 만들어내는데 ATP를 만드는 재주는 너무 부족했던 것 같다. 그래서 자신에게 달라붙은 산소 호흡 잘하는 세균을 오히려 반가워했다. 산소 호흡을 잘하는 세균이 주위에 조금씩 흘리는 ATP가 너무 소중해서 자기는 영양분을 빨리고 있는 호구 신세면서도 오히려 호구 역할을 즐기게 된 것 같다.

그게 아니면 산소를 견뎌내는 재주가 없는 생물이었는지도 모르겠다. 산소 호흡을 잘하는 세균이 주위의 산소를 없애주니, 그것만으로도 너무 편안해서 이대로 사는 것도 나쁘지 않다고 여기게 된 것은 아닐까?

1970~80년대 신파극 영화에는 제비족에게 단단히 유혹당한 주인공이 가끔 등장한다. 이 주인공은 제비족이 그저 자신에게

돈을 뜯어내기 위해 접근한 것이라는 사실을 뻔히 알면서도, 그저 멋진 상대를 만날 수 있다는 것이 좋아 그냥 돈을 내어주기도 한다.

산소 호흡 세균을 만난 이 호구 생물은 비슷한 처지였던 것 같다. 중요한 다른 화학 물질을 내어주지만, 대신 삶에 안락함을 더해주는 ATP를 얻을 수 있기에 이용당하는 삶을 자처하는 것이다.

혹은 어떤 생물이 산소 호흡을 하는 세균을 잡아먹으려고 접근했는데 산소 호흡하는 세균도 어떻게든 살아남으려고 버텨서 잘 흡수되지 않았다는 식의 이야기로도 상상해볼 수 있다. 막상 그렇게 있고 보니, 잡아먹는 입장에서 소화는 안 되지만 이 산소 호흡 세균이 살아있는 채로 ATP를 조금씩 흘려주니까 그게 오히려 좋다고 여기게 된 것이다.

이유가 어찌되었든 두 종류의 생물들은 서로 딱 붙어 다니며 돕고 사는 생활을 시작했다. 그중에서도 더 잘 달라붙어 더 잘 공생하는 쪽이 살기 유리해졌다. 그렇게 계속 진화한 결과, 두 생물은 이후에 새끼를 칠 때마저 같이 움직이게 되었다. 호구 생물이 새끼를 칠 때 달라붙어 있던 세균도 같이 새끼를 쳐서, 새로 태어난 생물도 산소 호흡 세균을 달고 살게 되었다는 이야기다.

미토콘드리아에 새겨진 족보

그 결과 산소 호흡 전문 세균을 달고 있는 이 생물은 대대로 적응력이 강해지고 더 활발히 움직일 수 있게 되었다. 《송자대전》의 '어록'이라는 옛 기록을 보면 옛날에는 의병장 김덕령 장군이 겨드랑이 아래에 날개가 달려있어 날아다닌다는 소문이 있었다고 한다. 세균 이야기를 이것에 비유하자면, 어떤 사람의 등에 거대한 독수리가 붙어있어서 필요할 때마다 그 독수리가 날개를 움직여 날아다닐 수 있다는 이야기다. 게다가 등에 붙은 독수리와 사람이 워낙 한 몸처럼 잘 어울려서, 나중에는 이 사람이 자식을 낳을 때 독수리도 자식을 낳아 자식에게도 새끼 독수리를 붙여준다는 이야기다.

세균들은 서로 유전자를 교환하며 잘 변화하는 특징이 있으므로 이후 이렇게 붙어있던 산소 호흡을 잘하는 세균은 아예 상대방과 정말 한 몸인 것처럼 변화했을 것이다. 그리고 이 세균이 바로 우리 세포 속, 늑대 세포 속, 앵무새 세포 속, 말미잘 세포 속, 그리고 아주 단순한 돌말 세포 속에 들어있는 미토콘드리아라는 부분이 되었다는 것이다.

다시 말하자면, 세포에서 대단히 중요한 부분인 미토콘드리아가 먼 옛날 들어와서 자리 잡고 산 세균의 후손이라는 이야기다.

이러한 주장을 뒷받침하는 단서도 있다. 세포 속 미토콘드리아는 그 속에도 자기만의 DNA를 가지고 있어서 꼭 별도의 생물처럼 보이는 데다가, 그 DNA의 구조는 세균의 그것과 닮은 점이 있다. 그런 생각을 갖고 핵이 있는 생물의 세포 속에 있는 미토콘드리아를 쏙 파내어 본다면, 기생을 잘하는 아주 작은 세균과 비슷해 보이기도 한다.

사람에게는 남성과 여성이 있기 때문에, 우리의 유전자는 보통 어머니와 아버지의 것이 이리저리 섞여서 자손으로 전해진다. 그런데 미토콘드리아 속에 든 DNA는 그러거나 말거나 마치 대다수 세균이 남성과 여성이라는 구분 없이 사는 것처럼 그냥 DNA 전체를 통째로 자손에게 물려준다.

사람의 경우 미토콘드리아는 항상 어머니의 것을 통째로 물려받기 때문에 내 미토콘드리아의 DNA는 어머니의 것과 같고, 어머니의 미토콘드리아 DNA는 내 외할머니의 미토콘드리아 DNA와 같다. 나와 내 어머니의 얼굴은 닮았지만 똑같이 생기지는 않았고, 나와 내 아버지의 얼굴도 닮았지만 똑같이 생기지는 않았다. 그렇지만 몸에서 미토콘드리아만 따로 떼내어 보면 그것은 동생, 어머니, 외할머니의 것과 매우 비슷하게 생겼다는 말이다.

그렇기 때문에 미토콘드리아의 DNA를 추적하면 그 사람의 선조와 종족 간 계보를 추적하기에도 편리해서, 이런 분야의 연구나 증명에 유용하게 활용되기도 한다.

예를 들어 삼국이 통일되어 고구려, 백제, 신라 사람들이 다 섞여 살게 되었다고 해보자. 어떤 사람의 부모가 백제 사람이었고 지금은 신라의 경주에 살고 있다면, 이 사람의 부모를 찾거나 증명하는 일은 쉽지 않다. 유전자 대부분은 어머니와 아버지 것이 섞여있기 때문에, 고향 백제 땅에 남아있는 누구와 비교해본다 한들 외모로는 구분하기가 어렵다. DNA를 꺼내 본다고 해도, 대체로 어머니의 것과 아버지의 것이 섞여있기 때문에 누구와 비교해봐도 똑같지는 않다. 그렇기 때문에 유전자 검사로 아버지나 어머니를 찾아내기 위해서는 따져봐야 할 것이 많다. 할아버지, 할머니를 찾는 일은 더더욱 어렵다.

그런데 미토콘드리아 DNA를 비교했을 때 자신의 미토콘드리아와 똑같은 것을 갖고 있는 사람을 만난다면 그는 형제자매거나 어머니, 혹은 어머니의 어머니다. 아버지는 전쟁 때 전사하고 어머니는 탐라국으로 건너갔다 하더라도 그 사람의 외할머니가 백제 땅이었던 고향에 살고 있다면, 그 사람과 할머니의 미토콘드리아 DNA는 똑같다. 복잡한 여러 다른 유전자 검사를 할 필요가 없다.

이런 특징과 미토콘드리아 DNA도 긴 세월이 흐르면 그 안에서 돌연변이가 일어난다는 사실을 이용하면, 몇천 년에 걸쳐 일어난 민족 변화까지 연구해낼 수 있다. 이 방식으로 연구한 결과, UNIST 게놈연구소의 전성원 연구원은 두만강 건너 러시아 영토의 '악마문 동굴'에서 발견된 어느 7700년 전 유골이 현대 한국인과 가장 가깝다는 연구 결과를 발표했다.

세균은 이렇게 미토콘드리아가 되어 모든 동식물의 몸속 구석구석, 세포 하나하나에 그 흔적을 남겼다. 몸속에 미토콘드리아가 많이 퍼져서 활발히 세포 호흡을 하는 덕분에 우리 같은 진핵생물은 보통 세균보다 훨씬 많은 에너지를 쓸 수 있다. 세포 하나에도 미토콘드리아가 여러 개고, 사람 몸은 수십조 개의 세포로 되어있으니, 미토콘드리아의 개수는 한 사람 것만 해도 수백조 단위가 된다.

지금의 미토콘드리아는 세균이라면 해야 할 온갖 다양한 활동은 하지 않고 그저 세포 안에서 산소로 ATP를 만드는 일만 하며 지낸다. 대부분의 기능은 퇴화한 셈이다. 먼 옛날 다른 생물과 붙어서 살게 된 세균의 후손이 사람 한 명당 수백조 개씩 퍼져, 동시에 굉장히 이상한 모습이 되어 여태껏 버티고 있는 것처럼 보인다.

호구를 낚은 제비족에 비유해보면, 호구에 들러붙어 사는 생활이 좋다고 오랜 세월 붙어있었지만 그러는 사이에 다른 일은 하지 못하게 되어 이제는 온몸이 퇴화하고 다른 모든 말과 생각을 하는 능력도 잃은 채 영원히 사랑의 노래만 부르게 된 모습이다.

린 마굴리스는 미토콘드리아 외에 방추사 또한 꼬리를 가진 세균이 같이 붙어살다가 합쳐진 모습이라는 학설을 제시하기도 했다. 하지만 어떻게 핵이 있는 생물이 지금과 같이 복잡한 모습을 갖게 되었는지는 아직 완전히 다 밝혀지지 않았다. 심지어 진핵생물의 바탕이 되는 생물이 도리어 먼저 있었고 지금의 세균이나 고균, 진핵생물들은 모두 그 후손으로 보아야 한다는 대담한 주장도 있다.

확실한 것은 남세균이 산소 기체로 세상을 가득 채우고 핵이 있

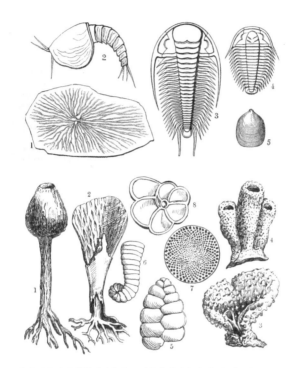

5억 년 전 무렵 출현한 삼엽충과 그 전후에 살았던 옛 생물들의 모습

는 생물이 등장하는 두 가지 조건이 이루어지자, 그 후로는 세상이 점점 더 빠른 속도로 우리에게 친숙한 곳이 되었다는 점이다.

5~6억 년 전에 살았다는 에디아카라 동물군Ediacara fauna이나 버지스셰일 동물군Burgess Shale fauna을 보면, 여전히 무슨 기이한 외계 생명체를 보는 것 같기도 하다. 그런데 개중 가끔 어찌 보면 말미잘 같기도 하고 새우 같기도 한 친숙한 모양도 눈에 띈다. 횟집에서 초고추장과 함께 내어놓으면 먹음직스러워 보이겠다는 생각이 들 정도로 아주 익숙하고 반가운 외모다. 맨눈으로도 정말 잘 보이는 편이니 한동안 있는지도 몰랐던 작디작은 세균들에 비하면 제법 친근한 동물들이라고 할 만하다.

2부

현재관

BACTERIA EXHIBITION

5장

불로불사

무병장수를 꿈꾸며

조선시대에 쓰인 《해동이적》에는 백제의 멸망과 관련 있는 전설이 하나 기록되어 있다. 어떤 남자가 고란사라는 절에 머물면서 책을 읽고 공부를 하고 있었다고 한다. 지금의 충남 부여 낙화암 근처에 고란사라는 곳이 있는데, 아마 그곳을 가리키는 것 같다. 어느 날 밤, 이 남자가 머무는 곳에 한 여자가 나타났다. 이 여자는 밤마다 남자와 어울려 놀게 되었는데, 이상하게도 그 여자는 밤에만 찾아오고 아침이 밝아올 무렵이면 떠나갔다.

이를 이상하게 생각한 남자는 여자가 떠날 때 몰래 옷자락 끝에 실을 꿰어놓은 바늘을 꽂아두었다. 그녀가 가는 곳을 따라 실이 풀려나갔고, 남자는 실을 따라 그녀를 찾아갔다. 살펴보니 그

실은 어느 바위굴 틈으로 이어졌다. 어느덧 밤이 되어 다시 여자를 만났을 때 남자는 그녀가 바위굴로 들어간 것을 보았다고 말했다. 그러자 여자는 자신의 사연을 솔직히 털어놓았다.

여자는 먼 옛날 백제 시대에 궁에 살던 궁녀였다고 한다. 그런데 백제가 멸망하자 신라군이 백제의 궁으로 쳐들어온다는 소문이 퍼졌고, 궁에 머물던 사람들은 모두 겁에 질려 떨기 시작했다. 모든 것이 끝났다는 생각에 정신이 혼미해질 정도로 절망하는 사람들도 있었다. '원수처럼 싸우던 신라군이 드디어 백제를 무너뜨렸으니, 그들이 백제에 쳐들어와서 횡포를 부리지 않겠는가? 어제까지 왕궁에서 호사를 누리며 힘든 일, 나쁜 일이라곤 모르고 살던 사람들이 무시무시한 고초를 과연 견딜 수 있을 것인가?' 상상하며 두려움에 몸부림치는 이들도 많았을 것이다.

그때 궁 안에는 광기가 휘몰아쳤던 것 같다. 마지막 절망의 순간을 맞아 별별 이상한 행동을 하는 사람들이 있었던 듯하다. 그러던 중에 이 궁녀는 낙화암이라는 바위 아래로 떨어졌고 우연히 발견한 바위굴로 들어가게 되었다. 그때부터 궁녀는 그 바위굴에서 지내게 되었다. 그런데 그 바위굴 속에 무슨 신비로운 힘이 있는지, 혹은 굴이 외부의 사악한 것을 막아주는 신기한 능력이 있는지, 아니면 굴에서 솟아나는 샘물이나 그곳에서 자라는 풀 중에 효능이 뛰어난 것이 있었기 때문인지 그곳에 머무는 동안 궁녀는 늙지 않았다.

궁녀는 그렇게 젊은 모습 그대로 오랜 세월을 살았다. 그러다 조선시대 즈음이 되었을 때 그 근처에 머무는 한 남자를 발견하고 그와 어울리게 되었던 것이다. 남자는 이렇게 사연을 알게 된 것도 인연이니 굴에서 나와 자신과 함께 살자고 했다. 그런데 막상 바깥세상으로 나와서 살자, 열흘도 지나지 않아 궁녀는 삽시간에 늙게 되었고, 곧 세상을 떠났다고 한다.

이 책이 쓰인 것은 조선 후기이니 백제 멸망 때부터 헤아리면 대략 천 년이다. 그러니까 이야기 속 궁녀는 천 년 동안 늙지 않고 지낸 셈이다. 한편 낙화암 근처 바위 틈에 마시면 젊어지는 샘물이 있었는데 어떤 할아버지가 그 샘물을 너무 많이 마셔서 아기로 변해버렸다는 전설도 있다.

《해동이적》에는 이런 식으로 젊음을 유지하고 늙는 것을 피하는 비법을 깨달았다는 사람들에 관한 전설이 여럿 실려있다. 이처럼 옛 사람들 사이에서는 오래 사는 것, 잘 늙지 않는 것을 복으로 생각하고 신성하게 여기는 믿음이 있었다. 이웃 나라에서는 잘 나타나지 않는 조선만의 독특한 관습으로 임금의 자리 뒤편에 다섯 개의 산봉우리와 해와 달을 그려넣은 일월오봉도를 병풍으로 세워두는 문화도 있었다. 이 일월오봉도에는 흔히 거북이나 소나무처럼 장수한다고 알려진 생물들을 함께 그려넣었다.

과연 거북 중에 몇몇 종류는 오래 산다. 사람과 비교해보면 확실히 그렇다. 공식적인 조사 결과에 의하면 한국에는 아무리 오래 살았어도 130세를 넘긴 사람은 없는 듯하다. 2011년 4월에 〈중앙일보〉에서 132세로 조사된 할머니 두 분을 찾았는데, 두 사람 다

호적 오류로 나이가 너무 많게 기록되었을 뿐, 실제 나이는 100세가 안 되는 것으로 밝혀졌다.

그렇지만 130년 이상 산 거북을 찾는 것은 어렵지 않다. 2013년 7월에는 대단히 나이가 많고 큰 푸른바다거북이 제주도에서 잡힌 적이 있었다. 7월 4일 오전에 제주시 한림읍 해상에서 푸른바다거북이 그물에 걸려들었는데, 크기가 약 97센티미터로 성인 평균 신장의 절반보다도 큰 편이었다. 조사 결과 이 거북의 나이는 200세 내지 300세로 추정되었다.

만일 거북이 300세라면 1700년대 초에 태어난 것이니, 조선시대 영조 무렵부터 살아온 거북이다. 그러니까 이 거북은 남해안을 헤엄치면서 66세가 된 영조 임금이 새로 부인을 맞이하기 위해 사람을 뽑고 있다는 소식이라든가, 홍경래의 난이 일어나 조선이 곧 망할 것 같다는 이야기라든가, 흥선대원군 이하응의 출현, 조선의 멸망과 같은 소식들을 다 전해 들으며 지냈다고 상상해볼 수 있다. 그물에 잡혔을 당시 건강 상태가 좋은 편이어서 다시 바다로 풀어주었다고 하는데, 그렇다면 지금까지도 남해를 유유히 떠돌며 지내고 있을 가능성이 크다. 어쩌면 우리 중 대다수가 나이가 들어 세상을 떠난 후에도 그 거북은 남쪽 바다 이곳저곳을 구경하며 다닐지 모른다.

그러니 임금을 위한 병풍에 장수하는 생물을 그려넣는다면 거북은 제법 괜찮은 선택이다. 그런데 많은 새로운 생물이 발견되고 그에 대한 지식이 쌓인 오늘날, 누군가 일월오봉도를 새로이 그린다면, 거북보다 훨씬 더 오래 사는 생물을 골라 그려넣을지도 모른다.

그것은 다름 아닌 세균이다.

대장균이라는 든든한 보디가드

세균이 얼마나 오래 살기에 가장 장수하는 생물로 꼽느냐고 묻는다면, 그에 대한 답은 다소 황당하게 느껴질 수도 있다. 과거에 적지 않은 학자들이 몇몇 종류의 세균들은 아예 늙지를 않는 것 같다고 생각했다. 다시 말해 죽지 않고 영원히 살 수 있다는 것이다.

물론 모든 세균이 절대로 죽지 않는 불사신인 것은 아니다. 충격을 받거나 소독을 하면 세균도 죽는다. 어떤 세균은 아주 쉽게 죽기도 한다. 무산소성균은 지천에 깔린 산소를 쐬기만 해도 죽어버려서 꼭꼭 숨어있어야 한다. 그렇지만 시간이 갈수록 점점 쇠약해지고 병에 걸릴 확률이 점점 높아지는 노화를 겪지 않는 세균이 여럿 있을 수도 있다는 것이다.

세상에 늙지 않는 세균이 있을 수 있다는 믿음을 가진 사람들은 대장균에 주목했다. 이 때문에 대장균은 결코 늙지 않는다는 이야기가 널리 퍼지기도 했다.

대장균을 처음 본격적으로 연구한 사람은 19세기 말 독일에서 활동했던 소아과 의사 테오도어 에셔리히Theodor Escherich다. 그는 고풍스러운 성들이 많이 남아있어 관광지로도 많이 즐겨 찾는 독일 바이에른 지역의 도시들 이곳저곳에서 공부했고, 평생에 걸쳐 의사로 일했다고 한다.

그는 어린이들을 괴롭히는 병을 물리치기 위해 여러 연구를 했고 당시로서는 최신 연구였던, 몸속 세균 연구에 뛰어들게 되었다. 그는 어린이의 장속에 사는 세균을 연구했고 이 연구를 통해 대장균이 처음 발견되었다. 대장균의 공식 학명 에스케리키아 콜리Escherichia coli는 에셰리히의 이름을 딴 것이다.

이제는 사람들이 워낙 대장균을 많이 연구하다 보니 에스케리키아라는 공식 명칭도 사람들 입에 자주 오르내린다. 볼트나 와트 같이 단위에 사용되는 과학자 이름을 빼면 이 정도로 이름이 자주 불리는 과학자도 흔치 않을 것이다. 보통 '이 콜리E. coli'라고 줄여서 부르기도 하는데, 어떤 사람들은 '이 콜라이'라고 발음하기도 한다. 나도 한때는 '이 콜라이'라고 부르면 더 멋있는 것 같아서 그렇게 발음했는데 요즘은 그냥 '이 콜리' 혹은 한국어로 대장균이라고 부른다.

사람이라면 누구나 몸속에 대장균을 데리고 산다. 대장균은 사람뿐만 아니라 개, 고양이 같은 포유동물 대부분의 대장 속에도 살고 있는데, 생김새는 소시지와 비슷하고 길이는 평균적으로 대략 1000분의 2밀리미터다. 대장균 중에는 긴 꼬리 같은 것이 있어서 그것을 흔들어 움직이는 종류도 있고, 그런 것 없이 대충 이리저리 떠밀려 다니며 사는 것도 있다.

그렇게 사람 대장 속에서 돌아다니는 대장균은 비타민 K나 비타민 B12처럼 사람에게 필요한 영양분을 만드는 것을 도우며 사람에게 이로운 역할을 한다. 대다수 대장균은 사람 배 속에 있는 음식을 먹으며 평화롭게 오래오래 지낼 수 있다. 그렇게 지내는 동안 대장균은 다른 세균이 자신이 사는 사람 몸에 함부로 살지 못하게 쫓아내는 경비원 역할을 하기도 한다.

가끔 배탈을 일으키거나 사람에게 해를 끼치는 대장균이 나타나는 경우가 있다. 그것은 큰 문제가 되기도 하지만, 그 외에 탈 없이 장속에 머물고 있는 대장균들은 대체로 사람에게 유익하다. 미국 듀크대학교 볼링거 연구팀의 연구 결과에 따르면, 대장균이 잘 살아가도록 사람의 몸이 협력하는 것 같기도 하다고 한다. 사람에게 꼭 필요한 영양분을 보충하고 유해한 세균의 침입을 막기 위해 사람의 신체가 대장균을 일부러 몸속에서 기르는 것일 수도 있다는 이야기다.

아기가 태어나면 며칠 안에 아기의 몸속에도 대장균이 자리를 잡는다. 아기의 몸이 부모와 직접 닿을 때나 아기가 먹는 음식을 통해 아주 약간의 대장균이 옮아간다고 한다. 그래야 아기도 배 속에서 대장균을 키워 그 도움으로 영양을 보충하고 유해한 세균을 막을 수 있기 때문이다. 2012년에 미국 코넬대학교의 코렌 연구팀이 발표한 연구 결과를 보면, 임신 기간 중에 어머니 몸속의 대장균이 좀 더 많아져서 나중에 아기가 태어났을 때 어머니의 대장균이 옮아갈 수 있는 확률을 높이는 것 같다고도 한다. 이것이 사실이라면 사람의 몸은 대장균을 키우고, 자식이 태어나면 아이에게 대장균을 전달해주기에 유리하도록 진화한 셈이다. 마치 먼 옛날 미토콘드리아의 조상이었던 세균이 다른 생물에 처음 달라붙어 살던 때와 유사하다.

가끔 '어느 식당 음식에서 대장균이 검출되었다'는 뉴스를 접할 때면 음식점이 더러운 대장균이 득실거리는 아주 비위생적인 곳이라는 느낌으로 다가온다. 앞에서 말했듯이 대장균 자체는 세균 중에서 비교적 친근한 것이고 위험하지 않은 종류가 많다. 조금 더 정확하게 설명하자면 대장균이 많은 곳을 우리가 유의해야 하는 이유는 대장균 자체가 위험하기 때문이라기보다는, 대장균이 나올 정도면 여러 다른 세균들도 살고 있을 가능성이 있고 대장균이 그토록 많이 살아남아 있을 만큼 다른 세균도 많을 것이라는 의미에 가깝다. 혹은 사람이나 동물 몸속에 있어야 할 대장균이 검출된 것이니 다른 오염의 가능성이 있다는 뜻으로 받아들이는 것이 더 정확할 것이다.

다른 측면에서 생각해보면 대장균은 키우기 쉽고 새끼를 치게 하기도 쉽다. 애초에 사람 배 속에서 사는 세균이니 먹이를 구해주는 일도 간편하다. 이들이 잘 자라는 온도가 사람 체온과 비슷하기 때문에 그 정도로 온도를 유지해주는 장비를 구하기도 쉽다. 게다가 대장균은 성장이 빠른 편이라서 언제 잘 자라는지, 어떻게 죽는지를 관찰하기에도 좋다.

그런 이유로 온갖 실험에 대장균이 활용되고 있다. 우유를 대량

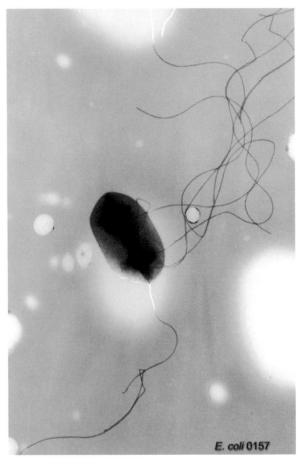

E. coli 0157

O-157을 확대한 모습 | 대장균 중에서 병을 잘 일으키는 것으로 흔히 알려져 있다.

으로 생산하기 위해 여러 소 중에서도 특별히 젖소를 키워 우유를 짜듯이 세균을 개조해서 사람에게 필요한 화학 물질을 뿜어내게 하는 기술을 연구할 때가 있는데, 이때 자주 선택되는 세균이 대장균이다. 아마 지금 이 순간에도 어느 실험실에서는 지친 대학원생이 피곤한 눈빛으로 퀴퀴한 냄새를 맡으며 대장균을 키우고 있을 것이다.

대장균이 늙지도 죽지도 않는 비결

수십 년간 사람들이 갖가지 방식으로 대장균을 연구한 결과, 대장균은 자기 몸을 동일하게 둘로 나누는 방식으로 새끼를 친다는 사실을 알게 되었다. 몸이 세로로 점점 길어지다가 가운데가 갈라지며 둘로 나뉘는 방식으로 두 마리가 되기까지 걸리는 시간은 고작 몇십 분이다. 사람은 성장해 자식을 낳기까지 족히 20~30년은 걸린다. 그에 비해 고작 30분 만에 새끼를 치는 대장균은 불로불사하기는커녕 대단히 빠르고 짧은 삶을 사는 생물인 것처럼 느껴진다.

　그런데 문제는 대장균이 둘로 나뉘었을 때, 어떤 것이 부모이고 어떤 것이 새끼인지 구분이 잘 안 된다는 점이다. 둘은 거의 똑같은 상태로 쪼개진다. 그야말로 한 몸이 둘로 나뉜 것뿐이라서, 누가 더 나이 든 부모이고 누가 더 어린 새끼인지 알 수가 없다. 크기가 작아져 이전보다 어려 보이는 두 마리의 대장균만 있을 뿐이다. 이후에 몸이 다시 점점 길어지며 성장하고 나면, 둘 다 새끼를 치는 것이 가능하다. 부모에 해당하는 것이 시간이 지남에 따라 점차 쇠약해지고 새끼에 해당하는 것이 성장이 더 빠르다는 식의 구분은 거의 보이지 않는다.

그렇기에 대장균 한 마리가 천 마리, 만 마리로 불어난다고 해도, 그것 중에 가장 나이 많은 조상과 가장 나이가 적은 새끼를 가려내거나 나이순으로 줄을 세우는 것은 결코 간단한 일이 아니다. 어떻게 보면 천 마리, 만 마리의 대장균들은 모두 하나의 대장균이 조각조각 나뉜 것일 뿐이고, 그것들은 부모도 자식도 없는 것에 가깝다.

이것을 사람에 비유해보자면 이렇다. 어떤 사람이 나이가 마흔 정도 되면 어느 순간 '자식을 낳아야겠다'는 생각에 점점 덩치가 커지더니 모습이 변한다. 이 사람은 마침내 커다란 공 모양 고깃덩어리처럼 변한다. 그리고 그 공 모양의 덩어리가 점차 갈라지고 두 사람이 된다. 그렇게 해서 원래 한 사람이었던 덩어리는 두 사람으로 불어난다.

둘로 갈라져 나온 사람들은 덩치가 작아져서 아마 열 몇 살 정도의 어린아이 모습일 것이다. 그런데 두 사람은 지문도 같고 생긴 모습도 같고 처음 한 사람이 갖고 있던 기억도 똑같이 갖고 있다. 사십 평생 열심히 살았던 기억, 그리고 공 모양으로 변신했던 기억을 갖고 있다. 자식을 낳으려고 한숨 자고 일어났을 뿐인데 이렇게 어린 모습으로 몸이 변했고, 옆에는 자기와 똑같이 생긴 사람이 한 명 더 있다고 둘 다 똑같이 생각한다. 이전보다 어린 두 사람으로 쪼개졌을 뿐, 누가 원본이고 누가 사본인지 구분할 수 없다. 그리고 이들은 이러한 방식을 계속 반복하면서 영원히 늙지 않고 살아간다.

모든 대장균은 다른 대장균이 새끼를 쳐서 태어난 것이고, 이들에게도 조상이 있을 거라고 생각해본다면, 세상 사람들의 배 속에 사는 대장균들은 모두 같은 조상의 후손이라고 상상해볼 수도 있을 것이다. 수십만 년 전, 대장균의 조상이었던 한 세균이 동물 배 속에 들어가서 사는 새로운 생물인 대장균으로 진화한 그 순간부터 대장균은 늙지 않고 젊음을 유지한 채로 다만 그 숫자만 불리며 세상에 퍼진 것일 수도 있다는 이야기다.

이렇게 생각해보면, 지금 우리 배 속에 있는 대장균은 수만 년 전부터 젊음을 유지하며 살아있는, 생물의 한 부분이다. 대장균을 배 속에 키우고 있는 인간이 늙고 죽고 태어나기를 수백 번, 수천 번 하는 동안 대장균은 이 사람에서 저 사람으로 늙은 사람에서 젊은 사람으로 옮아가면서 그리고 젊은 자신의 몸을 계속 쪼개 가면서 긴긴 삶을 이어온 듯하다.

반대로 지금까지 설명했던 것과는 달리 대장균이 30분 만에 새끼를 치면서 자기 몸을 쪼개는 그 순간, 원래의 자신은 사라지고 새로운 대장균 두 마리로 변하는 것이라고 생각할 수도 있을 것이다. 그렇게 보면 대장균은 영원히 젊음을 유지하면서 사는 생물이 아니라 30분 만에 태어나고 죽는 일을 반복하는, 아주 짧은 삶을 사는 생물이 된다. 어느 쪽이건 많은 사람들이 상당히 오랫동안 대장균이 이렇게 영원한 젊음, 혹은 아주 짧게 반복되는 젊음을 누린다고 생각해왔다.

이에 대해 강력한 반론이 제기된 것은 2000년대에 들어서면서 부터다. 이 무렵 이후로, 조건과 상황에 따라서는 대장균이 새끼를 치면서 둘로 갈라질 때 어떤 것이 부모이고 어떤 것이 자식인지 구분이 가능하다는 실험 결과가 하나둘 나오기 시작했다.

그러니까 설령 아주 미세한 차이라고 하더라도 둘 중에 하나가 더 나이 들어 보인다는 것이다. 이 주장에 대해서 엎치락뒤치락하며 치열한 논쟁도 있었고 여러 사람들이 서로 다른 방법으로 실험을 하면서 정말 대장균도 늙는지, 둘에 차이가 생기는지 엄밀히 확인해보려고 했다.

2014년 미국 인디애나대학교의 데이비드 카이셀라 연구팀이 정리한 내용에 따르면, 설령 그 차이가 아주 미세하고 천천히 드러난다고 해도 대장균도 늙은 것과 젊은 것으로 구분할 수 있다는 쪽에 조금 더 무게가 실리는 추세다. 이 결과대로라면 대장균도 결국 영원히 젊음을 누리며 살 수는 없고, 불로불사의 비밀을 갖고 있지도 않다. 대장균은 거의 늙지 않거나 웬만하면 늙지 않는 것 같지만, 그렇다고 해서 대장균의 젊음도 아주 영원한 것은 아니라는 이야기다.

노화와 진화의 열쇠

한편 이 연구에서는 대장균과는 정반대로 세균이 새끼를 칠 때 부모와 자식이 확실하게 구분되는 예들도 소개했다. 장미나 사과, 배, 감 같은 농작물이 걸리는 병 중에 장미뿌리혹병이라는 것이 있다. 뿌리나 줄기에 덕지덕지 생겨난 작은 덩어리가 갑자기 혹 모양으로 비대해져 식물이 점점 쇠약해지고 꽃이나 과실을 잘 맺지 못하게 되는 병이다. 이 병을 일으키는 것이 장미뿌리혹병균 Agrobacterium tumefaciens이다.

2004년에는 경북 지역의 감나무를 키우는 농민들 사이에서 장미뿌리혹병이 큰 고민거리라는 보도가 나온 적이 있다. 감으로 청도에서는 반건시를 만들고, 상주에서는 곶감을 만드는 것으로 유명한데, 이 지역도 피해가 점차 늘어나는 추세였다고 한다. 피해 지역이 상당히 넓어서 2000년대 초에 경북도농업기술원이 실시한 표본 조사에 따르면 청도 감나무의 80퍼센트, 상주 감나무의 31퍼센트가 장미뿌리혹병에 걸려있었다고 한다. 장미를 키우는 곳에도 이 병이 조금씩 번지는 상황이었다.

장미뿌리혹병균이 괴롭히는 상대는 감나무, 사과나무 정도인데, 이것은 아주 신기한 재주를 부려 나무들을 괴롭힌다. 장미뿌리혹병균은 나무 속으로 침입해 나무를 갉아먹는다거나, 독성 물질을 뿜어내서 나무를 녹게 만드는 단순한 방식을 사용하지 않는다.

장미뿌리혹병균은 아주 정교하고 미세한 시술을 할 수 있는 물질을 뿜어내서 나무의 극히 일부분에 자기에게 유리한 돌연변이가 일어나게 한다. 비유하자면 장미뿌리혹병균이 생명공학 연구원이나 대학원생이 된 것처럼 나무 한편의 유전자를 아주 살짝 조작한다는 뜻이다. 어느 날 고양이 한 마리가 나타나서 왼손을 핥고 갔는데 다음날 갑자기 왼손이 조금씩 이상하게 변하더니 근육이 붙어 힘이 평소의 열 배로 세지고 동시에 하루에 14시간씩 잠을 자게 된다든가 하는 부작용도 함께 생겼다는 이야기와도 비슷하다. 이때 그 마법 고양이 역할을 하는 것이 장미뿌리혹병균이고, 몸이 이상하게 변한 사람이 장미뿌리혹병균에게 당한 장미다. 정상적으로 잘 자라서 감이나 사과를 맺어야 하는 나무 입장에서 장미뿌리혹병균은 별 도움이 안 되는 돌연변이를 일으킨다. 이렇게 변한 감, 사과, 장미는 어느 날 갑자기 몸의 한쪽이 비정상적으로 자라나게 된다. 나쁘게 말하자면 나무가 일종의 암 비슷한 것에 걸린 것으로 볼 수도 있다.

한편으로는 장미뿌리혹병균이 다른 생물의 유전자를 자기에게 도움이 되도록 바꿔 버리는 능력이 있기 때문에, 학자들은 이 세균을 이용해서 농작물의 유전자를 조작하는 실험을 해왔다. 그럴 만도 한 것이, 만일 어떤 사람이 다른 사람의 키, 쌍꺼풀 여부, 타고난 재능 등 유전되는 특질을 바꾸는 초능력을 갖고 있다면 그 사람의 초능력을 분석하고 이용해 활용하려고 하지 않겠는가? 잘만 이용하면 병에 걸린 사람을 치료할 수도 있을 것이다.

놀라운 재주에 비해 장미뿌리혹병균의 생김새는 수수한 편이다. 소시지 모양으로 길쭉한 모습이 꼭 대장균과 비슷하다. 새끼를 치는 방식도 얼핏 보면 대장균과 굉장히 유사하다. 그런데 결정적으로 다른 점이 하나 있다. 대장균은 보통 새끼를 칠 때 공평하게 둘로 나뉘어 똑같은 모습을 갖는다. 그에 반해 장미뿌리혹병균은 새로 자라난 부분과 이전부터 있던 부분으로 구분되면서 둘로 나뉜다. 데이비드 카이셀라 연구팀의 논문에서는 이런 식으로 새끼를 치다 보면 노화와 비슷한 현상이 충분히 나타날 수 있다고 설명한다.

다시 말해 어떤 세균은 몸을 둘로 나누어 새끼를 칠 때, 자신이 갖고 있던 좋은 부분을 한쪽에 몰아주고 다른 한쪽에는 낡고 좋지 않은 부분만 물려줄 수도 있다는 뜻이다.

어떤 덩치 큰 어른 한 사람을 쪼개서 작은 사람 둘을 만들어낸다고 가정해보자. 그 어른 한 사람은 20대에 술을 너무 많이 마셔서 간이 많이 나빠졌고 뇌도 상태가 좋지 않은 편이다. 이 사람의 나쁜 간과 나쁜 뇌를 공평하게 반으로 쪼개서 똑같이 상태가 나쁜 간과 뇌를 가진 두 사람을 만드는 것이 대장균의 방식이다.

이와 달리 뇌나 간에서 나쁜 부분과 좋은 부분을 서로 구분해서 작은 사람 하나에게는 나쁜 부분을 몰아주고, 다른 작은 사람에게는 좋은 부분을 몰아주는 방식도 있다. 이렇게 하면 좋은 부분을 물려받은 사람은 원래의 큰 사람보다 간도 뇌도 더 건강할 것이다. 한편 나쁜 부분만 물려받은 사람은 큰 사람보다 간과 뇌의 상태가 훨씬 나쁠 것이다. 이것이 장미뿌리혹병균의 방식에 가깝다.

이러한 방식이라면 세균을 젊은 것과 늙은 것으로 구분하기 위해서는 나뉘기 전의 세포에게 어떤 부분을 물려받았는지를 따져보아야 한다. 좋은 부분을 몰아 받은 것이 젊은 자식이 되고, 나쁜 부분만 남은 것이 늙은 부모에 가깝다고 볼 수 있다.

새끼를 칠 때 이렇게 한쪽으로 좋은 것을 몰아주는 방식의 장점은 이렇게 하면 살면서 망가지고 닳은 자신보다 훨씬 좋은 새끼세균을 하나 만들어낼 수 있다는 점이다. 그 새끼 세균은 부모 세균보다 튼튼하기 때문에 위험한 상황에서 더 잘 버텨낼 수 있고, 더 잘 적응하는 생물이 될 수 있다.

이런 방식을 쓰지 않는 종족은 다들 거의 비슷하게 튼튼하고 상태도 고만고만할 수밖에 없다. 그래서 갑자기 날씨가 추워진다거나 더워지는 등의 환경 변화에 어느 것 하나 버텨내지 못하고 전멸할지도 모른다. 하지만 좋은 부분만 선택해 물려주어 강인하고 젊은 생물들을 만들어온 종족은 갑작스러운 변화에도 그중 몇몇이 버티고 살아남을 확률이 높다. 결국 이러한 방식으로 증식하는 생물은 급작스러운 위기에도 전멸을 피해 대대손손 번성하고 진화한다.

이것은 한편으로 인간의 삶을 연상하게 한다. 부모가 고생해서 자녀만큼은 더 좋은 환경에서 더 좋은 삶을 살 수 있도록 희생하는 것과 비슷하게 느껴지지 않는가? 그래서 더 쉽게 이해되는지도 모른다. 자기 자신을 소진시키면서까지 자식을 낳고 기르느라 애쓰는 많은 동물의 삶과도 비슷해 보인다. 연어가 좋은 환경에서 자식을 낳기 위해 강물을 거슬러 오르며 힘을 다 소진해버려서 자식을 낳고 나면 곧장 죽게 되는 것과도 비슷한 느낌이다.

생물이 늙는 이유에 대해서는 여러 주장이 있다. 세균이 늙는 이유에 관한 설명은 사람이 겪는 노화에 관한 최근 연구와는 방향이 약간 다르다. 하지만 세균에 대한 이런 간단한 관찰은, 많은 생물들이 늙고 쇠약해지는 운명을 갖게 된 것도 결국은 멀리 보면 이런 장점이 있기 때문이 아닐까 하고 생각해보는 데에 도움을 준다.

세포 자폭 장치에 숨겨진 비밀

세균과 늙는 것에 관한 이야기를 정리하면서 덧붙이고 싶은 이야기가 하나 더 있다. 그것에 대해 내가 처음 알게 된 것은 대학에 갓 입학했을 때였다. 그날 저녁 내내 맥주를 마시고 세상의 별별 쓸데없는 것들에 대한 이야기들을 한참 하다가 밤이 깊어 학교 기숙사에 돌아왔을 때였던 것 같다. 분위기가 점차 무르익어 각자 자신이 아는 가장 무서운 이야기를 돌아가면서 하게 되었다.

그때 내가 친구들에게 들려준 이야기는 세상에 '악마의 목소리'라고 할 만큼 아주 극단적으로 심하게 무서운 이야기가 있을지도 모른다는 것이었다.

너무 무서운 광경을 목격하거나 너무 충격적인 사진을 보면 소름이 돋고, 그것이 뇌리에 남아 한참 나쁜 기분에 휩싸이고, 한동안 멍해져서 아무것도 못하게 되며, 심지어 구역질이 나거나 하는 일이 생길 수 있다. 심약한 어린 나이에 너무 충격적인 것을 봐서 그것 때문에 정신 질환을 얻게 되었다는 내용의 소설을 읽은 적이 있다. 사람의 뇌를 쿵쿵 울리게 만들 정도로 무서운 이야기를 들으면 뇌세포들이 심하게 자극을 받아 사람의 정신이 아주 망가져버릴 수도 있지 않을까, 사람의 뇌에 가장 나쁜 충격을 줄 수 있게 이야기를 더 무섭게 꾸며서 들려주면 그로 인해 사람이 죽음에 이를 수도 있지 않을까, 그 정도로 무섭고 충격적인 이야기가 세상에 있다면 그것이 바로 악마의 이야기 아니겠느냐 하는 그런 이야기를 그날 친구들과 나눴다.

그 이야기를 듣고 있던 한 친구가 말했다.

"그런 게 정말로 몸에 있다는 비슷한 이야기를 들은 적이 있어. 몸 어딘가에 죽음의 스위치가 있는데 어쩌다 그걸 건드리면 건강하게 지내던 사람도 갑자기 확 죽어버린대. 그러니까 세포에 그런 게 있다는 것 같아."

사람의 삶과 죽음을 관장하는 비밀스러운 죽음의 스위치가 몸속 어딘가에 숨겨져 있다는 말이었다. 그 친구는 정말로 뭔가 두려운 듯한 어조로 말했기 때문에, 우리는 그 이야기를 대단히 신비롭다는 듯이 귀 기울여 들었다. 그렇지만 결국 그런 게 실제로 있겠냐고, 싱거운 소리라는 식으로 다들 넘겨버렸다. 그런데 나중에 나는 당시 이야기를 듣던 우리가 생물학을 너무 몰라서 제대로 이해하지 못한 것이었을 뿐, 실제로 그와 비슷한 것이 있다는 사실을 알게 되었다.

그것은 바로 세포 자멸apoptosis이라는 현상이다. 사실 세포 자멸보다는 세포 자폭 정도가 적당하다. 어딘가 살짝 건드리면 세포가 스스로 자폭하는 것 같은 일이 일어나기 때문이다. 영어 단어를 그대로 발음해 '어폽토시스'라고 말할 때도 많은데, 약간 멋을 부리고 싶을 때는 '에이팝토시스'라고 발음하기도 한다. 이것을 '에이-팝-토시스'라고 발음하면서 '팝' 발음에 약간 힘을 주면 흥겹기도 하고 뭔가 빵 터지는 느낌이 나서, 세포가 자폭하는 현상의 이름으로 적당하게 들린다.

사람 세포 속에서 만들어지는 수많은 효소 중에는 카스파제caspase라는 것이 있다. 바로 이 카스파제가 세포의 자폭 장치다. 카스파제라는 효소가 만들어져서 화학 반응을 일으키기 시작하면, 그것은 돌아다니며 세포의 중요한 곳을 다 갈기갈기 찢어 놓는다. 얼마 지나지 않아 세포는 자폭한 것처럼 파괴되어 버린다.

만일 카스파제가 어떤 사람의 모든 세포에서 동시에 작동한다면, 그 사람의 몸은 대부분 흐물흐물 녹아내리듯이 무너져버릴 것이다. 심장이나 신경처럼 중요한 세포들에게 카스파제가 작동한다면 심장과 신경이 마비되어 곧장 사망에 이를 수도 있다. 그래서 2014년에 출간된 생명과학대사전에서는 세포 하나하나에 작동하는 자폭 장치 같은 이 카스파제를 세포의 사형 집행을 맡은 효소라고 설명하고 있기도 하다.

무서운 사람을 지칭하는 별명이나 무서운 마법 혹은 무서운 무기 이름으로 '저승사자', '사신', '데스', '리퍼' 같은 이름을 붙이는 경우가 있는데, 나는 '카스파제'도 적당한 별명이라고 본다. 새로 만든 고성능 전투기의 별명을 카스파제라고 한다거나, 회사에 갑자기 나타난 낙하산 팀장이 일한답시고 회사를 온통 엉망으로 망가뜨리고 있다면 그런 사람에게 '카스파제'라는 별명을 붙이는 것은 아주 잘 어울린다. 선거철에 상대방 후보를 비난할 때 "저 후보는 우리나라를 속에서부터 좀먹어 망가뜨리는 '카스파제' 같은 사람이다"라고 욕하는 후보가 나타난다면, 나는 흐뭇하게 웃으며 박수를 보내줄 것이다.

카스파제를 만들고 카스파제를 작동시키는 세포 자폭 장치란 왜 있는 것일까? 악마가 부린 농간이 아니라면 세포에 있는 자폭 장치는 대체 언제 사용되는 것일까? 영화 〈갤럭시 퀘스트〉에는 등장인물이 '옛날 드라마나 영화에는 손가락만 까딱하면 자폭 장치가 작동되어 우주선이나 비밀기지가 날아가는 장면이 자주 나온다'고 비웃는 대목이 있다. 마찬가지로 세포에 달린 자폭 장치는 위험하기만 한 물건인데 도대체 왜 그런 게 달려있는 것일까?

우리의 걱정과는 반대로 사람과 같은 생물, 즉 여러 세포가 한데 뭉쳐 이루어진 생물에게는 이런 자폭 장치가 반드시 필요하다.

이것이 가장 먼저 활용되는 때는 생물이 형체를 만들어가는 아주 어린 시절이다. 특히 처음에 작은 수정란 하나였다가 점점 자

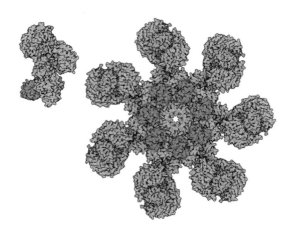

세포 자멸 때 세포를 파괴하는 물질의 구조 | 원자들이 모여있는 형태를 표시한 것으로 마치 톱니바퀴와 같은 모양이다. 올록볼록한 작은 돌기는 원자 하나가 튀어나온 모습이다.

라나면서 인간의 형상을 갖추어갈 때를 주목할 필요가 있다. 이때 어떤 곳은 많이 자라나고 어떤 곳은 조금 자라나야 사람의 모양을 갖출 수 있는데, 그러려면 덜 자라나야 할 곳의 세포들은 자폭해서 없어져야 한다.

예시로 자주 언급되는 것은 사람의 손이다. 손가락은 길게 자라나야 하고, 손가락과 손가락 사이의 부분은 자라나지 않고 멈추어야 한다. 그래야 다섯 갈래로 갈라진 손가락 모양이 완성된다. 우리가 태어였을 때 겨우 손이 자라고 있을 무렵에는 손이 이런 모양이 아니었다. 뭉툭한 삽 모양의 손이 아닌 다섯 손가락이 달린 손 모양은 손가락과 손가락 사이의 세포들이 자폭해서 사라졌기에 가능했다. 그러니까 다시 말하자면 위치에 따라 세포들이 자폭해서 없어져야 할 때가 있다. 이렇게 형태를 갖추기 위해 세포가 자폭하는 방식을 택하는 생물은 초파리 종류에서 사람에 이르기까지 대단히 흔하다.

이외에도 세포의 자폭 장치는 매우 요긴하게 활용된다. 여러 세포가 서로에게 붙어서 함께 움직여야 하는 우리 같은 생물은 한 세포가 골골거리며 옆에 있는 세포에 큰 피해를 끼치거나, 세포 하나가 갑자기 병이 들어 자기 혼자만 크게 자라나 커다란 혹처럼 변하려고 한다면 이 세포는 제거해 없애는 편이 낫다. 바로 이때 세포의 자폭 장치가 작동해서 그 세포를 없앤다.

그러니까 세포의 자폭 장치는 우리 몸 한쪽에 생긴 병이 옆으로 번지거나 너무 커지지 않도록 사전에 차단하는 매우 중요한 역할을 한다. 심지어 암 세포가 커나가려 할 때에도 자폭 장치가 가동되어 암이 자라기 전에 스스로 파괴될 때도 있다. 그런 이유로 세포의 자폭 장치를 연구해서 암을 막아보려는 연구도 자주 이루어진 편이다. 우리 몸은 이렇게 자폭 장치를 사용하여 위험으로부터 스스로를 방어하고 있다.

세포가 자폭할 때에는 세포 바깥에서 신호를 받아 자폭 장치가 작동되는 경우도 있지만, 신기하게도 세포 내부에서 "더 이상은 안 되겠다. 사라져야겠어"라는 신호를 스스로 발생시켜서 자폭할 수도 있다. 이렇게 세포 내부에서부터 자발적으로 자폭이 이루어질 때 자폭을 위한 마지막 작동 신호를 보내는 곳이 다름 아닌 미토콘드리아다.

미토콘드리아가 자폭 신호를 보내기 위해 뿜어내는 화학 물질 중에 디아블로DIABLO라는 것이 있다. 이 디아블로라는 물질은 자폭 장치를 가동시킬 때 꽂는 열쇠 같은 역할을 한다. 미토콘드리아가 디아블로를 뿜으면, 그것 때문에 일어나는 화학 반응으로 인해 마치 수류탄의 안전핀이 뽑힌 것처럼 카스파제는 작동을 개시한다. 그리고 그로 인해 세포는 갈가리 찢겨 사라지게 된다.

수십억 년 전에 자유로운 세균이었던 것이 다른 생물에게 달라붙어 살다가 이제는 온몸이 다 퇴화하여 그저 산소로 호흡하는 일만 하는 신세가 된 것이 미토콘드리아라고 할 수 있다. 그런데 바로 그 미토콘드리아가 세포를 자폭시키는 마지막 열쇠만은 끝까지 놓지 않고 움켜쥐고 있다는 것이 신기하다.

세포 자폭이 잘못 일어나면 사람의 몸이 약해지기 때문에, 최근에는 노화를 연구하는 사람들이 이 미토콘드리아에 주목한다고 한다. 아직 세부 내용이 정확히 밝혀지지는 않았지만, 사람이 늙으면 심장이나 뇌에 필요한 것보다 세포 자폭이 더 많이 일어나서 심장이 약해지고 머리가 나빠질 위험이 커진다. 반대로 사람이 병에 감염되었을 때 세포 자폭이 필요한 만큼 충분히 일어나지 않아서 병이 몸에 빠르게 퍼지는 경우도 있다. 그래서 어떤 이들은 나이가 들면 병치레를 많이 하는 이유로 세포의 자폭이 제때 일어나지 않는 것을 들기도 한다. 그런 점에서 세포 자폭과 노화의 관계는 여전히 더 파헤쳐볼 필요가 있는 연구 주제다.

세포 자멸의 두 얼굴

최근 노화의 이유로 가장 인기를 끄는 주장은 유전자의 '길항적 다면발현抗拮的 多面發現, antagonistic pleiotropy' 때문이라는 설명이다. 이것은 어떤 성질이 나이가 어릴 때는 유리하게 작용하지만 그 대가로 나이가 많을 때는 불리하게 작용할 수도 있는 이중성을 가지는 경우를 일컫는 말이다.

나이가 많을 때 불리하지만 나이가 적을 때 자손을 낳아 번성하는 일에 크게 영향을 주지 않는 성질이라면, 그런 성질은 자손에게 이어진다. 동물 대부분이 서로 먹고 먹히는 자연 그대로의 상태에서는 어차피 나이가 많을 때까지 살아남는 일이 별로 많지 않기 때문에, 나이가 많을 때 부작용이 생기는 것은 큰 단점이 되지 않는다.

가장 쉬운 예는 남성 호르몬이다. 남자에게 남성 호르몬이 많이 나오면 외모나 체격 등이 우리가 흔히 생각하는 남자다운 모습을 갖게 된다는 장점이 있다. 대신에 나이가 들어서도 남성 호르몬이 과다하게 분비되면 남성 호르몬과 관련이 있는 암이 생길 확률이 높아지고, 탈모가 될 가능성도 생긴다.

그렇지만 보통은 큰 병에 걸리거나 탈모가 진행되기 전에 결혼을 하고 자식을 낳으므로, 남성 호르몬의 단점이라고 하는 것도 자식을 낳아 번성하는 데는 별 문제가 되지 않는다. 조선시대에는 임금들의 평균 수명이 50세를 넘기지 못했다. 어차피 대머리가

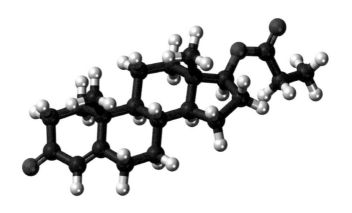

흔히 남성 호르몬이라고 불리는 테스토스테론의 분자 구조 | 원자들이 어떤 형태로 모여있는지 표시한 그림이다.

될 때까지 살 가능성이 낮다면, 나이가 어릴 때 아내를 만나 가정을 이루고 나서 남성호르몬 때문에 대머리가 되는 것은 문제가 아니다. 남성호르몬 덕분에 남성적 매력을 더 발산하게 된다면 그것은 아내를 구하는 일과 대대손손 번성하는 데 도움이 될 뿐이다.

남성 호르몬 외에도 이처럼 나이 적을 때는 장점으로 여겨지지만 나이 많을 때에 단점이 되는 성질은 여럿 있다. 이 모든 것을 합해 사람이 늙으면 쇠약해지는 이유를 설명한 것이 길항적 다면발현 가설이다.

예를 들어 사람의 몸이 하루가 다르게 성장하는, 비교적 나이가 어린 시기에는 세포가 잘 생기기 때문에 멀쩡한 세포까지 조금 많이 자폭시키더라도 별다른 문제가 생기지 않는다. 그러니까 세포를 잘 자폭시키는 사람이 나이가 적을 때는 병든 세포를 말끔하게 없애게 되니 좋다. 그러나 나중에 신체의 성장이 끝나고 노화가 시작되는 시기에도 세포가 자주 자폭한다면 그때는 세포가 이전처럼 잘 생기지 않기 때문에 점점 쇠약해진다. 심장이나 뇌의 세포에도 자폭이 잘 일어나는 사람은 시간이 지날수록 심장이나 뇌가 나빠질 것이다. 이런 사람도 젊어서 자손을 퍼뜨릴 때에는 문제가 없다. 병이 생길 만하면 바로바로 세포들을 자폭시켰기 때문에 오히려 남들보다 건강한 편이다. 그러므로 이 사람은 자식을 낳는 데는 문제가 없다. 오히려 건강하니까 자식을 더 많이 낳을 것이다. 그리고 그렇게 태어난 자손들에게도 함부로 세포를 자폭시키는 성질은 대대로 이어진다. 이렇다 보니 그런 생물들의 후손인 우리는 나이가 들면 심장이 늙는 생명체가 되었다. 이런 식으로 우리가 노화하는 이유를 짐작해볼 수 있다.

세균 같은 단순한 생물로 사는 대신 핵이 있는 여러 세포가 합쳐져 움직이는 크고 화려한 것이 되려면, 세포들이 자라나는 것을 조절하고 위험한 세포들을 제거하는 세포의 자폭(자멸), 즉 에이팝토시스는 꼭 필요하다.

이에 관해 신화 같은 이야기를 꾸며보는 사람들도 있다. 아주 먼 옛날 생명체가 멋모르고 단순하고 순박하게 살았을 때는 영원한 젊음을 누리며 낙원에서 살았다. 그러다가 해서는 안 된다고 하는 일을 하고 알아서는 안 된다고 하는 지식을 깨달은 후에는 훨씬 더 지혜롭고 자유롭게 살게 된 대신에, 낙원에서 쫓겨나 한정된 수명을 살며 늙어가는 신세가 되었다. 이러한 신화에 따르면 핵을 가진 복잡한 생물이 되어 여러 세포 덩어리로 자라나고 그 결과 다양한 생활을 하며 깊은 고민을 하면서 사는 다채로운 삶이, 바로 세균 같은 생물이 누리는 영원한 젊음을 포기한 대가인 셈이다.

6장

_____

은거

위기를 피해 벙커가 된 세균들

세균이 오래 사는 방법에는 사람이 생각하기 어려운 것도 있다. 세균이 죽을 것 같을 때 살기 위해 하는 일 중에 내가 생각하기에 가장 이상한 것은 바로 아무것도 하지 않는 일이다. 정말 말 그대로 아무것도 하지 않고 가만히 있는다. 이렇게 말하면 아무 대책 없이 자포자기하는 것 같지만, 아무것도 하지 않는 것도 어떤 경지에 이를 정도로 해낼 수 있으면 놀라운 묘수가 된다.

아무것도 안 하는 것은 말처럼 쉬운 것이 아니다.

아무것도 하지 않으면 지겹고 답답하고 재미가 없다. 게다가 가만히 있는 동작은 시간이 지날수록 불편하기까지 하다. 고층 건물에서 엘리베이터를 타고 꼭대기 층까지 올라가는 그 짧은 시간 동안 가만히 있는 것도 지겨워하는 사람이 적지 않다. 나는 어릴 때 엘리베이터에서 층수가 올라갈 때 숫자가 바뀌는 것을 보며 '지금 8층인데 숫자가 나오는 부분이 고장 나서 6처럼 보이네. 언제 고장 났을까?' 같은 생각을 하면서 버텼다. 지금은 엘리베이터를 타면 언제나 전화기를 들여다보며 버티고 있다.

사람이 아무것도 하지 않기 위해 그나마 쓰는 유용한 방법은 잠을 자는 일이다. 푹 잠들어버리면 적어도 몇 시간, 길게는 열몇 시간 정도는 아무것도 안 하고 시간을 보낼 수 있다. 장시간 비행기를 타야 하는 사람들 중에는 아무것도 못 하는 상황을 버티기 위해 '이렇게 하면 비행기 안에서 잘 잘 수 있다더라', '어떤 목베개를 하면 잠이 잘 오더라' 하는 비법을 서로 공유하기도 한다. 사람들이 아무것도 하지 않기 위해 얼마나 애쓰는지 잘 느낄 수 있는 사례다.

그런데 아무리 애를 써봤자 사람이 아무것도 하지 않고 버틸 수 있는 시간은 길어봐야 열몇 시간에서 수십 시간 정도다. 그 이상을 넘어가면 하다못해 밥이라도 먹어야 더 버틸 수 있다. 굶는 것은 좀 더 참을 수 있다 하더라도 물은 꼭 마셔야 한다. 개구리는 땅 속으로 들어가 날이 풀릴 때까지 한참을 머무는데 그것도 한 계절을 버티는 정도다.

그런데 세균은 곧 죽을 것처럼 상황이 안 좋아지면 아무것도 하지 않으면서 그보다 훨씬 더 오랜 시간을 버틸 수 있다. 몇몇 종류는 아예 아무것도 하지 않고 가만히 있기 위해 모습을 바꾸기도 한다. 대표적인 방식은 꽁꽁 감싼 모양으로 변신하는 것이다. 세균이 그렇게 변신하면 모습이 버섯 따위의 씨앗 역할을 하는 포자spore와 비슷하기 때문에 보통 그것을 내생포자endospore라고 부른다. 그런데 내생포자는 자손을 퍼뜨리기 위해 뿌리는 포자나 씨앗 같은 것이 아니라, 세균 스스로가 아무것도 하지 않기 위해 변신한 것이므로 그 목적이 다르다.

그렇게 내생포자로 변신한 몇몇 세균들은 긴긴 시간을 아무것도 하지 않고 버틸 수 있다. 그 시간 동안 먹지도 않고 마시지도 않고 자라지도 않는다. 그렇게 버티면서 오랜 시간을 가만히 있다가 다시 살 만한 시기가 다가오면 그때 다시 원래의 모습으로 돌아가 활동을 시작한다.

주변에 먹을 것이 부족하다거나 수분이 부족하다거나 기타 여러 이유로 먹고살기 어려운 시기가 찾아오면 이들은 내생포자로 변신한다. 세균의 세계에서 먹이라는 것은 떨어진 낙엽이나 동물이 먹다 흘린 것 정도면 대단히 풍족한 것이고 비가 한 번 내리고 나면 이들이 마실 물도 넉넉해진다. 그래서인지 세균은 오래 기다리기만 하면 언젠가는 다시 풍족하게 잘 살 때가 올 것이라는 믿음을 갖고 있다는 듯이 버티고 또 버틴다. 내생포자로 변신한 세균은 몇 년이고 아무것도 하지 않으면서 기다리기도 한다.

불경기가 계속되어 취업이 어려운 시대를 생각해보자. 혹은 내가 어느 나라의 언어를 열심히 공부했는데 그 나라와 내가 사는 나라의 관계가 갑자기 악화되어 내가 배운 언어가 쓸모없어진 때가 되었다고 해보자. 그럴 때 어느 깊은 산속 동굴로 들어가 침낭 안에 몸을 욱여넣고, 몇 년이고 쿨쿨 자면서 다시 경기가 좋아질 때까지, 내가 배운 능력이 필요한 곳이 많아져서 좋은 일자리를 얻을 수 있을 때까지 몇 년이고 버티는 수법을 쓸 수 있다면 어떨까? 내생포자로 변신하는 세균은 그렇게 살 수 있다는 이야기다.

아무것도 안 할 때 더 강해진다

이렇게 내생포자로 변한 세균은 상상을 초월할 정도로 긴 시간 동안 버틸 수 있다. 예를 들어 파상풍균Clostridium tetani은 내생포자로 변하는 수법을 써서 족히 40년을 버틸 수 있다. 사람과 비교하면 어마어마해 보이지만, 내생포자로 변신하는 세균들 중에서 그 정도는 그다지 긴 편도 아니다. 이만큼 아무것도 안 하고, 안 먹고, 안 마시고, 안 자라고 그냥 가만히 있으면서 버티는 세균은 적지 않다.

내생포자로 변신해서 아무것도 안 하고 있을 때, 일반적으로 세균들은 심지어 몸을 더 튼튼하게 단련한다.

사람은 자는 동안에도 너무 춥거나 더우면 중간에 자꾸 깨곤 한다. 그런데 세균이 내생포자로 변신했을 때는 막강한 공격에도 버텨낼 수 있을 정도로 몸을 단단하게 감싼다. 세균은 내생포자로 변신하면서 좋은 시절이 왔을 때 다시 몸을 깨워서 키울 수 있는 아주 최소한의 핵심만 남겨두고 몸의 대부분을 포기하는데 그 대신 핵심 부분을 꽁꽁 싸놓는다. 불경기가 지나가기를 기다리며 동굴 속에 들어간 사람이 머리를 제외한 몸의 나머지 부분은 모두 없애고, 대신 거북이 등딱지 같은 것이 머리를 두텁게 감싼 모양으로 변신한 장면을 떠올려본다면 비슷할 것이다.

당연한 이야기지만 사람이 우주복을 입지 않고 우주 공간에 나가면 크게 다친다. 그런데 1994년에 나온 연구 결과를 보면, 내생포자로 변한 평범한 세균을 적당히 처리해서 우주 공간으로 내보냈더니 방사선을 맞으면서도 무려 6년을 버텼다고 한다. 내생포자로 변신해 자신을 꽁꽁 방어하는 세균을 파괴하는 것은 이렇게나 힘들다.

질병관리본부 자료를 보면, 파상풍균의 경우 내생포자로 변신하면 펄펄 끓는 물에 잠시 넣어두어도 완전히 죽는다고 장담할 수 없다고 한다. 현대 과학의 세균 처리 기술과 위생 조치를 잘 적용하면 파상풍균을 막는 것은 어려운 일이 아니지만, 세균에 대해 많은 것이 밝혀지기 전에는 이렇게 아무것도 먹지 않아도 긴 시간 끄떡없고, 높은 온도에도 죽지 않고 버티는 파상풍균은 오랜 세월 골칫거리였다.

파상풍은 사람이 죽을 수도 있는 병이라는 점과 특이한 증상 때문에 오래전부터 널리 알려진 병이었다.

옛날에도 파상풍균이 일으키는 병은 파상풍이라는 이름으로 불렸다. 조선시대의 유명한 의사 양예수가 편찬한《의림촬요》는 파상풍에 아예 책의 한 대목을 할애해 '파상풍문'이라는 별도의 단원으로 다루었다. 내용을 살펴보면 파상풍은 피부와 살이 찢어지고 상했을 때 그로 인해 생길 수 있는 병이라고 설명한다. 여기까지만 보면 현대에 우리가 알고 있는 파상풍의 원인과 비슷하다.

《의림촬요》에는 상처로 사악한 기운 내지는 사악한 바람 같은 것風邪이 스며들면 파상풍이 된다고 적혀 있다. 옛 사람들이 그렇게 생각한 까닭은 파상풍에 걸리면 몸을 마음대로 움직이지 못하는 증상이 생기는데 이것이 '풍風'이라는 병의 증상과 비슷해 보였기 때문이다. 파상풍이라는 이름도 상처 때문에 생긴 풍이라는 의미로 옛 중국 학자들이 붙인 이름을 그대로 가져와 사용한 것이다.

나중에 밝혀진 바에 따르면 파상풍은 파상풍균이 상처로 침입해 생긴다. 파상풍균은 보통 흙이나 흙 비슷한 것에 있다. 그래서 상처에 흙먼지가 들어가거나 더러운 것이 묻었을 때, 만일 거기에 파상풍균이 있다면 파상풍에 걸릴 가능성이 생긴다.

사람을 죽게 할 수도 있는 강력한 세균이지만 사실 파상풍균은 무산소성 세균이라서 활동 중에는 산소만 많이 쐬어도 죽고 만다. 그래서 파상풍균은 더욱 자주 내생포자로 변신해 아무것도 하지 않으며 숨어 지낸다.

원래 파상풍균은 길쭉한 소시지 모양이다. 그런데 내생포자로 변신하면 한쪽 끄트머리에 세균의 핵심 부분이 모여들고 그 주변이 도톰하게 부풀어 올라 둥근 형태의 껍데기가 된다. 전체적인 모양은 성냥개비와 유사하다. 어떤 책에서는 드럼스틱 모양으로 변한다고 표현하기도 한다. 파상풍균이 이렇게 변신해서 두터운 껍데기를 두르고 숙면에 들면 바깥에서 들어오는 산소조차 막을 수 있다. 사람 입장에서 보면 이만큼 초능력처럼 보이는 일도 없다. 마치 어떤 사람이 물속에 빠져 숨을 쉴 수 없게 되었거나 화살이나 총알이 날아와 크게 다칠 위기에 놓였는데 딱딱한 껍데기로 몸을 감싸고 그 안에서 잠을 자면서 아무런 타격도 입지 않고 버틴다는, 영화에서나 일어날 법한 이야기 같다.

소리 없이 잠입하는 암살범

파상풍균의 습성에는 보톡스를 만들어내는 보툴리눔균과 제법 비슷해 보이는 점이 있다. 아닌 게 아니라 파상풍균은 보툴리눔균과 같은 속屬, genus에 속한다. 두 세균이 아주 먼 친척 관계에 있는 것처럼 보인다는 뜻이다.

나는 세균의 유전이 워낙 다채롭기 때문에 세균의 분류를 세균이 아닌 다른 생물의 분류와 견주어 보는 것은 정확하지도 않을뿐더러 불필요하다고 생각하는 편이다. 그렇지만 이해하기 쉽게 비교적 친숙한 사례를 들어 군이 설명해보자면, 속이 같은 관계란 집고양이와 정글고양이, 검은발고양이, 모래고양이의 관계라 할 수 있다. 집고양이와 검은발고양이는 고양이 속으로 분류한다. 집고양이와 스라소니, 호랑이는 더 넓은 범위에서 고양이 과科, family

검은발고양이　　　　　　　　　집고양이

에 속하지만 서로 다른 속으로 분류된다. 속으로 분류하는 관점에
서 집고양이와 검은발고양이는 먼 친척이고, 집고양이와 호랑이
는 그보다 훨씬 더 먼 친척이다. 한마디로 보툴리눔균과 파상풍균
은 집고양이와 검은발고양이 정도의 관계다. 집고양이와 호랑이
의 관계, 집고양이와 스라소니의 관계보다는 가깝다고 보면 된다.

　파상풍균과 보툴리눔균은 둘 다 산소에 닿으면 죽고 몸을 지키
기 위해 내생포자로 변신할 수 있다. 사람들이 보툴리눔균 때문에
소시지 식중독으로 고생하던 시절, 소시지를 제법 깨끗하게 잘 관
리하고 살균했는데도 균을 완전히 막아내기가 어려웠던 이유 중
하나가 바로 보툴리눔균이 내생포자로 변신해 온갖 험한 공격에

도 끄떡하지 않고 버텨내는 재주가 있기 때문이었다.

파상풍균은 보툴리눔균과 비슷하게 사람의 신경을 괴롭히는 독성 물질을 내뿜는다. 보툴리눔균이 사람을 마비시키는 독성 물질을 내뿜는다면, 파상풍균은 사람의 근육을 비정상적으로 움직이게 해서 경련을 일으킨다. 파상풍균은 상처 사이로 들어와서 꼭꼭 파고들어 산소에 닿지 않고 잘 살 수 있을 만한 곳을 찾으면 다시 깨어나 삶을 시작한다. 그렇게 며칠이 지나면 사람은 본격적으로 파상풍균이 내뿜는 독에 고통을 겪게 된다. 처음에는 입을 못 움직이는 증상이 자주 나타나고, 나중에는 등을 너무 심하게 펴게 되어 오히려 반대로 구부러지는 모습이 되기도 한다. 《의림촬요》에서는 이런 환자의 모습이 활시위를 풀면 활이 평소와 반대로 휘는 모양과 비슷하다고 해서 '각궁반장角弓反張'이라고 표현했다. 그래서 허리가 활처럼 휜다는 표현은 옛날에 파상풍으로 사람이 고통스러워하며 죽어가는 모습을 묘사하는 데 많이 쓰였다.

전쟁 기록이나 옛 무용담을 살펴보면 칼싸움 끝에 한 장군이 상대편 장군을 죽이고 그는 가벼운 상처를 입었을 뿐인데, 며칠 후 시름시름 앓더니 이상한 행동을 보이다 결국 죽었다는 이야기가 가끔 보인다. 당시 사람들은 이런 상황을 두고 흔히 죽은 상대 장군의 원한이 맺힌 귀신이 씌어서 이상한 행동을 하다가 죽은 것이라는 이야기를 지어내기도 했다.

내 생각에 보통 이런 이야기는 장군이 입은 작은 상처로 파상풍균이 들어와서 며칠 후 파상풍균의 독이 신경을 공격하는 바람에 경련을 일으킨 것을 보고 생겨난 소문이 아닌가 싶다. 특히 파상풍균으로 경련이 일어날 때 얼굴 근육까지 경련이 일어나면 얼굴 표정이 이상해지고 마치 웃는 것처럼 보이는 경우가 있다. 멀쩡해 보이던 사람이 갑자기 앓아누워서 움직이지 못하게 되었는데 이상하게 웃는 표정을 짓는다면 귀신이 씌었다는 전설이 생기기 쉬울 것이다.

파상풍은 당시 전쟁터의 병사들에게 흔히 나타나는 병이었다. 정신없이 싸울 때는 상처가 생긴 상태로 흙바닥에서 구르기 쉬워 상처를 통해 파상풍균이 들어올 가능성도 높아진다. 호국영웅기장을 받은 오옥균 할머니는 한국전쟁 당시에 소위였는데, 마산 제1육군병원에서 부상병을 치료하는 일을 하셨다고 한다. 오옥균 선생이 〈경북일보〉와 한 인터뷰에서 전쟁 당시 부상병의 모습을 설명하며 처음으로 언급했던 것이 바로 파상풍이었다. 오옥균 선생은 하루에 2백 명이 넘는 환자를 돌봐야 했다고 하는데, 모든 것이 부족한 전쟁 상황에서 파상풍에 걸린 병사들은 미처 손을 쓸 새도 없이 사경을 헤매다가 며칠 사이에 차례로 죽어갔다고 한다. 지금 육군에서는 파상풍 예방주사를 통해 병사들이 파상풍에 걸리지 않도록 각별히 신경을 쓰고 있다고 한다.

부상을 마다하지 않는 전쟁터의 용감한 병사들 외에 파상풍균이 노리는 또 다른 목표는 연약한 갓난아기들이다. 최근 한국에서는 파상풍에 걸리는 아기가 매우 드문 편이지만, 예전에는 많은 아기들이 파상풍에 희생되었다. 1970년대까지도 한국에서 파상풍에 걸리는 갓난아기는 적지 않았다. 1970년대 초 기사들을 살펴보면, 한국에서 파상풍에 걸려 세상을 떠나는 아기들이 한 해에 무려 7천 명이나 되었다고 한다.

녹슨 못에 찔리면 파상풍에 걸린다는 속설이 널리 퍼져있는데, 꼭 녹슨 못이 아니더라도 상처가 생기고 그 상처에 파상풍균이 들어가면 파상풍에 걸린다. 그렇다면 아기는 전쟁터에서 칼싸움을 하고 흙바닥을 구르지도 않았을 텐데 보통 어떤 경로로 파상풍균에 감염될까? 아기는 탯줄이 잘린다. 탯줄을 자르는 것도 살을 베어 상처를 내는 행동이다. 만일 이때 사용한 가위가 파상풍균에 오염되어 있다면 상처 속으로 균이 들어갈 가능성이 생긴다.

1970년대만 해도 병원에 가지 않고 집에서 출산을 하는 경우가 많았기에 이러한 사정을 잘 모르고 파상풍균이 묻은 가위를 쓰는 경우가 종종 있었던 것이다. 눈으로 봤을 때 깨끗이 세척하고 살균 처리를 했다고 해도, 내생포자로 변한 파상풍균은 끝까지 남아 있을 수 있다. 1973년 8월 16일 〈동아일보〉 기사를 보면 탯줄 자르는 가위는 끓는 물에 20분만 넣어두었다가 사용해도 세균 감염의 위험을 많이 줄일 수 있다고 이야기한다. 1972년을 '신생아 파상풍 없는 해'로 지정하는 등 많은 노력을 기울인 끝에 지금은 우리나라에서 파상풍 환자를 찾아보기 어려울 정도다. 그런데 아직까지도 세계 여러 나라에서는 파상풍에 걸리는 사람들이 적지 않다고 한다.

사람의 몸에 살상무기를 장착한다면

세상에는 세균이 내생포자가 되면 쉽게 죽지 않는다는 특징을 일부러 악용하는 사람들도 있다.

가장 악명이 높은 사례로 꼽을 만한 것은 탄저균Bacillus anthracis이다. 탄저균의 내생포자를 들이마시기만 해도 사람은 탄저병에 걸릴 확률이 매우 높고, 탄저병에 걸리면 기침을 하며 앓다가 결국 그중 일부는 사망하게 된다. 그러니까 탄저균을 많이 키워서 내생포자를 만들고, 해치고 싶은 사람들 앞에 그것을 뿌려서 들이마시게 하는 것만으로도 무서운 공격이 된다.

파상풍은 상처로 파상풍균이 들어가야 걸리지만 탄저균은 많이 들이마시기만 해도 병에 걸린다. 게다가 탄저균은 파상풍균과 달리 산소를 쐬어도 잘 죽지 않는다. 키우기도 쉽고 병에 걸리게 만들기에도 더 유리하다.

대장균 같은 세균을 사람 몸 바깥에 놔두면 얼마 지나지 않아 죽을 확률이 높다. 온도가 조금 높거나, 조금 춥거나, 충격을 받거나 하면 죽는 세균이 많은데, 만일 이런 세균을 무기로 사용하려면 보관하거나 운반하기가 매우 까다로울 것이다. 공중에서 뿌리면 땅에 닿기도 전에 죽어버리는 세균도 있다. 무기랍시고 세균을 만들어 창고에 쌓아놓았는데 세균이 굶어 죽지 않도록 계속 먹이를 주어야 한다는 성가신 문제도 생긴다.

그런데 탄저균은 내생포자로 변신하기 때문에 다루기가 간편하다. 사람에게 들어가 병을 일으키기 전까지는 내생포자 상태로 잠만 자고 있으므로 먹이를 줄 필요가 없다. 대충 아무 데나 방치한 채 보관해도 크게 신경 쓸 일이 없다. 특수 제작된 유리관에 세균을 담는다거나 하는 식으로 조심스럽게 운반할 필요도 없다. 실제 2001년 미국에서 탄저균 공격을 저지른 테러리스트는 탄저균을 아예 간편하게 가루 형태로 만들어서 우편으로 배송했다.

이런 세균은 다루기 쉽고 만들기도 비교적 쉽다는 점에서 무섭다. 만약에 테러리스트들이 핵무기를 만든다면 핵물질을 뽑아내기 위한 거대한 공장을 운영하거나 원자로를 건설해서 한참 작동시켜야 한다. 이런 짓을 하면 돈도 많이 들 뿐 아니라 운영하다가 발각되기도 쉽다. 이와 달리 탄저균은 탄저병에 걸린 동물로부터 세균을 추출해서 키우면 알아서 증식한다. 탄저병은 사람이 걸리기도 하지만 본래는 소나 양 같은 동물 사이에 더 널리 퍼져있는 병이다. 가축을 많이 키우지 않는 편이었던 한국에서도 1279년 고려시대 때 이미 탄저병 비슷한 것이 생겼다는 기록이 있다.

물론 탄저균을 구한다고 해도 그것을 키워서 새끼를 치게 해 수를 늘리고, 또 누군가를 공격하기에 유리한 내생포자로 바꾸는 일이 간단하지만은 않다. 탄저균 내생포자를 만들어서 그것을 어떻게 사람들이 많이 들이마시게 만드느냐 하는 것도 사실 복잡한 문제다. 하늘에서 아무렇게나 대충 뿌리면 바람에 흩어져 사람과 상관없는 곳에 포자상태 그대로 곱게 떨어지고 말 수도 있다.

그럼에도 작심하고 무서운 무기를 만들어 해를 끼치겠다고 제

탄저균을 배양한 모습

법 큰 조직이 결심한다면 다른 무기에 비해 탄저균 무기가 그렇게 멀리 있는 것은 아니라고 생각한다. 실제로 이미 몇십 년 전 제 2차 세계대전 때 전쟁을 위해 탄저균을 비롯한 세균을 생화학무기로 개발하고 실험한 나라가 있었다.

널리 세상을 이롭게 하는 평화 유지군

그래도 다행인 것은 내생포자로 변신하는 세균이라고 해서 다들 이렇게 병을 일으키는 것은 아니라는 사실이다. 내생포자로 변신하는 세균 중에서도 사람에게 그다지 해를 끼치지 않는 세균이 많다. 탄저균이 속하는 바실러스bacillus 속으로 분류되는 세균들을 보아도 병을 일으키는 종류가 그렇게 많지 않다. 바실러스 속의 세균 대다수는 해롭지 않고 평화를 사랑한다. 바실러스 속 세균 중에는 심지어 사람들이 음식으로 맛있게 먹는 것도 있다.

예를 들어 바실러스 속 세균 중에 Bt균Bacillus thuringiensis이라는 재미있는 세균이 있다. Bt균은 사람이나 동물 대부분에게 치명적이지 않은 온순한 세균이다. 쌀밥 속에서 발견되는 등 흔하기도 하다. 탄저균과 Bt균의 관계는 검은발고양이와 집고양이의 관계와 비슷하다고 말할 수 있는데, 사람에게 위험한 정도는 이렇게나 다르다.

Bt균도 역시 내생포자로 변신할 수 있다. Bt균은 짤막한 각목처럼 생겼는데, 보통 혼자 있지 않고 여럿이 줄줄이 붙어서 길게 기차 모양을 이루며 산다. 이렇게 길게 붙어있는 모양으로 지내면 다른 미생물이 자신을 잡아먹으려고 할 때 한입에 쏙 들어가는 크기가 아니므로 버티고 살아남기가 좀 더 쉽다. 같은 속인 탄저균의 모양도 마찬가지다.

Bt균이 재밌는 점은 사람에게는 큰 해가 없지만, 몇몇 곤충에게는 심각한 병을 일으킨다는 것이다. 나방 애벌레 중에는 Bt균을 먹으면 곧장 죽어버리는 것도 있다. 그래서 사람들은 Bt균을 아예 농약으로 만들어 채소에 뿌리는 방법을 개발했다.

이 방법은 장점이 아주 많다. Bt균 때문에 사람이 배탈 날 수도 있다는 연구가 있지만, 먹으면 치명적인 농약에 비할 바는 아니다. 그래서 다루기가 덜 무섭고 훨씬 편하다.

살충제를 땅에 뿌려놓으면 해충이 아닌 다른 작은 동물들도 그 것을 먹고 죽을 수 있지만, Bt균은 그런 위험도 적다. 영화 〈007 문 레이커〉에서 악당이 동물에게는 해가 없고 사람만 죽게 만드는 물질을 만들어서 그것을 우주선을 이용해 지구 전역에 살포하려 는 장면이 나온다. 지구의 모든 동식물은 평화롭게 잘 살게 하면 서 사람들은 싹 없애겠다는 것이다. 농부가 Bt균을 뿌리는 것이 바로 이와 비슷하다. 사람과 동물에게는 해를 끼치지 않으면서 농 작물을 갉아먹는 애벌레만 골라서 죽일 수 있기 때문이다.

이 방법은 발명된 지 오래되어서, 1960년대부터 이미 미국에서 는 Bt균을 제품으로 만들어 판매하고 있다. 지금도 Bt균은 세계의 많은 농가를 대상으로 Bt제 같은 이름으로 널리 팔리고 있다. 한 국에서도 어렵지 않게 구할 수 있다. 적지 않은 나라에서 Bt균은 인공적으로 합성한 살충제가 아니라 자연에서 추출한 성분으로 만든 것으로 분류하므로, 살충제 대신에 Bt균을 이용하면 '친환 경'이라든가 '유기농' 작물로 인정해준다. 얼마 전에는 아예 유전 자 조작으로 Bt균을 뿌릴 필요가 없는, 농작물 자체가 Bt균의 성 질을 갖고 있는 Bt작물까지 개발되었다. 한국에서도 이를 이용한 다양한 연구가 진행 중인데 서울대학교의 강석권 교수 연구팀이 1990년대에 Bt균으로 농약을 만든 연구 보고서는 누구나 쉽게 열 람할 수 있다.

이런 보고서를 보면 거의 항상 앞부분에 나오는 것이 활용하기 좋은 세균을 찾는 일에 관한 내용이다. 그러니까 여러 Bt균 중에서도 더 잘 자라고, 더 다루기 쉽고, 더 효과가 좋은 것을 찾아서 그것을 키우려고 시도한다는 이야기다.

어떤 세균들이 같은 종種, species으로 분류되더라도 사람 입장에서는 상당히 다르게 작용하는 경우가 자주 나타난다. 단적인 예로 대장균 중에 O157은 사람 배 속에 들어가면 심각한 식중독을 유발한다. 본래 대장균이라는 종은 사람 대장 속에서 평생 살아가는 세균인데 그것과 같은 종이면서도 어떤 세균은 사람을 쓰러지게 만든다.

개로 비유해보자면, 이것은 같은 개이지만 품종이 다른 것과 비슷하다. 불독과 치와와가 개라는 같은 종이지만 겉모습도 성향도 매우 다른 것처럼, 같은 종의 세균이라 하더라도 사람에게 작용하는 효과는 다를 수 있다는 말이다. 그렇게 보면 일반적인 대장균은 주인을 반기는 요크셔테리어 강아지이고, O157은 숲속에서 먹이를 노리며 숨죽이고 기다리는 늑대라고 상상해볼 수도 있다.

이처럼 사람의 신체에 작용하고 반응하는 방식이 제각기 다르기 때문에 세균을 활용하는 사업을 할 때에는 이곳저곳에서 세균을 채집해 어떤 것이 효과가 좋은지 비교해보는 일을 한다. 예컨대 Bt균을 키워서 농약을 만드는 사업을 한다면 전국 각지에서 흙을 조금씩 퍼 와서, 그 안에 Bt균이 머물고 있는지 살펴보고, 있다면 어느 흙에 있는 Bt균이 잘 자라고 다루기 편하고 효과가 좋은지 비교해보는 것이다.

이것은 마치 처음 고양이를 길들여보겠다고 결심한 옛사람이 산속 이곳저곳의 야생 들고양이를 잡으러 다니면서 어떤 것이 키우기 좋은지 비교해보는 것과 유사하다. 어떤 고양이가 온순한 편인지, 집 안에서도 잘 살 수 있는지, 너무 호기심이 강해서 책을 찢거나 두루마리 휴지를 물어뜯는 것을 지나치게 좋아하지는 않는지 살펴보고 제일 적당한 품종을 길들이려고 하는 것이나 다름없다.

2003년 8월 연하초등학교 이인용 선생님이 전국과학전람회에 출품한 자료를 보면, 강원도 지역 50곳에서 흙을 채집해 Bt균이 살고 있는지, 어느 세균이 더 활용하기 좋은지 살펴보려고 했다는 내용이 있다. 누에를 대상으로 실험해본 결과, 치악산에서 잡은 Bt균이 효과가 좋은 편이었다고 한다. 강석권 교수 연구팀의 보고서를 보면 1990년대에 미국의 한 농약 회사는 세계 57개국에서 가져온 흙을 연구해 더 좋은 Bt균을 찾으려고 했다는 언급도 있다. 마치 세균을 사냥하러 방방곡곡으로 다니는 것 같은 모습이다.

빙하 속 잠들어 있던 세균이 깨어난다면

최근 몇 년간 세계 곳곳에 있는, 세균을 채집하는 사람들 사이에서 무시무시한 이야기가 돌고 있다. 잠들어 있던 세균이 기후 변화 때문에 아주 오래간만에 깨어날 수도 있다는 것이다.

예를 들어 먼 옛날, 시베리아의 매우 추운 지역이 잠깐 따뜻하고 살기 좋아져 한 세균이 살게 되었고, 날씨가 다시 추워지는 바람에 그 시기를 버티기 위해 내생포자로 변신했다고 하자. 그는 얼어붙은 땅속에서 내생포자 상태로 오랫동안 계속 버틴다. 그런데 21세기에 들어 기후 변화로 꽁꽁 얼어붙었던 지역이 다시 녹아내리게 되고, 그곳에 잠들어 있던 먼 옛날의 내생포자가 마침내 깨어나게 된다는 시나리오다.

이런저런 상상을 많이 해보는 사람들은 이런 내생포자 중에 위험한 것이 있을지도 모른다고 생각하기도 한다. 지금과 전혀 다른 시대에 살다가 잠든 세균은 지금 세상에 사는 생물들이 적응하기 어려운 이상한 특성을 갖고 있을지도 모른다. 얼어붙은 땅에서 무시무시한 전염병 세균이 오랜만에 깨어나는 일이 생겨날 가능성도 있지 않을까? 그 정도까지는 아니더라도, 혹시 다른 생물들에게 해를 끼쳐서 생태계를 갑자기 뒤바꾸는 일이 생기지는 않을까 하는 걱정이 드는 것이다.

이런 상상은 미라가 나오는 공포 영화에서 수천 년 동안 잠들어 있던 고대의 괴물이 되살아나 사람들을 공격한다는 이야기와 비슷하기도 하고, 빙하 속에 갇혀있던 공룡이 우연히 흘러들어 와서 서울에서 깨어났다는 만화와 비슷하기도 하다. 실제로 2007년의 한 연구 자료를 보면, 그린란드의 얼음 속에 잠들어 있던 내생포자를 발견했는데 295년 묵은 것이 깨어난 것 같다는 이야기가 실려있기도 하다.

이 연구에서는 내생포자로 변신한 세균이 그보다 훨씬 더 오랫동안 잠들어 있는 것도 가능할 것 같다고 주장한다. 수천 년은 물론이요 수십만 년, 수백만 년 동안 잠들어 있던 내생포자가 다시 깨어나는 일도 가능하다는 것이다. 이런 이야기는 화젯거리가 되기 마련이어서, 천 년 동안 잠든 세균을 다시 깨웠다거나 만 년 동안 잠든 세균을 다시 깨웠다는 연구는 잊을 만하면 한 번씩 나온다. 심지어 2000년에는 미국 웨스트체스터대학교의 브리랜드Vreeland 박사 연구팀이 지하 깊은 곳에서 2억 5천만 년 동안 잠들어 있던 세균을 다시 깨운 것 같다는 보도가 나오기도 했다.

이런 이야기 중에는 나중에 확인했을 때 실험에서 실수나 오류가 있었던 것으로 나타나는 일도 자주 있다. 오래전 얼음 한가운데에 잠들어 있던 세균을 깨웠다고 생각했는데, 사실은 실험실로 얼음을 들고 오는 길에 자기 손에 묻은 세균이 내생포자로 변해 그 사이에 흘러들어 간 것을 보고 착각한 것일 수도 있다.

그렇지만 아무것도 안 하고 잠만 자는 내생포자가 어지간한 다른 생물의 삶에 비해서는 놀라울 정도로 긴 시간 동안 버틸 수 있다는 점만은 사실이고, 그에 관한 갖가지 실험이나 도전은 계속되고 있다. 그렇다 보니 내생포자로 변신하는 세균을 두고 무기나 농약으로 사용하는 것을 넘어서 더 이상한 발상을 해보는 사람들도 있다.

영화 〈에일리언〉을 보면 드넓은 우주를 여행하기 위해 장기간 우주선을 타고 가는 것이 힘드니까 사람을 동면시켜서 몇 년, 몇십 년이고 우주를 날아가는 장면이 나온다. 가까운 행성이라고 해도 우주는 넓어서 평범한 기술로 거기까지 가는 데에는 너무나 오랜 시간이 걸리므로 사람을 냉동 보존해서 우주여행을 시킨다는 이야기는 SF물에서 자주 나오는 장면이다.

그렇지만 현재의 과학 기술로는 사람을 냉동 보존해서 몇십 년간 자게 할 수도 없고, 몇십 년을 열심히 날아간다고 해도 지구에서 가장 가까운 곳조차 다다르기 어렵다. 태양계 밖에서 지구와 가장 가까운 별은 센타우루스자리 프록시마 별인데, 이곳까지의 거리가 4광년 정도다. 전남 나로도에서 발사했던 나로호 로켓의 최대 속력이 시속 2만 킬로미터에서 3만 킬로미터 정도인데, 이 속력으로 간다고 해도 센타우루스자리 프록시마 별까지 가려면 17만 년 가까운 시간이 걸린다. 17만 년 동안 사람을 우주선 안에서 살게 하는 것도, 그 시간 동안 사람을 얼려서 보관하는 장치를 유지하는 것도 대단히 어려운 일이다.

하지만 세균을 보내는 일이라면 가능할지도 모른다. 내생포자로 변신한 세균을 20만 년 정도 버틸 수 있는 두툼한 통에 담아 날려 보내면, 17만 년 정도는 거뜬히 버틸 수 있을 것 같기도 하다. 그렇게 해서 세상 그 누구도 가보지 못했던, 외계 행성의 전혀 다른 땅에 우리가 보낸 세균이 떨어지면, 통이 열리고 거기에서 나온 세균이 다시 자라나고 그곳에서 새끼를 치며 자꾸 늘어나 그먼 외계 행성을 뒤덮을지도 모른다.

2009년에 경남 함안에서 700년 동안 숨겨져있던 고려시대의 연꽃 씨앗이 몇 개 발견된 적이 있었다. 그 씨앗을 다시 심자 그중 몇 개는 꽃을 피웠다. 잘만 하면 세균을 20만 년 정도 잠자게 하는 일도 가능하지 않을까? 세균을 머나먼 우주 저편으로 날려 보내는 일을 대체 왜 해야 하는지는 조금 다른 문제지만, 17만 년 동안 잠자는 세균을 외계 행성으로 날려 보내어 그곳에 지구의 생명을 퍼뜨리는 일은 일단 상상은 해볼 만하다.

7장

감시자

언제 어디에나 있는 오랜 친구들

세균이 젊음을 유지하는 것은 신기한 일이고, 세균이 자기 몸을 방어하면서 긴 세월 아무것도 하지 않고 버티는 것도 우리가 따라 하기란 정말 어려운 일이다. 그렇지만 사람들이 오랫동안 정말로 믿기 어려워 한 세균의 놀라운 점은 바로 '언제 어디에나 있다'는 점이었다.

세균에 대해 다양한 이야기가 많이 알려진 지금도 사람들이 흔히 가장 많이 떠올리는 세균의 특징은 아마 세균이 이 세상 곳곳에 숨어있다는 사실일 것이다. 많은 사람들이 당장 자기 손바닥에만도 세균 몇 마리쯤은 있을 것이라고 짐작하며, 이는 대체로 맞다.

아무도 없는 허허벌판 외딴 곳에 동물 한 마리가 뛰어놀고 있다고 해보자. 주위를 둘러봐도 그 동물 주변에는 아무도 없는 것 같다. 그렇게 아무도 없는 벌판을 혼자 한참 달리다가 어느 날 더 이상 달리지 못할 만큼 지쳐서, 홀로 쓰러져 죽었다고 가정해보자. 아무도 찾지 않는 드넓은 초원 한가운데라면, 몇 년이 흘러도 그 동물이 세상을 떠났다는 사실을 다른 어떤 동물도 모를 수 있다.

그런데 한 동물이 쓰러지면 세균은 기가 막히게 알아차리고 누구의 발길도 닿지 않는 그곳으로 찾아와 그 위에서 번성한다. 쓰러진 동물의 몸을 갉아 먹고 녹여 먹는다. 그렇게 동물은 흙으로 돌아간다. 이런 현상은 언제 어디서나 일어난다. 얼음이 녹지 않는 아주 추운 남극, 북극의 일부 지역을 제외하면 지구에서 세상을 떠나는 생물에게 건네는 마지막 작별인사는 언제나 세균의 몫이다. 아시아든지 유럽이든지, 깊은 산 속이든지 도시 한가운데든지, 심지어 바닷속이나 땅속에서 삶을 마친다 하더라도 세균이 나타나 그 동물의 몸을 거두어간다.

세균은 늘 우리를 어디선가 지켜보다가 때가 되면 천상에서 내려오거나 지하에서 올라오는 것 같기도 하다. 그러나 사실 세균은 항상 우리 곁에 있다. 박테로이데스는 항상 우리 배 속에서 즐겁게 살아가고 있고, 대장균도 우리 배 속이 고향이자 일터이자 집이다. 그 외에 우리 피부에도 여러 세균들이 퍼져서 오손도손 잘 살아가고 있다.

포도상구균과 그람 염색

사람 피부에 사는 세균 중에 가장 흔히 발견되는 것은 표피포도상구균Staphylococcus epidermidis이다. 표피포도상구균이라는 이름은 표피表皮, 그러니까 피부 바깥쪽에 사는 포도상구균이라는 뜻이다. 그리고 포도상葡萄狀은 포도 모양이라는 뜻이고, 구균球菌, cocci은 동글동글한 공 모양 세균이라는 뜻이다. 그래서 포도상구균을 조금 쉬운 말로 '포도알균'이라고도 한다.

표피포도상구균은 실제로 동글동글한 공 모양인데 마침 여러 개가 뭉쳐서 사는 습성이 있어서 이를 현미경으로 크게 확대해보면 이름 그대로 포도 모양과 비슷하다. 공식 학명을 영어식으로 발음해보면, 스타필로코쿠스 에피더미디스인데, 이 역시 뜻을 살펴보면 스타필로가 포도 모양이라는 뜻이고 코쿠스가 구균, 에피더미디스가 표피라는 뜻이다.

한창 공부에 몰두하던 시절에 나는 스타필로코쿠스 에피더미디스를 언급하는 것을 무척 좋아했다. 어려운 단어인데 길이도 길어서, 누구에게 '스타필로코쿠스 에피더미디스'라고 말하면 뭔가 대단한 것을 하고 있는 것처럼 잘난 척하기에 좋았기 때문이다. 발음이 길게 이어지므로 뭔가 열심히 말하고 있다는 느낌을 줄 수도 있다. 예를 들어서 어떤 세균에 대한 발표를 듣고 나서 질문을 해야 할 때 "설명해주신 기법이 스타필로코쿠스 에피더미디스같이 흔한 세균에도 적용이 가능하다고 보십니까?"라고 말하면, 사실 질문의 내용은 "다른 세균에도 똑같이 적용되나요?"이지만 단어가 길기 때문에 왠지 심각하게 고민하고 질문한 것 같았다. 무엇보다 스타필로코쿠스 에피더미디스는 글자 수가 많기 때문에 글의 분량을 늘려야 할 때 유용했다. 게다가 발음할 때의 운율도 어딘가 흥겨운 느낌이었다. 스타필로코쿠스 에피더미디스! 스타필로코쿠스 에피더미디스!

스타필로코쿠스 에피더미디스, 즉 표피포도상구균은 포도상구균 속으로 분류된다. 그러니까 표피포도상구균이라는 종 말고도 다른 종이 있다는 이야기다. 포도상구균이 사진에서 보라색으로 나타나는 것은 세균을 볼 때 흔히 그람 염색Gram stain이라는 방법으로 색깔을 입혀서 보기 때문이다. 많은 세균이 색깔 없이 투명하거나 잘 구분이 되지 않는 색을 띠기 때문에 현미경으로 봐도 선명하게 보이지 않는 경우가 많다. 그래서 예로부터 세균만 물들일 수 있는 약품을 뿌려 선명한 색깔로 염색한 후에 현미경으로 관찰하는 방법을 많이 사용했다.

그람 염색법의 기본은 세균에게 보라색을 입히는 특정한 약품을 뿌려서 관찰하는 것이다. 나는 그람이 포도상구균을 진짜 포도처럼 보이게 하려다가 엉겁결에 세균을 염색하는 방법을 개발한 것은 아닐까 하고 생각한 적도 있다. 현재 우리가 사용하는 그람 염색법은 이것이 최초로 개발되었을 때와는 조금 차이가 있지만 여전히 이것을 개발한 덴마크 학자 한스 크리스티안 그람Hans Christian Joachim Gram의 이름을 따서 그람 염색이라고 부른다. 그람이 이 염색법을 개발한 시기는 19세기 후반으로, 시기를 따져보면 사람들이 포도상구균을 처음 발견하고 몇 년 뒤다.

그람 염색법에 사용하는 보라색을 띠는 약품은 세포벽이라고 하는 세균의 껍질 부분에 스며서 달라붙게 된다. 상당수 세균은 이 껍질 부분이 펩티도글리칸peptidoglican이라는 물질로 되어있다. 세균의 세포벽이 펩티도글리칸으로 두껍고 단순하게 만들어져 있으면, 거기에 그람 염색법에 쓰이는 이 보라색 약품이 잘 붙는다.

과학적인 것과는 아무 상관이 없지만, 나는 그런 세균들은 양털처럼 푹신한 털이 두툼하게 덮인 모양이라고 상상하면서 그람 염색법에 대해 기억했다. 그런 양털이 없는 세균의 겉면은 등딱지라든가 고슴도치 등처럼 좀 더 복잡한 모습이라고 상상했다. 실제로 그런 세균들은 그람 염색의 보라색 물이 들지 않는다. 그래서 그람 염색을 했을 때 보라색 물이 잘 들면 그런 세균을 그람(+) 또는 그람 양성 세균이라고 한다. 보라색 물이 잘 들지 않으면 그람(-) 또는 그람 음성 세균이라고 한다.

현대의 그람 염색에서는 기존의 방법으로 물이 잘 들지 않는 경우를 대비해서 보라색 물질보다 훨씬 염색이 잘 되는 분홍색 물질을 다시 한 번 마지막에 뿌린다. 그래서 그람(-) 세균이라고 해도 아무런 색을 띠지 않는 것이 아니라 분홍색으로 물들어 있는 모습으로 나타난다. 다시 말해 세균을 놓고 처음에 보라색 물감을 한 번 뿌리는데, 세균이 양털로 뒤덮여 있으면 바로 보라색 물이 들고, 양털 대신 딱딱한 껍질로 덮여있어 보라색으로 염색되지 않은 세균들은 그다음에 뿌리는 분홍색 물로 염색이 된다고 상상해 볼 수 있다.

그람 염색을 했을 때 처음부터 물이 잘 들어서 보라색으로 보이느냐, 즉 그람(+)냐, 혹은 그렇지 않아서 나중에 칠한 색깔인 분홍색으로 보이느냐, 즉 그람(-)냐 하는 것은 세균을 나누는 기준으로 유용하게 쓰인다. 내생포자를 만드는 세균은 대체로 그람(+)인 경향을 보인다.

개발된 지 백 년이 넘었지만 여전히 그람 염색법은 다용도로 잘 사용된다. 그람 염색법은 쉽고 빠르게 사용할 수 있는 방법이기도 하다. 그래서인지 세균에 관한 내용이 나오는 교과서나 책을 보면 세균을 하나씩 소개할 때마다 거의 매번 그 세균이 그람(+)인지 아닌지를 먼저 언급하면서 시작한다.

맨눈으로 세균을 구분할 때도 이러한 성질은 매우 유용하다. 예를 들어 대장균이나 파상풍균은 둘 다 길쭉한 소시지 모양이다. 이런 형태의 세균을 간균杆菌, bacillus이라고 한다. 이 두 세균을 그람 염색하면 파상풍균은 그람(+)라서 보라색으로 보이지만 대장균은 그렇지 않아 쉽게 구별할 수 있다.

예전에 이것을 기억하기 위해 나는 '보라색 그람(+)'의 단어 앞 글자를 따서, '보그'라는 말과 연상해 외웠다. 패션 잡지 〈보그〉에 나온 두꺼운 털 코트만 입고 있는 매력적인 세균 하나가 있는데, 그 세균은 잘 때 코트로 몸을 감싸고 내생포자로 변신한다고 이야기를 꾸며보기도 했다.

우리의 스파링 파트너, 표피포도상구균

표피포도상구균은 우리 몸 표면에서 항상 살아가고 있는 만큼 보통은 사람에게 별다른 해를 끼치지 않는다. 이 세균이 우리에게 해를 끼치는 것이라면 땀 냄새나 발 냄새를 나게 하는 정도다.

사춘기가 지나면 땀샘 일부에서는 찌꺼기나 다름없는 단백질이나 기름 성분이 조금씩 나온다. 이런 것들 중에 원래부터 냄새가 강한 것은 별로 없다.

그런데 표피포도상구균같이 피부에 사는 여러 세균이 이 단백질과 기름 찌꺼기를 분해해서 다른 물질로 바꾼다. 표피포도상구균이 땀샘에서 나오는 찌꺼기를 즐겁게 요리해서 먹고 트림을 하며 다른 물질을 내뿜는다고 생각해도 좋겠다. 이렇게 뿜어져 나오는 물질들은 공기 중으로 잘 날아다니고, 냄새가 훨씬 강하다.

피부 위에 사는 세균의 종류와 숫자는 사람마다 다르다. 게다가 땀 속에는 다양한 물질이 들어있으므로 냄새는 복잡하고 다양하며, 사람마다 그 강도도 다르고 냄새가 나는 위치도 조금씩 다르다. 그 사람이 키우는 강아지가 반겨줄 정도로만 희미하게 사람 냄새를 내는 경우도 있고, 반대로 제발 팔을 들어 겨드랑이를 드러내는 동작만은 취하지 말아달라고 공손하게 편지를 쓰고 싶어지는 경우도 있다.

또 어떤 사람들은 자신이 좋아하는 사람의 체취가 좋다고 말하기도 한다. 그 체취를 만들어준 것은 다름 아닌 그 사람 몸 위에서 사는 다양한 세균들이다. 즉 이것은 한 사람 몸에 사는 수많은 세균들이 협력해서 만들어낸 냄새에 다른 사람이 이끌렸다는 이야기다. 그렇다면 표피포도상구균은 사랑을 이루어지게 하는 데에도 공을 세우고 있는 셈이다.

표피포도상구균이 사람을 적극적으로 도와준다는 또 다른 근거로는 표피포도상구균이 다른 세균을 막아내는 데 도움을 준다는 사실도 있다. 2012년에 나온 연구 결과를 보면, 평소에 큰 문제를 일으키지 않는 표피포도상구균이 피부 위에 머물면서 사람의 세포가 다른 세균과 싸우는 힘을 갖도록 도와주는 역할을 하는 것 같다고 한다. 나는 이것을 표피포도상구균이 머물면서 무예를 연마하는 사람 세포와 주먹을 주고받으며 훈련 상대가 되어주는 느낌이라고 상상한다. 표피포도상구균은 사람 세포의 스파링 파트너가 되어 사람과 함께 지내고, 사람은 그렇게 세균과 친숙하게 지내면서 나중에 험한 세균이 공격해올 때에 그것을 막아내는 힘을 기른다.

물론 표피포도상구균이라고 해서 언제나 평화롭고 순하기만 한 것은 아니다. 사람 몸이 약해지고 상처가 생겨서 때마침 표피포도상구균이 번성할 위험이 생기면 상황이 변한다. 그럴 때에는 평소에는 해를 끼치지 않는 표피포도상구균이라 해도 간혹 병을 일으킬 수 있다. 크게 다친 이후라든가, 몸이 허약해졌을 때 특히 문제가 된다. 표피포도상구균의 먼 친척뻘인 황색포도상구균은 병을 일으킬 위험이 좀 더 큰 것으로 알려져 있다.

상처가 생긴 뒤에 세균에 감염되어 붓고 열이 난다든가 하면서 아프거나, 혹은 살갗에 뭔가 하얀 것이 볼록 튀어나온다든가 하는 경우에는 포도상구균이 갑자기 날뛴 것이 원인인 경우가 자주 있다고 한다. 그래서 수술한 환자가 있는 병원에서는 특별히 피부에 사는 세균이 번성해 사람에게 병을 일으키는 문제를 조심하는 편이다.

살다 보면 손끝이나 손톱 주위가 빨갛게 부어오르고 건드리면 유독 더 아픈 경우가 가끔 있는데 2017년에 나온 톰착 선생의 연구에 따르면 이 역시 몸의 면역체계에 허점이 생겼을 때 포도상구균을 비롯한 여러 세균에 함께 감염되어 일어나는 증상이라고 한다.

질병관리본부의 건강정보 자료에는 어린이들의 귀에 생기는 중이염이라든가, 눈에 나는 다래끼 역시 포도상구균 무리가 이상하게 자라나는 것을 중요한 원인으로 본다. 몸 위에서 흔히 사는 세균인 만큼 그런 잡다한 감염을 일으킬 기회도 많다.

식중독을 일으키는 주범들

표피포도상구균보다 좀 더 해로운 편이라는 황색포도상구균은 식중독의 원인으로도 자주 지목받는다.

질병관리본부의 〈황색포도상구균 식중독 예방법〉이라는 자료를 보면 표피포도상구균을 비롯한 포도상구균들이 식중독을 일으키는 경우는 거의 없는데, 황색포도상구균만은 식중독의 원인이 될 수 있다고 알리고 있다. 황색포도상구균이 음식에 들어가서 음식에서 새끼를 치고 번성할 때 그 속에서 사람이 먹으면 배탈이 나는 물질을 뿜고 다닌다. 이것을 개에 비유해보자면, 표피포도상구균은 진돗개이지만 황색포도상구균은 황야를 떠도는 자칼과 같은 느낌이다. 둘 다 같은 개 속으로 분류된다는 점에서 먼 친척이지만, 습성은 다르다는 이야기다.

또한 이 자료에서 황색포도상구균으로 인한 식중독을 막기 위한 방법으로 가장 먼저 제시한 것은 손을 깨끗하게 하라는 것이다. 포도상구균 종류는 사람 피부에 항상 살고 있는데 그중에 황색포도상구균이 많을 수도 있으니 그것이 음식에 들어가지 않도록 주의하라는 의미다. 그리고 사람의 손에 뭔가 하얗게 난 것이 있거나 붓고 아프면 그것은 포도상구균 종류의 감염으로 생긴 것일 수 있으니 그런 사람은 음식을 만지거나 요리를 하면 안 된다고 안내한다.

한편 황색포도상구균이 사람 피부에 보금자리를 두는 것을 보면 알 수 있듯이, 이 세균은 체온에 가까운 온도에서 잘 산다. 이 균은 10도에서 45도 사이의 온도에서 자라난다고 한다. 그러므로 황색포도상구균이 자라지 못하는 5도 이하로 차갑게 음식을 보관하는 것이 중요하다. 그렇지 않고 따뜻한 곳에 음식을 두면 흔하게 퍼져있는 황색포도상구균 중 일부가 우연한 기회로 음식에 조금 들어갈 수도 있고, 그렇게 되어 만일 그 세균들이 불어나면 독성 물질이 마구 생겨나며 음식이 상한다.

이런 점은 식중독 세균의 황제라고 할 수 있는 살모넬라Salmo-nella와도 비슷하다. 살모넬라는 살모넬라라는 속의 이름이다. 살모넬라 속으로 분류되는 세균의 종은 다양하다. 이들은 본래 닭과 같은 동물의 배 속에서 살아가는데, 이것이 어쩌다가 닭고기나 달걀에 묻어서 나오면 식중독의 원인이 될 수 있다. 만일 그렇게 오염된 닭고기나 달걀이 다른 음식이나 손에 묻어서 다른 곳으로 옮겨지면 식중독이 전달될 수도 있다. 살모넬라 역시 따뜻한 온도에서 잘 자라난다.

살모넬라와 황색포도상구균이 병을 일으키는 방식에는 차이가 있다. 황색포도상구균의 경우, 세균이 살면서 뿜어놓은 독성 물질

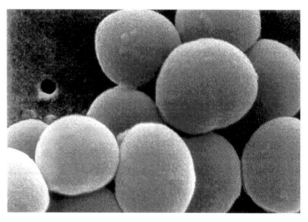

황색포도상구균을 확대한 모습 | 그림과 같이 보라색으로 염색이 잘되는 그람 양성 세균이다.

을 먹으면 그 독성 물질 때문에 배탈이 나지만 살모넬라는 직접 사람 배 속으로 들어가 그 안에 살면서 배탈을 일으킨다. 그래서 살모넬라가 있는 음식이라 하더라도 뜨겁게 열을 가하면 세균이 죽어버리기 때문에 잘 익혀 먹으면 안전하다.

황색포도상구균이 많은 음식은 익히면 세균은 죽겠지만 세균이 사는 동안 뿜어낸 독성 물질은 그대로 남아있다. 그래서 한번 황색포도상구균이 번진 음식은 익혀도 안심할 수가 없다. 독약을 아무리 끓여도 독약은 독약인 것과 마찬가지다.

맛있는 발효음식을 만들기 위해서

세균 중에 음식과 관련해서 완전히 다른 이유로 골치 아픈 것으로는 류코노스톡Leuconostoc 속으로 분류하는 세균을 꼽을 수 있다. 동글동글한 모양으로 줄줄이 붙어서 자라나는 이 세균들은 추운 곳에서도 끝까지 살아남는다.

류코노스톡은 냉장 보관하고 있는 음식 속에서 살아가면서 그 음식을 먹고 다른 물질을 내뿜는다. 어떤 것은 물컹한 물질을 만들어내서 한눈에 봐도 썩은 것처럼 보이게 하고, 어떤 것은 기체를 뿜어내어 포장해놓은 음식을 빵빵하게 부풀어 오르도록 만들기도 한다. 냉장 유통시키는 고기나 포장 음식 같은 것에 음식을 상하게 하는 류코노스톡이 들어가서 퍼지면, 식품유통업자가 전기요금을 써가며 냉장을 했는데도 제품이 썩어버렸다고 한탄하는 일이 생길 수 있다.

이러한 특징 때문에 류코노스톡에 대한 연구는 꾸준히 이어졌고, 쇼 선생이나 요한나 뵤르크로스 선생 같은 학자들이 류코노스톡 중에서 물컹한 물질을 만드는 종을 류코노스톡 겔리디움leuconostoc gelidium이라고 이름 붙였고, 기체를 내뿜어 음식 포장을 부풀어오르게 하는 것을 류코노스톡 가시코미타툼Leuconostoc gasicomitatum이라고 이름 붙이기도 했다.

그런데 류코노스톡이 추운 곳에서도 잘 살 수 있다는 점을 역이용하는 사람들도 있다. 류코노스톡을 일부러 음식에서 살게 하고, 겨우내 그 세균들이 바꿔놓은 음식을 수백 년 전부터 즐겨온 사람들이 있다.

바로 한국인이다. 김치를 담가서 익힐 때 김치 속에서 자라나는 세균 중에 대표적인 것이 류코노스톡이다. 김치를 담가서 김장독에 넣어 겨울 동안 묻어두면, 추운 날씨 속에서도 살아남는 류코노스톡이 김치를 갉아먹고 여러 다른 물질들을 내뿜는데 그 물질들이 김치의 독특한 맛을 내는 데 도움을 준다.

김치 연구에 대한 한국의 열정은 기이할 정도이다. 한국의 공무원들이라고 해서 특별히 김치를 많이 좋아할 것 같지는 않은데, 한국 정부가 지원하거나 한국 정부가 추진하는 김치에 관한 연구는 대단히 많은 편이다.

어떤 연구를 제안할 때, 이 연구를 왜 꼭 한국에서 해야 하는가,

이 연구를 하면 한국에 무슨 도움이 되는가, 한국에서 그에 대한 연구를 하면 다른 나라보다 잘할 수 있는가, 이런 연구에 돈을 쓴다고 하면 더 높은 직급의 공무원들이 이해해줄 수 있는가 하는 내용을 공공기관에 납득시키는 것은 무척 어렵고 고통스러운 일이다. 그렇지만 김치에 대해 연구한다고 하면 이 모든 지난한 과정을 단번에 통과하는 느낌이다.

어떤 과학 연구를 하면 어느 분야에 의미가 있고 얼마나 가치가 있을 것 같다고 복잡하고 길게 설명하면서 얼마나 돈을 벌 수 있을지 이야기하는 것보다 "김치에 관한 연구입니다"라고 한 마디 하는 것이 다들 끄덕끄덕하며 쉽게 설득되도록 만드는 것 같다. 김치가 독감에 좋다거나, 아토피성피부염에 좋다거나, 식품 알레르기에 좋다는 연구가 지금도 계속 나오는가 하면, 2008년에 이소연 박사가 국제우주정거장에 가서 처음으로 우주 실험을 하기 위해 데려간 생물도 다름 아니라 김치에 있던 세균인 류코노스톡이었다.

이렇게 다양한 연구가 지속적으로 이루어지다 보니 김치의 발효 과정도 어느 정도 밝혀져있는 편이다. 결국 우리가 발효라고 부르는 것도 사실은 세균이 음식이나 재료를 먹어치워서 뭔가 다르게 바꾸는 과정이다. 그 결과 가치가 없어지면 부패했다거나 썩었다고 하고, 이전보다 가치가 높아지면 발효되었다는 좋은 표현으로 바꾸어 부르는 것일 뿐이다.

음식을 발효시킬 때는 보통 사람에게 해가 되지 않는 몇몇 미생물은 잘 활동하게 만들고, 사람에게 병을 일으키거나 음식 맛을 없어지게 하는 것은 억제되도록 하는 방식을 사용한다. 김치는 그런 방식으로 세균을 이용해서 재료를 변하게 하고 그렇게 해서 더 오묘한 맛을 이루어내는 대표적인 발효 식품이다.

이렇게 세균을 이용하는 방식을 쓰는 음식으로는 요구르트와 치즈가 있다. 이와 달리 간장, 된장, 빵이나 대부분의 술은 곰팡이나 효모를 이용해 발효시킨다. 효모도 사람 눈에 보이지 않을 정도로 작은 미생물이긴 하지만 대체로 세균보다는 크고, 내부 구조도 세균보다는 사람에 훨씬 가까운, 핵이 있는 생물이다. 그러니까 같은 발효식품이라고 해도 요구르트, 치즈, 김치는 세균이 만들어내는 것이고 간장, 빵, 술은 곰팡이가 만들어내는 것으로 방식이 크게 다르다.

술 중에 일부 예외로 효모가 아니라 세균을 이용해서 만드는 것이 있기는 하다. 멕시코 지역의 전통 술인 풀케가 여기에 해당한다. 요즘은 데킬라도 다른 술처럼 효모를 이용해 만드는데, 예전에는 세균으로 만드는 술인 풀케를 다시 가공해 데킬라를 만들었다고 한다. 최근에는 세균으로 알코올을 만들면 효모로 알코올을 만들 때보다 더 빠르고 값싸게 만들어낼 가능성이 있다고 보고, 휘발유 대신에 술을 연료로 써보려는 목적으로 멕시코 전통주의 세균을 에너지 문제 해결을 위해 활용해보려는 시도가 이루어지기도 했다.

세균을 이용해서 발효시키는 식품 중에 우리에게 친숙한 다른 예로는 청국장이 있다. 된장이나 간장은 주로 효모와 곰팡이가 콩을 장으로 바꾸는 역할을 한다. 하지만 청국장은 주로 곰팡이가 아니라 고초균이 발효를 담당한다.

고초균枯草菌, Bacillus subtilis은 마른 풀에 있는 균이라는 뜻이다. 전통 방식으로 청국장을 담글 때는 이름과 어울리게 콩 위에 볏짚을 올려놓는다. 그러면 볏짚에 붙어있던 세균이 콩에 떨어져서 콩을 갉아먹기 시작한다. 이때 주위 환경이 괜찮다 싶으면 다양한 세균 중에서 사람에게 해롭지 않은 고초균이 주류가 되어 다른 세균들과 함께 번성한다. 그러면서 콩의 단백질과 당분을 갉아먹고는 갖가지 오묘한 맛과 향기를 내는 물질을 내뿜어서 콩을 청국장으로 바꾼다.

이렇게 이야기하면 고초균을 볏짚에만 붙어사는 세균으로 오해할 수도 있지만, 사실 고초균은 온갖 곳에 널리 퍼져있는 흔한 세균이다. 고초균은 Bt균과 같은 바실러스 속으로 분류되는 만큼, 살기 어려운 시기에는 내생포자로 변신해서 오랫동안 아무것도 안 하고 버티면서 바람 따라 물결 따라 먼지처럼 떠다닐 수도 있고, 길쭉한 소시지 모양의 몸체에 꼬리가 달려있어서 필요하면 움직일 수도 있다. 그렇다 보니 고초균은 흙에도 살고 흙먼지와 함께 날려 다니기도 하고, 사람 살갗 위나 우리 주변에 아주 흔하게 널려 있다.

밥이 쉬었다면 바로 이 고초균이 큰 역할을 했을 수 있다. 밥뿐만 아니라 고기를 비롯한 온갖 음식이 상할 때 고초균이 활약할 때가 많다. 특히 고초균이 단백질이나 당분을 갉아먹고 분해해서 물에 잘 녹는 간단하고 작은 물질로 만드는 재주는 다른 생물들에게 큰 도움이 된다. 이런 재주가 있는 세균들이 음식의 성분을 잘 분해해주어야 음식물 쓰레기나 죽은 동물들이 썩고 흙이 되어, 식물이 자랄 수 있는 비료가 된다. 그러니 만약 이런 세균들이 없다면 식물들이 제대로 자랄 수가 없다. 고초균의 역할이 생각보다 매우 중요한 셈이다.

워낙 흔한 세균이고 잘 자란다는 특징 때문에 고초균은 일찌감치 각종 연구 대상으로도 많이 활용되었다. 고초균은 보라색으로 염색이 되는 그람(+) 세균인데, 세균 실험의 대표라고 할 수 있는 대장균은 대조적으로 그람(-) 세균이다. 고초균은 그람(+) 세균들 중에서 그람(-)의 대장균 같은 위치에 있는 셈이다. 고초균은 내생포자를 만들 수 있는 세균들 중에서도 대장균 역할을 맡아 그만큼 많이 실험당하는 세균이라고 볼 수도 있다.

김장독 안에서는 어떤 일이 벌어질까

그러나 식품과 관련된 세균 중에서는 아무리 친숙하고 유명한 것이라고 해도 광고가 많이 되기로는 역시 유산균乳酸菌, lactic acid bacteria/LAB을 당해낼 재간이 없다. 유산균은 젖산균이라고도 하는데, 말 그대로 젖산lactic acid이라는 시큼한 맛이 나는 물질을 만들

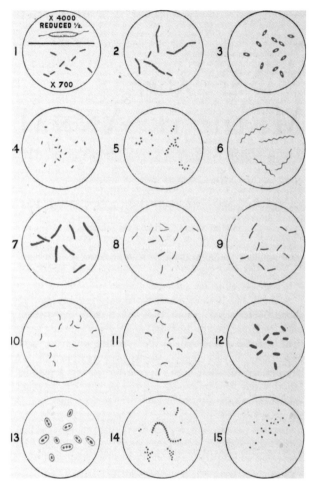

고초균을 관찰한 초기 학자들이 그린 그림 | 1이 일반적인 고초균의 모습이고, 2는 분열 중인 모습, 3은 내생포자로 변한 모습이다.

어내는 세균이라는 뜻이다. 젖산이라는 물질을 유산이라고 하는 사람은 무척 드문 것 같은데, 이유를 알 수는 없지만 광고나 홍보물에서는 젖산균이라는 말 대신에 유산균이라는 말을 압도적으로 더 많이 사용한다.

사실 유산균은 보통 유산균Lactobacillales 목目,order에 속하는 모든 세균을 통칭하는 표현이다. 목이라는 것은 대단히 큰 분류다. 다시 개나 고양이에 비유하자면, 개와 고양이 둘 다 식육목이라는 한 분류에 속한다. 식육목食肉目이라는 큰 분류 안에는 개, 고양이뿐만 아니라 치타, 표범, 하이에나, 물개, 족제비는 물론 곰까지 포함된다. 누군가가 '우리 집은 집 지키라고 식육목 동물을 키우고 있다'고 말한다면, 그 사람이 개를 키우는 것인지 스컹크를 키우는 것인지 북극곰을 키우는 것인지 알 수 없다. '유산균을 먹으면 몸에 좋다'는 말은 그 정도로 굉장히 범위가 넓은 표현이다.

김치의 발효 과정을 볼 때 그 거대한 유산균 목 무리 중에 사람들이 주목하는 것은 크게 두세 가지 정도다. 2000년대 초에 정리된 한홍의 교수의 설명에 따라 내용을 간단히 소개해보자면 이렇다.

김치를 담가서 냉장고에 넣어두면 첫 번째로 활약하는 세균은 역시 류코노스톡 속이다. 차가운 곳에서도 견딜 수 있으며 냉장 유통 식품을 변질시킬 수도 있는 류코노스톡 속의 세균들은 냉장고 속 김치 안에서도 잘 살아간다. 특히 냉장고 속 김치 안이라면 최적의 환경이다. 대체로 김치는 짜고 매우며 냉장고 안은 온도가 낮다. 세균들 중 많은 수는 주변에 짜고 매운 독한 성분이 있으면 잘 자라지 못하고 죽고 만다. 게다가 매섭게 불어닥치는 냉기까지 있으니 그곳에서 살아남는 세균은 많지 않을 것이다. 류코노스톡은 마치 북극곰처럼 이렇게 추운 온도를 오히려 기회 삼아 번성한다.

더군다나 류코노스톡은 산소가 없는 곳에서도 버틸 수 있다. 김치 속에 산소가 없어지면 산소가 있어야 사는 세균들은 죽게 돼 경쟁자가 없어지므로 류코노스톡은 더욱 유리할 것이다. 기체를 뿜어내는 류코노스톡은 상한 음식의 포장지를 부풀어 오르게 하는 것과 같은 원리로 주변에 기체를 뿜어 산소를 멀리 날려버리기까지 한다. 김치에서 뽁, 뽁 하는 소리가 나며 작은 공기 방울 같은 것이 터지는 모양은 바로 이런 세균들이 뿜어낸 기체가 밖으로 빠져나오는 것이다. 이렇게 해서 음식 맛을 나쁘게 하거나 음식을 상하게 할 만한 세균은 자라지 못하고, 류코노스톡과 비슷한 유산균들 세상이 된다.

다양한 종류의 류코노스톡은 번성하면서 김치 재료들을 갉아 먹고 온갖 이상한 물질을 내뿜는다. 표피포도상구균이 땀 성분을 먹고 내뿜는 것은 발 냄새지만, 김치 속의 류코노스톡은 절로 침이 고이는 맛과 향을 가진 물질들을 만들어낸다. 전자제품 회사들은 자신들이 만든 김치냉장고는 온도를 정교하게 조절해서 김치 맛이 딱 좋을 만큼 류코노스톡이 살아가도록 한다고 광고하기도 한다.

사실 이보다 더 절묘한 것은 예로부터 김치를 담글 때 사람들이 풀을 쒀 그것을 넣어주었다는 점이다. 그 풀은 류코노스톡 같은 세균이 잘 자라도록 돕는 좋은 식량이 된다. 유산균 무리들은 보통 당분을 섭취하는 것을 좋아하기 때문에 당분이 적절히 있어야 잘 자랄 수 있다. 이것은 실험실에서 세균을 키울 때 세균이 잘 먹고 자랄 수 있도록 세균을 키우는 곳에 배지medium라는 세균 사료를 깔아주는 것과 같다. 김치를 담글 때 넣는 풀은 세균으로 실험할 때 사용하는 배지와 질감과 느낌까지 비슷하다.

시간이 흐르면 류코노스톡과 함께 자라던 유산균 중에 젖산간균-酸杆菌, lactobacillus 속에 속하는 세균들도 점점 많아진다. 젖산간균은 락토바실러스라고도 부르는데, 동그란 류코노스톡과 달리 보통 아주 길쭉한 모양이다. 젖산간균 속으로 분류되는 세균들 중 상당수는 젖산을 많이 만들어내는 일에 특별히 뛰어나다. 요구르트를 만들 때 주로 쓰이는 세균들도 이 젖산간균 속으로 분류되는 경우가 많다. 다만 같은 젖산간균이라도 요구르트를 만들 때 중심이 되는 종류와 김치를 만들 때 중심이 되는 종류는 세부적으로 다르다.

젖산간균들이 뿜어낸 젖산이 점점 많아질수록 김치는 차차 새콤해진다. 젖산 자체가 산성 물질이니, 새콤해질수록 주변은 점차 산성으로 변해간다. 말하자면 유산균들이 다 같이 산성 용액을 주변에 기관총처럼 뿌려대는 셈인데, 그 상황에서 산성에 약한 세균들은 죽을 수밖에 없다. 시간이 지나면 유산균 중에서도 견디지

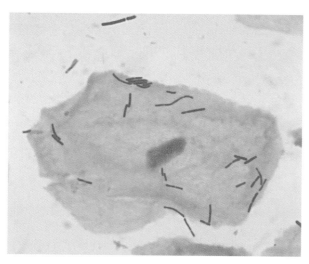

흔히 유산균으로 통칭되는 세균인 젖산간균의 한 종류를 확대한 모습

못하는 것이 생긴다. 그러다 보면 이후엔 결국 좋은 김치 맛을 만들어준다는 류코노스톡조차도 다 죽어버린다.

그때부터 김장독 안에는 젖산간균의 세상이 찾아온다. 다른 세균들은 거의 다 죽어가고 젖산간균만 계속 불어나면서 주변에 산성 용액을 계속 뿌린다. 그럴수록 김치는 점점 더 새콤해진다. 마치 광기 어린 잔치처럼 산성 용액을 너무 많이 뿌려댄 결과, 이제 젖산간균도 스스로 그 강한 산성을 견디지 못하고 죽기 시작한다. 마침내 젖산간균까지 다 죽으면 김치의 발효는 끝난다. 보통 젖산간균마저 죽어가기 시작하는 발효 말기쯤엔 산성이 너무 강해서 신맛이 심한데, 그것을 우리는 보통 '신김치'라고 한다. 그리고 젖산간균이 죽은 후에는 서서히 세균보다 훨씬 거대한 효모가 엉금엉금 기어나와 퍼져나간다.

속설에 따르면 김치는 김장 김치로 한 번에 많이 담가야 맛있고, 김치 독에 꾹꾹 눌러 담아야 맛있다고들 한다. 이것은 김치의 발효를 담당하는 세균들이 산소가 적을 때 활동하기 유리하다는 점과 통한다. 한 번에 김치를 많이 담가서 꽉 채워놓으면 그만큼 산소가 들어갈 공간이 없고, 그러면 산소가 적을 때 유리한 세균들, 즉 류코노스톡이나 젖산간균 같은 것들이 때를 맞춰 번성하기 때문이다.

같은 재료로 김치를 담가도 집집마다 김치 맛이 다르다거나 하는 이유도 이러한 논리로 설명해볼 수 있다. 어떤 세균들이 김치 재료에 묻어 들어가는지에 따라, 심지어 어떤 세균을 손에 묻히고 있는 사람이 김장을 하느냐에 따라 발효를 시작할 때 세균의 비율이 달라지니 다양한 세균들이 자라나는 때와 방식이 조금씩 달라질 수 있다.

그래서 일정한 맛의 김치를 대량으로 만들어야 하는 식품 회사들은 김치에 같은 세균만을 주입해서 키우는 방법을 연구하기도 한다. 우연에 기대지 않고 좋은 맛을 내는 물질을 내뿜는 세균 한두 가지를 배양해서 김치를 만들 때마다 주입해 지속적으로 맛 좋은 김치를 생산하겠다는 것이다.

김치의 맛을 설명하는 이론에 관해서는 여전히 연구할 것이 많다. 온도를 몇 도에서 유지하는지, 얼마나 맵거나 짜게 김치를 담

그는지, 젓갈 같은 다른 재료를 얼마나 넣는지에 따라 맛을 바꾸는 온갖 세균들이 서로 다른 시기에 자라나 다른 물질을 내뿜으니 예상치 못한 또 다른 맛이 생길 가능성은 충분하다.

최근에 세계김치연구소 이세희 박사 연구팀은 김치를 발효할 때 중간 시기 이후로는 웨이셀라Weissella 속으로 분류되는 유산균들이 김치 맛과 향에 큰 역할을 담당하는 것 같다는 연구 결과를 발표하기도 했다. 김치 속 세균을 연구하는 학자들이 김치 속에서 새로운 종을 발견해서 세균의 이름을 류코노스톡 김치, 락토바실러스 김치, 류코노스톡 미역김치, 웨이셀라 코리엔시스 같이 붙인 일도 여러 차례 있었다.

우리는 그냥 김치를 담그고 익힐 뿐인데 어디서 왔다가 어디로 가는지도 보이지 않는 다양한 세균들이 오고 가면서 격렬한 삶을 살고 있다는 사실이 나는 무척 재미있다고 생각한다. 맵고 짜고 산소가 있었다가 없었다가 하는 온갖 상태가 뒤섞인 환경에서 서로 돕기도 하고 싸우기도 하는 세균들의 생활은 흥미진진하다. 소금기가 무시무시한 눈보라처럼 휘날리고 시큼한 젖산 성분이 불덩어리처럼 떨어지는 곳이 김치 속이다.

류코노스톡 가시코미타툼이 기체를 잔뜩 내뿜어 주위에서 산소를 몰아내버리면 산소를 먹고 사는 온갖 잡다한 세균들이 몰살되고, 산소가 없을 때 잘 살 수 있는 젖산간균들이 그 덕에 번성한다. 류코노스톡 가시코미타툼의 은혜로 젖산간균은 더 잘 살게 된다. 젖산간균들은 신이 나서 즐겁게 젖산을 만들어 뿌려대지만,

그게 너무 심해지면 젖산간균을 도와준 류코노스톡 가시코미타 툼이 거기에 타 죽는다. 배신을 당하는 셈이다.

보이지 않을 뿐 언제나 우리 곁에

이렇게 이어지는 세균 이야기는 이 넓은 세상 우리에게 보이지 않는 구석구석마다 갖가지 사연이 펼쳐지고 있을 거라는 생각을 들게 한다. 세균들의 이런 다양한 사연은 지구 위에서라면 어디에든 가득하다. 예를 들어 비가 올까 말까 뜸을 들이던 한적한 오후가 지나고 해가 뉘엿뉘엿 지기 시작할 때쯤 비가 조금씩 내리는 장면을 상상해보자. 비가 오면 흙이 젖으면서 독특한 냄새가 난다. 이 냄새를 떠올려 볼 수 있는가?

나는 그것을 흙바닥이 젖는 냄새라고 불렀는데, 《한국 환상 문학 단편선》의 〈콘도르 날개〉라는 소설에 오래간만에 예전에 좋아했던 사람을 만난 주인공이 별별 생각을 다 하며 멍하니 서 있다가 그 냄새를 맡고 추억에 잠기는 장면을 넣은 적도 있다. 그런데 사실 그 냄새는 지오스민Geosmin이라는 물질의 냄새다. 이 물질은 흙 속에 널리 퍼져 사는 스트렙토미세스Streptomyces 속 등의 세균들이 만들어내는 것이다. 빗방울이 떨어지면 이 물질이 물방울에 스며 날리면서 흙바닥이 젖는 냄새가 퍼지는 것이다.

비가 내릴 때마다 이상하리만치 옛 생각에 잠기게 하는 그 냄새는 이 세상에 보이지 않는 작은 생명들이 가득하다는 것을 우리에게 알리는 냄새다. 어떤 학자들은 우리의 먼 조상들이 물을 귀하게 여겨서 비를 간절히 기다렸기 때문에 우리가 그 냄새를 유독 잘 맡을 수 있도록 진화한 것이라고 이야기하기도 한다. 비가 올 때마다 세상에 가득한 그 작은 생명들이 우리에게 비가 온다고, 너희 사람들에게 소중한 물이 하늘에서 내려오고 있다고 알려주는 것만 같다.

8장

독립선언

세균과 함께 살아간다는 것

세균이 강력한 능력을 갖고 있다는 사실과 세상 곳곳에 스며있다는 점 때문인지 요즘에는 세균이 우리의 일상생활을 다스리고 있다는 생각도 제법 인기가 있는 편이다. 많은 사람들이 우리 몸 안팎에 수십조 단위의 세균이 살고 있다는 점을 자주 언급하곤 한다. 수십조라면 우리 몸의 세포 수와 비교해야 할 만큼 많은 숫자다. 즉 우리가 걸을 때 우리 자신만 걷는 게 아니라 우리 자신이 가진 세포와 비슷한 수의 세균 떼거리를 모두 데리고 걷는다는 이야기다.

이러한 관점에서는 사람 배 속에 대장균이 살고 사람 피부 위에 표피포도상구균이 살고 있는 것이 아니라, 이 많은 세균에게

집과 먹을 것을 갖다 주기 위해 사람이 살아간다는 식으로 거꾸로 생각해볼 수도 있다. 수십억 년 전부터 이 땅에 살고 있는 세균은 계속 우리를 지켜보고 있었다. 그런데 어느 날 갑자기 사람이라는 동물이 생겼다. 이 동물들은 대형마트에서 넉넉하게 장을 봐와서 음식을 쌓아두고 지내며 겨울철에도 따뜻한 아파트에 살고 있다. 세균들은 사람들의 그런 모습을 흐뭇하게 바라보며 '저 기특한 동물들이 우리 먹을 것을 갖다 바치려고 저런 것까지 개발했구나'라고 속으로 생각하며, 마치 공놀이를 할 때 공을 던지는 족족 성실하게 주워오는 강아지를 보는 것마냥 기뻐한다.

보이지 않는 뭔가가 있는데, 그것이 항상 우리와 함께하고 신비롭게 우리를 도와주기도 하며 가끔 벌을 주기도 하며 강한 힘을 갖고 있다는 생각은 예로부터 사람들 사이에서 인기가 많았다. 고대 사람들은 산에 사는 산신령이 그 산이나 그 산이 있는 지역의 사람들에게 영향을 미친다는 이야기를 믿었다. 신라 말 이후부터 천 년간은 조상의 무덤을 어디에 만드느냐에 따라 조상의 신령이나 신비로운 기운이 그 후손들에게 복을 주기도 하고 재앙을 내리기도 한다는 생각이 대단히 인기를 끌었다. 그러므로 풍수지리에 밝은 사람들이 시키는 대로 하면 뭔가 신비롭고 놀라운 방식으로 복을 받을 수 있다고 믿었다.

과학의 시대가 도래한 뒤에도 이렇게 보이지 않지만 항상 곁에 있으며 강력한 힘을 가진 것은 사람을 매혹시키는 이야깃거리였던 것 같다. 중력, 전파, 방사선 같은 소재가 그렇다. SF물로는 사람들이 모르는 사이에 외계인이 사람의 정신을 조종하는 이야기도 자주 나왔다.

2010년대 이후 세균을 둘러싼 이야기들을 살펴보다 보면 약간 과장되었다거나 과도한 염려라고 느껴질 때가 있다. 특히 많은 논쟁이 이루어지는 소재로 장뇌축腸腦軸, gut brain axis이라는 것이 있다. 이것은 장과 뇌가 많은 신경으로 연결되어 있어서 장이 어떻게 활동하느냐에 따라 사람의 성격이나 감정이 영향을 받을 수 있다는 이야기로 이어진다.

여기서 조금 더 나아가면 우리의 감정과 성격을 우리 배 속에 사는 세균이 조종할 수도 있다는 주장으로 넘어간다. 사람의 장은 어떤 세균이 어떻게 살아가느냐에 따라 다른 영향을 받는다. 그런 영향에 따라 장에 있는 이런저런 신경이 자극되어 사람이 예민해지기도, 무뎌지기도 한다. 장 안에 사는 세균들은 사람의 기분을 좌우하는 화학 물질을 얼마나 만들고 그것이 몸속을 어떻게 돌아다니게 하느냐에 영향을 미칠지도 모른다. 그렇게 결국 세균의 삶과 움직임으로 사람의 기분이 바뀔지 모른다는 것이다. 나는 내 성격이 어린 시절 나에게 영향을 미친 감동적인 책이나 중고등학교 시절의 교육 제도 때문에 이렇게 되었다고 생각하고 있지만, 이 주장에 의하면 그것보다도 배 속에 있는 세균이 어떻게 작용했느냐에 따라 지금의 내 성격이 형성되었을지도 모른다.

이런 이야기는 자칫하면 누가 개발한 이러저러한 방법을 쓰면 이 강력한 세균들을 잘 움직이게 만들 수 있고, 그러면 눈에 보이지는 않지만 언제나 우리와 함께하는 그들의 신비한 힘으로 사람의 성격을 좋게 만들 수 있다는 식으로 흘러가 버릴지도 모른다. 대단히 달콤한 이야기지만, 그만큼 더 연구하고 정확히 따져서 밝힐 것이 많은 주제라고 생각한다.

세균과 생물이 공존하는 방식

지금까지 본 것처럼 지구를 장악하고 생물의 삶 구석구석에 항상 개입하는 세균의 모습을 보면 마치 모든 생물이 세균의 지배를 받는 것처럼 느껴지기도 한다. 조금 다른 방향에서 살펴보면 세균과 생물들이 서로 도움을 주고받으며 어울려 살아가는 모습도 찾아볼 수 있다. 이런 사례들은 뇌를 조종하는 미세한 생물체 이야기에 비하면 조금 덜 SF 같고 조금 덜 신비롭지만, 대신 더 철저하고 내밀한 점이 있다.

어릴 적부터 관심이 많아서 가장 먼저 소개하고 싶은 사례는 초롱아귀다.

초롱아귀는 내가 어릴 때 가장 신기하다고 생각한 동물이었다. 이 물고기는 사람이 쉽게 갈 수도 없고 상상도 하기 어려운 깊은 바닷속에 산다. 생긴 것도 괴상한데 머리에 더듬이 같은 것이 하나 있고 거기에서 빛이 난다. 이렇게나 외계인 같은 생명체도 흔치 않다. 외계 행성 같은 곳에서 살고, 더듬이나 몸에서 빛이 나며,

이상한 악당 괴물 같은 모습이니 꼭 만화 속에 나오는 외계인 느낌이다.

더군다나 초롱아귀에게 달린 그 빛나는 더듬이의 용도는 다른 물고기를 끌어들이는 미끼다. 깊은 바닷속 저 멀리서 반짝이며 움직이는 묘한 빛이 있어서 뭔가 싶어 가까이 다가가 그 신기한 색깔을 감상하고 있을 때 갑자기 커다란 아귀의 입이 열리며 빛에 이끌려 찾아온 생물을 집어삼키는 것이다. SF영화를 보다 보면 위기에 처한 주인공이 겨우 아늑한 피신처를 찾았거나 온갖 역경을 헤치고 낙원 같은 행성을 발견했는데 알고 보니 그것이 먹잇감을 끌어들이려는 외계 악당의 함정이었다는 식의 이야기가 종종 나온다. 바닷속 어두운 곳의 초롱아귀는 바로 그런 이야기가 현실에 있다는 느낌을 준다.

그나마 몇몇 나라에서는 초롱아귀의 먼 친척에 해당하는 식용 아귀를 별미로 먹는 경우가 있어서 어느 정도 친숙하기라도 하다. 음식으로 먹는 아귀 역시 머리 앞에 다른 물고기를 유인하는 미끼 같은 더듬이가 달려있다. 그 때문에 조선시대에 기록된 《자산어보》에서는 아귀를 '낚시꾼 물고기'라는 뜻의 '조사어釣絲魚'라는 이름으로 소개하기도 했다. 한국에서 아귀 요리는 20세기 후반에 아귀찜이 유명한 마산 지역을 중심으로 제법 널리 퍼졌다. 인천수산자원연구소 구자근 선생의 글을 보면 2017년 한 해에 잡힌 아귀가 1327톤이라고 한다. 아귀 한 마리를 3킬로그램으로 계산하면 자그마치 44만 마리가 넘는 아귀가 잡힌 셈이다.

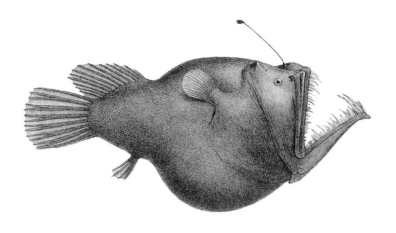

심해에 사는 아귀류 물고기의 모습

　우리가 흔히 목격하는 식용 아귀와 달리, 깊은 바닷속에서 은밀히 살아가는 초롱아귀에 대해서는 여전히 신비로운 점이 많다. 특히 나는 이렇게 동물의 몸 한쪽에서 빛이 난다는 점이 대단히 진귀하다고 생각한다. 동물이 스스로 이 정도의 빛을 내는 경우란 많지 않다. 온갖 기술을 활용하며 살아가는 사람조차 어디를 가든 항상 약한 빛이라도 낼 수 있게 된 것은 누구나 휴대전화를 갖게 된 21세기 이후의 일이다.

　학자들은 아귀류 중 일부가 만들어내는 신비로운 빛이 아마도 세균과 관련이 있지 않겠냐는 추측을 해왔다. 즉 더듬이 끝에서 빛을 내는 아귀 종류의 경우 그 안에 빛을 내는 세균이 살고 있지 않겠냐는 것이다. 아귀 스스로는 빛을 내는 재주가 없지만 자기 몸 한쪽 끝에 세균을 키워 세균이 만드는 빛으로 다른 물고기들을 유인하고 잡아먹는다는 이야기다.

실제로 하와이짧은꼬리오징어가 빛을 내뿜을 때 알리비브리오 피셔리Aliivibrio fischeri라는 세균을 이용한다는 것은 잘 알려진 편이다. 이 오징어는 몸 한쪽에 빛을 내뿜는 세균을 키운다. 세균이 살 수 있는 공간을 마련해주고, 세균이 몸속에 붙어 식량이 될 만한 것을 빨아먹고 살게 해준다. 그 대신에 빛을 내뿜는 세균의 재주를 빌리는 것이다.

빛을 내뿜을 수 있는 아귀 무리 역시 비슷한 수법을 쓸 것으로 추정하고 있다. 증거도 어느 정도 발견했다. 미국 코넬대학교의 토리 헨드리Tory A. Hendry 연구팀은 더듬이 끝의 빛을 발산하는 부분에 사는 세균들을 연구했고, 빛을 내는 역할을 하는 세균들을 찾아냈다. 그리고 그 세균들이 어떤 유전자를 갖고 있는지 조사했다.

유전자 조사 결과를 보면, 이 세균들은 이미 혼자 사는 능력 중 많은 부분이 퇴화된 것으로 보인다. 아귀의 더듬이 속에서 사는 것이 너무나 편안하고 즐거워서 이제 바깥세상에서는 오래 버틸 수 없는 신세가 되어버린 것이다. 따뜻하고 편안한 아귀 몸속에서 얼마든지 널려있는 음식을 먹고 그 안에서 가만히 지내기만 하면 아무 걱정 없이 살아갈 수 있다. 그렇게 오래오래 살다 보니 먹이를 찾아다니고 거친 음식을 갉아먹는 능력은 필요가 없어져서 퇴화한 셈이다.

　겨울철 추위를 견디기 위해서 사람들에겐 보통 옷이 필요하다. 그런데 사람이 추위를 이기려고 걸치는 옷은 대부분 식물에서 뽑은 실이나 동물의 가죽으로 만든 것이다. 결국 사람의 몸은 식물의 실이나 동물 가죽을 이용해야만 버틸 수 있다.

　세균이 아귀 속에서 살다가 퇴화한 것도 그런 느낌 아닌가 싶다. 사람은 양을 잘 먹이고 돌봐서 그 털을 깎아 옷을 만들어 입고 추위를 견딘다. 혹은 목화 농사를 지어 솜을 얻어 실을 만들고 옷을 지어 추위를 버틴다. 이와 비슷하게 아귀 몸속에 사는 세균들은 빛을 내뿜어 아귀가 다른 물고기를 유혹해 잡아먹을 수 있도록 해서 아귀를 잘 자라게 해주고 아귀 몸속에서 추위를 피하며 영양분을 빨아먹는다.

　아귀 외에도 물고기들이 세균의 도움을 받는 사례는 많다. 우리에게 비교적 친근한 복어도 좋은 사례다. 복어의 가장 큰 특징을 꼽으라면 역시 맛이 좋다는 점이다. 또 복어 내장 속에 들어있는 독이 위험하다는 사실도 잘 알려져 있다. 적은 양으로도 사람을 죽일 수 있을 정도로 복어의 독성은 매우 치명적이다. 《세종실록》의 1424년 12월 6일자 기록에도 정도라는 복어 독을 국에 타서 먹이는 방법으로 사람을 해쳤다는 이야기가 나올 정도다. 복어 독의 성분은 테트로도톡신tetrodotoxin으로, 보톨리눔균이나 파상풍균의 독처럼 신경을 공격해서 사람을 죽게 만든다. 현재까지도 테트로도톡신의 해독제는 개발되지 못했다.

그런데 이 테트로도톡신은 복어가 스스로 만들어내는 것이 아니라 복어 몸속의 세균이 만든 것이 복어 몸속에 쌓인 것이라고 많은 사람들이 추측한다. 복어는 이 세균의 도움을 받아 몸에 테트로도톡신을 쌓고 만일 다른 큰 물고기가 자신을 잡아먹으면 죽게 만든다. 복어에게 이런 특징이 있으면 점차 다른 큰 물고기들이 복어를 잡아먹는 것을 피하게 될 것이다. 또한 복어 입장에서는 자신의 동료들이 더 잡아먹히기 전에 다른 물고기를 죽게 할 수도 있다. 테트로도톡신이 복어 무리에게는 좋은 방어 무기가 되는 셈이다.

한편 복어가 테트로도톡신을 포함하고 있는 먹이나 세균을 잡아먹어서 그 안에 있는 독을 몸에 쌓아두는 것이 아니냐는 학설도 있다. 어느 주장이 참이든 복어가 테트로도톡신을 먹지 못하게 하거나 복어에게 테트로도톡신을 뿜어내는 세균이 접근하는 것을 최대한 막아주면 복어의 몸에 독이 생길 가능성은 낮아진다고 볼 수 있다. 국립수산물품질검사원에서 배포한 자료에서는 실험실에서 외부 접촉 없이 알을 부화시켜 기른 복어에는 독이 생기지 않았다는 시험 결과를 소개하기도 했다. 그렇다면 이론상으로는 독이 없거나 독성이 약한 복어를 양식하는 것도 가능하다. 이에 대한 연구나 시도가 지금도 종종 이루어지고 있다.

토끼가 풀만 먹고도 살 수 있는 이유

육지에 사는 동물들 역시 세균과 아주 긴밀한 관계를 맺으며 살아
간다. 나는 토끼가 풀을 뜯어먹는 법을 우선 이야기해보고 싶다.

내가 어렸을 때 할아버지 댁에 가면 앞마당 토끼장에서 기르는
토끼 두 마리가 있었다. 가축이나 동물이 많은 시골 동네였는데
그중에서도 토끼는 아이들에게 대단히 인기가 많았다. 토끼가 뭔
가 중요한 이야기를 듣고 있는 것처럼 눈을 동그랗게 뜨고 풀을
열심히 오물오물 먹는 장면을 떠올려보자. 이런 모습을 볼 때마다
토끼에게는 사람의 마음을 끄는 무언가가 있다고 늘 생각했다.

아이들은 토끼 먹이로 준비된 풀을 토끼에게 주는 것을 좋아했
는데, 토끼가 그 풀을 열심히 받아먹는 모습을 보면서 굉장히 뿌
듯해했다. 특별히 맛있어 보이지도 않는 그냥 풀인데 세상에서 가
장 맛있는 음식을 먹는 것처럼 열심히 먹고 그것을 삶에서 아주
중요한 일처럼 대하는 듯한 토끼의 태도가 아이들의 마음을 끈 것
은 아닌가 싶다.

그렇게 한참 토끼가 풀을 먹는 모습을 보고 있노라면 늘 궁금
했다. 어떻게 토끼는 풀만 먹고 살 수 있을까? 사람이 곡식이나 과
일을 먹지 않고 나물만 먹으면 힘이 없어서 버틸 수 없을지도 모
르는데 말이다.

내가 어릴 때 아버지는 "사람이 정말 배가 고프면 풀도 뜯어 먹
고 살 거다"라는 말씀을 가끔 하셨다. 아버지 말씀이 맞기도 하고

틀리기도 하다는 사실을 이제는 안다. 풀을 뜯어 먹는 것을 시도할 수는 있겠지만 사람은 풀의 주성분인 셀룰로스cellulose를 잘 소화시킬 수 없다. 사람이 셀룰로스를 먹으면 다른 좋은 점이 있기야 하겠지만 풀만 먹고 힘을 내긴 어려울 것이다. 심심하게 무친 나물을 많이 먹으면 살이 덜 찐다는 이야기도 사람이 셀룰로스나 그와 비슷한 섬유소들을 소화시켜서 에너지를 얻기는 어렵다는 데 근거를 두고 있다.

그만큼 셀룰로스는 질기고 튼튼하며 아주 억센 물질이다. 질기고 튼튼한 풀이 질기고 튼튼한 이유는 바로 셀룰로스가 많아서다. 심지어 나무도 40퍼센트 정도는 셀룰로스로 되어있다. 그렇다 보니 셀룰로스는 생명체가 만들어낸 물질 중에 가장 쉽게, 또 많이 구할 수 있는 성분이다. 나무로 만든 종이의 주성분도 셀룰로스이고, 목화에서 뽑아낸 실과 옷감도 주성분이 셀룰로스이다. 나무를 갈아 먹거나 종이를 씹어 먹거나 옷감을 뜯어 먹고 힘을 내는 사람이 없는 만큼, 셀룰로스는 소화시키기가 쉽지 않다.

풀을 뜯어 먹고 사는 동물은 어떻게 셀룰로스를 소화시켜서 힘을 낼 수 있는 걸까?

이 질문에 대해 몇몇 곤충류는 비교적 간단한 해답을 갖고 있다. 나뭇잎이나 농작물을 갉아먹어서 농사를 망치기도 하는 나비 애벌레 등의 곤충 중 일부는 배 속에서, 셀룰로스를 파괴해 덜 질기고 더 쉽게 화학 반응이 일어나도록 하는 효소를 만든다. 간단하지만 아주 강력한 해답이다. 이런 곤충들이 잎사귀를 갉아먹으면 그 잎

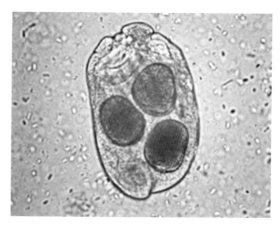

반추위 속 미생물 | 핵이 있는 미생물 하나가 다른 핵이 있는 미생물 셋을 집어삼킨 모습이고 주변의 작은 점 같은 것들이 세균이다.

의 섬유소는 곤충 배 속에서 효소에 녹고 몸속에서 이루어지는 화학 반응에 쉽게 사용되도록 당분 따위로 변한다. 그러면 곤충은 나중에 그 당분으로 ATP라는 물질을 만들고, 이 ATP는 온갖 화학 반응을 일으켜 곤충이 에너지를 써야 하는 활동을 돕는다.

그러나 토끼에게는 배 속에서 이런 강력한 효소를 만들어내는 재주가 없다. 토끼가 풀을 뜯어 먹으면 위를 거쳐 장의 대부분을 통과하는 동안 셀룰로스는 결정적인 변화를 겪지 않는다. 토끼가 음식을 소화시키려고 열심히 애쓰는 동안 셀룰로스에 약간의 변화가 생기거나 나중에 셀룰로스의 소화를 도울 수 있는 다른 물질이 좀 생길 수는 있겠지만, 셀룰로스의 질긴 성질은 그대로다. 아무리 작은 토끼가 애써봤자 억센 풀은 배 속에서 그대로 버티고 있는 것이다.

그런데 섬유소가 토끼의 맹장에 도달하면 상황이 달라진다. 토끼는 맹장이 큰 편이다. 이 큰 맹장 안에서 셀룰로스 성분이 제법 오래 머물 수 있다. 그리고 이곳에는 셀룰로스 성분이 머무는 동안 셀룰로스 곁에서 함께할 세균들이 잔뜩 살고 있다.

그러니까 다시 말해 토끼는 맹장에서 세균을 길러서 먹은 풀을 분해한다. 세균들은 온갖 것을 다 먹으니, 그중에는 섬유소 정도는 얼마든지 즐겁게 먹어치우는 것들도 많다. 토끼의 맹장이라는 따뜻하고 먹을 것이 넘치는 집에 셀룰로스가 수시로 쏟아져 들어온다니, 그것을 신나게 먹어치울 세균들에게는 매일매일이 축제나 다름없다.

그렇게 세균이 맹장에서 셀룰로스를 뜯어 먹고 나면 세균이 셀룰로스를 먹고 뿜어낸 물질들과 셀룰로스를 먹고 통통하게 살이 찐 세균들이 생기는데, 이것들은 모두 토끼가 충분히 소화시킬 수 있는 야들야들한 것들이다. 토끼는 이 모든 것을 통째로 다시 처음부터 소화시킨다. 토끼는 이렇게 소화시키지 못하는 풀을 세균이 녹이게 하는 방법을 이용해 풀만 먹고도 충분히 살아갈 수 있다.

동물과 식물을 먹여 살리는 세균의 공로

사슴, 양, 염소, 소 같은 동물들은 조금 더 우아한 수법을 사용한다. 이런 동물들은 위가 여러 단계로 나뉜 구조로 되어있다. 이렇게 덤으로 있는 위를 반추위lumen라고 하는데, 사슴은 간단하게 위장에 단계가 있는 정도의 모습이고 소는 정말 위가 여러 개 달린 것 같은 모양이다. 바로 이 반추위가 세균의 보금자리 역할을 한다. 이들이 풀을 뜯어 먹으면 가장 먼저 반추위 속에서 세균이 풀을 녹여 먹는다. 이후 몇 단계를 거쳐 점차 다음 단계로 이동하면 소가 그것을 소화시킨다.

사람이 식중독에 걸리거나 배탈이 나서 갑자기 세균이 배 속에서 활발히 활동하면 배 속에 세균이 뿜어낸 기체가 차는 경우가 있다. 윗배나 아랫배가 더부룩한 증상으로 병원에 찾아가 진료를 받으면 '배에 가스가 찼다'는 말을 듣는다. 소는 항상 배 속에 세균을 대량으로 키워서 풀 속의 셀룰로스를 분해해야 하므로, 세균이 만들어내는 기체의 양이 굉장히 많다. 그 기체를 내뿜는 소의 트림이 양도 많고 상당히 위험한 이유도 그 때문이다.

특히 소 배 속에서 세균과 함께 사는 것들 중에서 세균과 비슷해 보이지만 세균은 아닌 고균 무리들은 메탄가스methane를 만들어내기도 한다. 이들이 뿜어내는 메탄의 양은 상당하다. 현재 사람이 기르는 소는 10억 마리가 넘고, 각 소의 배 속에는 고균이 많이 살고 있다. 이 때문에 어떤 사람들은 소가 트림으로 뿜어내는 메탄가스가 온실 효과를 일으켜서 기상 이변을 더 심하게 만든다고 걱정한다.

만일 지구가 온통 소로 뒤덮일 정도로 소가 어마어마하게 늘어서 메탄을 만드는 고균도 늘어난다면 온실 효과가 지금보다 강해져 기후가 완전히 달라질지도 모른다. 먼 옛날 남세균들이 지구를 산소가 충만한 세상으로 바꾸었듯이 소 배 속의 세균들이 지구 전체의 날씨를 바꿔버리는 상상을 해볼 수도 있지 않을까?

날씨를 바꾸는 문제까지 가지 않더라도 세균들이 배 속에 자리 잡고 있는 덕분에 덩치가 큰 소가 풀만 먹고도 살 수 있다는 점은 분명한 사실이다. 풀만 먹고 사는 동물들은 이렇게 세균과 어울려 사는 덕에 풀만 먹어도 살이 찐다. 그리고 육식 동물이나 사람은 풀을 먹고 자란 그런 동물을 먹고 산다. 이러한 먹이사슬을 생각하면, 풀을 소화시킬 수 있는 것으로 바꾸어주는 세균의 능력에 아주 많은 동물들이 기대어있는 셈이다. 세균이 풀을 소화해주니까 풀을 먹는 토끼가 살고, 토끼가 살 수 있으니까 토끼를 잡아먹는 호랑이가 살 수 있다. 설렁탕도 갈비찜도 소불고기도 결국 다 세균이 풀을 바꾼 결과가 몇 단계를 지나 변해온 것이다.

이런 생각을 하다 보니 내가 요즘 더 관심을 갖게 되는 것은 세균의 도움을 받을 필요 없이 풀을 먹을 수 있는 곤충들이다. 이런 곤충들은 세균이라는 중간 단계 없이 바로 풀을 자기 살로 바꾼다. 그렇다면 사람이 곤충을 먹는 것이 오히려 더 쉽고 싸게 식량을 얻을 수 있는 방법이 아닐까? 한국인들은 어차피 옛날부터 누에 같은 곤충을 삶아 먹어왔다. 이것이 우리가 흔히 '번데기'라고 부르는 음식이다. 곤충을 잘 가공해서 가루로 만든 다음에 이것을 동그랑땡처럼 보기 좋은 음식으로 만들 수 있지 않을까?

실제로 곤충을 기르는 농업은, 곤충이 기르기 쉽고 빨리 자라므로 곤충고기를 쉽게 얻을 수 있다는 생각 때문에 우리나라에서 점차 확산되는 추세인 것 같다. 벌레를 갈아 만든 케이크 같은 것이 아직 인기가 있는 음식은 아니지만 육식 동물이나 단백질을 먹여야 하는 동물의 사료로는 곤충으로 만들어진 것이 많이 퍼져나가는 느낌이다. 소나 양이 한 마리도 없고 풀만 많은 행성에서 조난을 당해 갑자기 그곳에서 버텨야 한다면, 풀을 잘 먹는 곤충을 기른 뒤에 그 곤충을 잡아먹고 살아간다는 이야기는 그럴듯하다. 소가 배 속에서 세균을 길러 풀을 소화시키듯이 사람은 곤충을 풀밭에 풀어놓은 뒤 그것을 잡아 먹고 에너지를 얻을 수 있을 것이다. 아버지 말씀처럼 사람이 풀을 뜯어 먹고 살 수는 없겠지만, 풀을 먹고 사는 곤충의 번데기를 먹고는 제법 버틸 수 있을 거라고 생각한다.

그런데 설령 곤충을 이용해서 세균의 도움 없이 곤충고기를 얻는 방법을 개발해낸다고 해도 동식물의 삶은 여전히 세균과 긴밀하게 엮여있다. 그러니까 고기를 구하는 일에서는 세균으로부터 독립할 수 있다고 해도 많은 생물들은 더 뿌리 깊은 문제에서 여전히 세균의 힘을 빌려야 한다. 이 행성의 세균들은 동물이 먹는 것에만 개입하고 있는 것이 아니라 식물이 먹는 일에도 관여하고 있기 때문이다.

일단 생물의 살이 어떤 성분으로 이루어져 있는지를 살펴보면, 90퍼센트 이상이 탄소, 수소, 산소, 질소 원자의 조합으로 되어있다. 이 네 가지 원자가 여러 조합으로 연결되어 분자가 되고, 분자 여럿이 모여 세포가 되며, 바로 그 세포 여러 개가 우리 몸을 이루는 것이다. 다른 동식물, 심지어 세균도 이 네 가지 원자가 몸의 많은 부분을 차지한다는 점에선 별 차이가 없다. 중학교 시절 생물 선생님이 이 네 가지 원소의 기호를 따서 C, H, O, N이라고 쓰고 '촌'이라고 외우라고 하셨던 것이 아직도 기억난다. 어느 농촌, 어촌, 산촌 마을에 동물과 식물이 가득한 광경을 상상하면 금방 외울 수 있다.

'촌' 중에 앞의 세 가지, 그러니까 '초'까지는 어디서든 쉽게 구할 수 있다. 즉 탄소, 수소, 산소는 어디에나 있다는 이야기다. 산소 기체는 그 자체로 화학 반응을 잘하는 편이다. 그리고 탄소와 수소는 식물이 광합성을 할 때 이산화탄소를 빨아들여서 당분으로 바꾸면 생물이 유용하게 쓸 수 있는 형태가 되어 여러 가지 물질을 만드는 데 쉽게 활용할 수 있다. 다시 말해 광합성을 하는 식물만 많이 있으면 탄소, 수소, 산소는 생물이 사용하기 좋은 형태로 확보할 수 있다.

땅속에서 벌어지는 혁신적인 변화

문제는 네 번째, 질소다. 질소는 동물이 쉽게 먹을 수 있는 형태로 구하기가 어렵다. 공기 중에 널려있는 것이 질소 기체지만, 이 질소 기체를 들이마신다고 해도 몸에서 화학 반응을 일으켜 몸의 일부로 변하지는 않는다. 사람뿐만 아니라 어느 동물도, 심지어 식물도 마찬가지다. 공기 속에 질소 기체는 산소 기체보다도 세 배나 많지만 이것을 동물과 식물이 사용할 수가 없다.

왜냐하면 공기 속의 질소 기체는 좀처럼 반응을 일으키지 않는 물질이기 때문이다. 질소 기체의 분자 하나는 질소 원자 두 개가 붙어있는 모양인데, 이 두 질소 원자는 자기끼리 아주 찰싹 달라붙어 떨어질 줄을 모른다. 다른 물질을 만나도 도무지 화학 반응이 일어나지 않는다.

이러한 질소의 특성을 역이용해서 아무런 화학 반응 없이 어떤 물질을 보존하고 싶을 때 흔히 질소 기체로 주변을 가득 채워넣는 방법을 쓰기도 한다. 과자 포장을 질소 기체로 가득 채우는 것도 바로 그 때문이다. 산소로 채워넣으면 녹이 슬거나 불이 붙을 위험이 크지만, 질소 기체만 가득한 상태라면 한동안은 아무 일도 생기지 않는다.

질소 기체는 이렇게 다른 물질로 변하지 않으려고 하는데, 질소 원자가 들어있는 여러 다른 물질이 생물의 몸에서 굉장히 많이 사용되므로 질소 원자가 부족하다는 점이 문제다. 단순한 몸을 가진 단순한 생물이라고 해도 DNA와 효소는 있어야 하는데, DNA 분자는 질소 원자가 있어야 만들어지고 효소 분자는 질소를 더 많이 필요로 한다. 효소로 예를 들면, 효소는 단백질 성분으로 되어있고 단백질은 아미노산이라는 단위가 서로 연결된 것인데, 아미노산 한 단위마다 반드시 질소 원자 하나가 있어야 아미노산 모양이 만들어진다. 아미노산의 '아미노'라는 말이 질소와 수소 원자가 붙은 모양을 일컫는 말이다.

그렇다 보니 질소 원자가 붙어있으면서도 화학 반응이 잘 일어나는 성분을 어디서든 구해와야 생물은 자기 몸을 만들어나갈 수 있다. 가장 손쉽게 질소 원자를 구하는 방법은 다른 생물을 잡아먹는 것이다.

다른 생물의 몸을 구성하는, 질소 원자가 붙어있는 DNA나 단백질 같은 성분을 먹으면 그 성분들은 몸속에서 여러 화학 반응을 일으켜 내 몸을 자라게 하는 데 사용된다. 고기에는 단백질 성분이 많고 단백질에는 질소가 많으므로 고기를 먹는 일은 몸에 질소 성분을 보충하는 좋은 방법이다. 식물에도 단백질은 있으므로 밥이나 다른 식물로 만든 음식을 먹는 것도 나쁘지 않다. 콩처럼 단백질이 많이 든 식물이라면 질소 성분을 제법 많이 얻을 수 있다.

그런데 다른 생물을 잡아먹을 수 없는 식물의 경우에는 문제가 조금 복잡하다. 화학 반응을 잘 일으키는 질소 성분을 구할 길이 없으므로, 식물은 뿌리를 깊게 내려 땅속에서 질소 원자가 든 화학 물질을 빨아들여야 한다. 뿌리를 내려서 땅속을 샅샅이 뒤지던 중 우연히 암모니아 성분을 조금 발견하게 된다면 식물은 뿌리를 통해 암모니아를 빨아들인 뒤, 그 속에 든 질소 원자로 몸속에서 화학 반응이 일어나도록 해서 자기 몸에 꼭 필요한 DNA나 효소 같은 것을 만든다.

세상이 각박한 이유는 땅속에 이런 쓰기 좋은 질소 성분이 넉넉하지 않기 때문이다. 식물을 심어 자라나게 하다 보면 땅속에 있는, 화학 반응을 잘하는 질소 성분이 금세 바닥이 난다. 그런 땅은 척박해져 그 후로는 식물이 잘 자라지 못한다. 이는 곧 더 이상 농사를 짓기도 힘들다는 뜻이다.

이는 몸속에 단백질 성분이 풍부한 콩 같은 식물에게는 특히 심각한 문제다. 단백질 속의 그 많은 질소를 대체 어디서 구한단 말인가! 그런데 이 이야기는 아주 이상하게 흘러간다. 막상 콩을 땅에 심어보면 도리어 땅속에 질소가 늘어난다. 그러니까 콩을 심어서 기르면 땅이 더 비옥해진다는 뜻이다. 콩에는 단백질이 많으니 질소 성분을 쪽쪽 빨아먹기만 해야 할 것 같은데, 무슨 까닭에선지 정반대로 질소를 베풀어준다.

이런 신기한 작용은 오래전부터 널리 알려져 있었다. 조선시대의 뛰어난 공무원이었던 강희맹은 1475년에 은퇴한 뒤에 당시에는 농촌이었던 서울 금천구 지역에 살면서 농사일에 관한 지식을 담은 《금양잡록》이라는 책을 썼다. 여기에서 그는 콩의 품종 중 두 개를 언급하며 그것들이 척박한 땅에서도 잘 자란다고 설명한다.

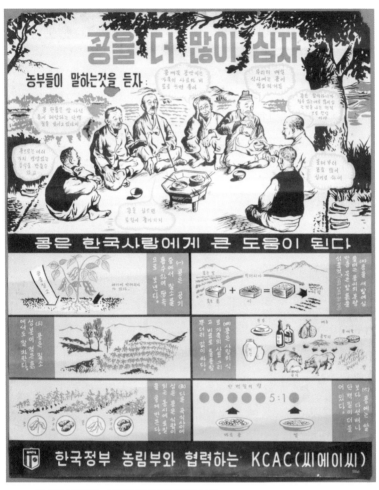

콩 재배를 권장하는 내용의 1950년대 홍보 포스터

콩의 신비는 그 뿌리를 보면 알 수 있다. 콩 무리 식물의 뿌리에는 이상한 혹 같은 것이 불룩하게 자라나있다. 이 혹을 잘라보면 종종 붉은 액체 같은 것이 나온다. 옛날 전설 중에 보면 땅이 피를 흘렸다거나, 누가 칼이나 말뚝을 땅에 꽂았더니 땅에서 피가 나왔다는 이야기가 있는데 사람들은 그것을 그 지역이 망할 징조라고 여겼다. 나는 그것이 콩과 비슷한 식물의 뿌리가 엉켜있는 곳을 잘못 찔러서 혹 속의 붉은 액체가 나온 것을 착각한 게 아닐까 짐작한다. 그런데 아닌 게 아니라 그 붉은 물질은 레그헤모글로빈 leghemoglobin이라는 것으로 사람의 피에서 붉은빛을 띠는 헤모글로빈hemoglobin과 비슷한 점이 많다.

콩뿌리 속에 레그헤모글로빈이 있는 이유는 이것이 그 혹 속에 사는 세균들의 삶에 도움이 되는 물질이기 때문이다. 그러니까 콩뿌리에 있는 혹은 세균들의 둥지다. 옛 전설에서 땅속에 흐르는 피라고 이야기됐던 레그헤모글로빈은 대지의 여신이나 땅의 신령이 흘린 피가 아니라 바로 세균들을 위해 만들어진 물질이다.

콩이 이렇게 세균들을 잘 대접하는 이유는 이들이 지천에 널려 있는 질소 기체를 화학 반응이 잘 일어나고 빨아먹기 좋은 질소 성분으로 바꾸어주기 때문이다. 콩은 뿌리 속에 세균을 기르고, 그 세균들은 콩의 몸을 살찌우고, 게다가 질소 성분을 넘치도록 저장해 땅을 비옥하게 한다. 더 나아가 식물 속 단백질과 DNA의 일부가 된 질소는 동물들의 훌륭한 식량이 되고 동물들은 이것을 먹고 자신의 몸을 만드는 재료를 얻는다.

광합성은 빛과 이산화탄소와 물을 이용해 당분, 그러니까 탄수화물을 만들어낸다. 세균들은 공기 중의 질소 기체로 단백질을 만드는 데 가장 중요한 성분을 만들어낸다. 광합성이 허공에서 밥을 만드는 일이라면, 세균들의 활동은 허공에서 고기를 만드는 일로 비유할 수 있겠다.

두 원자가 강하게 찰싹 달라붙어서 좀처럼 쪼개지지 않는 질소 기체를 식물이 손쉽게 먹을 수 있는 성분으로 바꿔주는 세균의 활동은 굉장히 놀라운 현상이다. 그래서 학자들은 여기에 '질소고정 nitrogen fixation'이라는 멋있는 이름도 붙여주었다.

질소고정을 하는 세균으로는 콩 뿌리의 혹에서 사는 것 말고도 여러 종류가 있다. 혹을 만들지 않고 땅속에서 평화롭게 살아가는 세균도 있다. 그렇기 때문에 콩을 심지 않은 땅이라도 이런 세균들만 충분히 살고 있으면 허공의 질소 기체가 조금씩 식물이 빨아먹을 수 있는 형태로 바뀌어간다. 지구의 지배자 세균이라고 할 수 있는 남세균들 중에는, 그 명성에 걸맞게 광합성을 하면서 동시에 질소고정까지 할 수 있는 부류도 있다.

이런 세균들을 질소고정세균이라고 한다. 결국 세상의 모든 식물과 동물은 이 질소고정세균 덕택에 살아가고 있다. 온 세상 곳곳에 흩어져있는 수많은 질소고정세균들은 지금도 공기 속의 질소 기체를 다른 생명체가 먹을 수 있는 형태로 바꿔주고 있다. 이것은 다시 말해 만일 세균이 이런 일을 하지 못하면 식물과 동물은 살 수가 없다는 뜻이다. 우리가 고기를 구워 먹을 때, 그 고기

속에 있는 질소 원자는 아마도 몇 년 전쯤 땅속에 살던 질소고정 세균이 공기 중에서 떼어온 것이 몇 단계에 걸쳐 전해진 것일지도 모른다.

20세기 최고의 발명

이런 화학 반응을 몸속에서 일으킬 수 있는 생명체는 많지 않다. 《생명 최초의 30억 년》이라는 책에서 저자는 동물, 식물처럼 핵이 있는 생물은 공기 중의 질소 기체를 쪼개어 먹을 수 있게 만드는 일을 절대 할 수 없다고 잘라 말한다. 세균 중에는 질소 기체를 먹을 수 있는 형태로 바꿀 수 있는 것이 많지만, 식물이나 동물 중에는 없다는 이야기다. 몇날 며칠 하늘을 날아 대양을 건너가는 새도 있고, 초음파로 대화를 나눌 수 있는 박쥐도 있고, 작은 곤충도 있고 거대한 고래도 있고 향기가 좋은 꽃도 노래를 부르는 새도 있지만, 질소 기체를 먹을 수 있게 바꿔주는 짐승은 없다.

쓰기 편한 질소 성분을 만들어내는 것은 기술적으로도 쉽지 않은 일이었다. 전쟁에 사용하는 화약도 질소 성분이 있는 물질로 만든다. 공기 중의 질소 기체에서 화학 반응을 잘 일으키는 질소 성분을 만들어낼 수 있다면 분명 그 기술은 화약을 만드는 데 큰 도움이 될 것이다. 하지만 이런 기술은 개발하기 대단히 어려웠다.

고려시대부터 화약을 만들어 썼지만, 질소 성분이 든 화약의 핵심 성분인 염초를 구하는 일은 언제나 힘들었다. 현재 동대문 근처에는 염초청焰硝廳이라는 조선시대 관청 터가 있는데, 염초청은 화약을 만드는 데 필요한 염초를 구하는 곳이었다. 이곳 사람들은 염초 성분이 있는 땅이라면 어디든 파헤쳐서 질소 성분을 조금이라도 얻어내기 위해 별의별 시도를 다 했다고 한다. 《광해군일기》를 보면 염초를 뽑아내기 위해 임금이 사는 궁전의 흙도 염초청에서 퍼다 쓸 정도였다고 한다.

그렇게 오백 년이 넘는 세월 동안 많은 사람이 고생했지만, 세균처럼 질소고정 기술을 개발할 수는 없었다. 그러다 현대 화학기술이 발전하면서 사람들은 점차 질소고정 기술을 개발해나가기 시작했다. 실용적인 질소고정 기술을 개발하는 데 결정적인 공을 세운 이들은 독일의 프리츠 하버Fritz Haber 연구팀이다. 프리츠 하버 연구팀은 20세기 초, 소위 '하버법'이라는 기술을 개발했다.

하버법은 높은 온도와 압력, 금속으로 만든 촉매, 그리고 물질의 비율을 절묘하게 조절하는 기술을 이용해서 공기 중의 질소를 수소와 결합시켜 암모니아라는 물질을 만드는 기법이다. 1913년 독일에서는 하버법을 이용해 질소고정을 하는 공장이 건설되었다. 그때부터 콩 뿌리 혹 속에 사는 세균의 힘을 빌리지 않아도 공장에서 암모니아를 만들고 이를 가공해 식물이 빨아먹을 수 있는 형태의 질소 성분을 마음껏 땅에 뿌릴 수 있게 되었다. 이 위대한 발견을 기념하기 위해 지금도 독일에는 그 첫 공장 설비의 일부를 남겨두었다고 한다.

이렇게 세상에 질소비료라는 것이 탄생하게 되었다. 하버법을 개발한 이후로는 비료만 부으면 얼마든지 땅을 비옥하게 만들 수 있었다. 공장에서 공기를 이용해서 만든 물질을 식물에게 주면 식물이 그것을 먹고 자라는 세상이 왔다는 이야기다.

19세기까지만 해도 지구에서 이렇게 많은 사람을 먹여 살릴 식량을 만드는 게 불가능했기 때문에, 전쟁이라도 일어나 사람들이 얼마간 사라져야 남은 사람들이 먹고살 수 있다는 무서운 생각이 점점 힘을 얻고 있었다. 그런 비관주의를 깨고 다 같이 먹고살 만큼 충분한 식량을 재배할 수 있는 새로운 길을 제시한 것이 바로 하버법이다. 나는 이 기술을 개발하는 데 결정적인 공을 세운 프리츠 하버를 화학의 황제라고 부를 만하다고 생각한다. 하버에 대해 어떻게 생각하는지 식물이나 동물에게 직접 물어본다면 아마 전 세계의 농작물들은 하버에게 엎드려 인사를 올릴 것이다. 많은 질소고정세균들도 머리를 숙여 경의를 표할지도 모른다.

하버법은 모든 피와 살의 원천인 질소가 생물의 몸에 들어오는 길을 바꾼 굉장한 혁신이다. 까마득히 머나먼 옛날부터 이어져온 생태계의 근본 원리를 바꾸어 세균으로부터 생태계의 한 부분을 독립시킨 기술이 하버법이다. 현재 하버법을 활용해 공장에서 고정하는 질소의 양은 자연적으로 고정되는 질소의 양과 맞먹을 만큼 많다. 이 말인즉슨 하버법 덕분에 대략 지구만 한 세계가 하나 더 생긴 셈이라는 뜻이다. 이후 많은 사람이 하버법을 능가하는 질소고정기술을 개발하기 위해 애를 썼지만 아직까지도 하버법은 질소비료 생산에서 중요한 기술이다.

세균들이 예전부터 질소를 고정하기 위해 몸속에서 사용해온 방법을 연구할수록 하버법과 닮은 점이 문득문득 보인다는 점도 무척이나 신기하다. 금속 성질의 촉매를 쓴다든가, 산소를 제거하는 것이 중요하다는 점은 세균의 몸속과 질소비료 공장 두 곳에서 공통적으로 발견되는 특징이다.

하버법은 삽시간에 전 세계 농업과 공업에 영향을 미쳤다. 개발된 지 불과 10여 년이 지난 1927년에 한반도의 흥남에도 질소비료 공장이 건설되었다. 이후 1955년 충북 충주에도 질소비료 공장을 짓기 시작했는데, 이것이 우리 손으로 만든 대한민국 최초의 현대적인 대형 공장이다.

몇 년 전 한 신입사원과 함께 어느 화학공장을 돌아보고 있었는데 그 신입사원이 "와, 제가 무슨 영화 속 이상한 나라에 와 있는 것 같아요"라고 말한 것이 기억난다.

자주 다니다 보면 무덤덤해지지만, 쇳덩이로 만든 수백 개의 파이프들이 정글처럼 복잡하게 얽혀있고 공룡처럼 거대한 기계들이 다닥다닥 붙어서 큰 산 같은 형상을 이루는 현대 화학공장의 풍경은 문득 낯설게 느껴질 때가 있다. 그런 기계들이 수천 마리, 수만 마리의 짐승이 만들어낼 법한 힘으로 돌아가고, 그 사이를 별별 신기한 성질을 가진 온갖 액체와 기체들이 오간다고 생각하면 현대의 공장은 어느 영화 속 우주 도시의 풍경 못지않다는 생각이 든다.

충주비료공장 전경을 담은 팸플릿

    지금이야 우리나라의 어느 공단을 가도 그만한 공장 하나쯤 보는 것은 어렵지 않다. 하지만 1955년에는 온 나라의 힘을 기울여도 질소비료 공장 하나를 짓는 것이 쉬운 일이 아니었다. 지금 나라가 가난해서 굶는 사람도 많은 판에 당장 먹을 식량부터 사들여야지, 얼마나 잘 돌아갈지도 모르는 공장을 짓는 데 돈을 쏟아붓느냐는 비판도 있었다고 한다.

    그럼에도 뜻 있는 많은 사람들은 농사를 잘 짓게 만들 수단이 있어야 결국 굶주림도 완전히 해결되는 것이고, 그러려면 현대식 비료공장을 짓고 운영하는 기술이 필요하다고 생각했다. 게다가 이것을 발판으로 앞으로 다른 공장을 건설하고 산업을 키워나갈 경험도 얻게 될 거라고 믿고 이 일에 매달렸다. 여러 사람들의 노력과 우여곡절 끝에 1959년 10월, 충주 비료공장은 시운전을 시작했다.

나는 이때가 한국의 산업화와 경제 개발이 시작된 기점이라고 생각하며, 모든 한국 현대 공장의 어머니가 바로 이 충주 비료공장이라고 생각한다.

충주호 근처에 위치한 옛 충주 비료공장 터는 현재 다른 공장들이 차지하고 있어서 옛 모습을 거의 찾아볼 수 없다. 그곳이 한국의 첫 번째 비료공장 자리였다는 것을 아는 사람들도 많지 않고, 잘 살펴보지 않으면 옛 비료공장의 흔적조차 찾기가 쉽지 않다. 어딘가에 그때 사용했던 기계나 장비들을 전시하고 기념한다면 어떨까 하는 아쉬움이 든다.

질소고정은 질소고정세균의 주특기이고 동물 중에는 그런 재주가 있는 것이 없다지만, 1959년 충주의 기술자들은 자신들의 공장에서 질소고정을 해내는 데 성공했다. 세균처럼 몸속에 타고난 밑천으로 성공한 것이 아니라, 땀 흘려 강철 탑을 짓고 긴 밤을 지새우며 무쇠 파이프를 움직여보려는 수없는 노력 끝에 해내고야 말았다.

3부

미래관

BACTERIA EXHIBITION

9장

세균 사용설명서

세균이라는 훌륭한 실험 파트너

사람들이 세균에 대해 많은 것을 알아낸 이후, 세균을 조종하고 이용하고 활용하려는 시도는 점점 더 늘고 있다. 과거에도 김치나 청국장을 만들 때 세균을 활용하기는 했다. 잡다한 것을 썩혀 농작물에 퇴비로 주는 방법 역시 세균을 응용하는 기술로 볼 수 있다. 이런 방법들 외에도 갈수록 더 새로운 방법으로 곳곳에서 세균을 쓰는 사례가 늘고 있다.

사람들은 세균의 특징을 활용해 사람이 하기 어려운 일을 해낸다. 사람들이 유용하게 활용하는 세균의 특성으로는 세균의 크기가 작다는 것, 여러 세균이 뭉쳐서 큰 덩어리가 된다는 것, 세균의 움직임이 빠르다는 것, 세균이 환경에 적응을 잘한다는 것 등이 있다.

이 중에 먼저 생각해볼 것은 세균의 크기다. 세균치고는 거대하기로 손꼽히는 티오마르가리타 나미비엔시스Thiomargarita namib-iensis만 하더라도 1밀리미터가 채 되지 않는다. 보통 세균의 길이를 재보면 그것의 몇백분의 일밖에 되지 않는다. 이렇게 작은 세균 입장에서는 사람 한 명만 해도 굉장히 거대해 보일 것이다.

그냥 거인처럼 보이는 정도가 아니다. 세균에 비하면 사람의 키는 백만 배가 훨씬 넘는다. 세균의 입장이 되어 사람 한 명이 걸어오는 것을 본다면, 그것은 사람 입장에서 한반도만 한 덩어리가 걸어오는 것처럼 보일 것이다. 세균에게는 한 사람이 광대한 자연이고 드넓은 세계다.

그렇다 보니 세균 입장에서는 사람이 움직이는 것도 굉장한 충격이다. 피부에서 땀이 흘러내리는 것은 폭포가 쏟아지는 것처럼 느껴질 것이다. 사람이 손을 씻으면 세균에게는 대양의 물이 휘몰아쳐 산꼭대기로 치솟아오르는 것으로 보일 것이다. 지독하게 버티는 세균도 있지만 쉽게 쓸려 내려가 파괴되는 세균도 많다.

세균 중에는 민감한 것도 많다. 적당히 민감한 편이고 활동이 활발하며 잘 자라는 특징을 지닌 세균은 다양한 실험을 하기에 좋다. 세균도 생물이기에 어떤 상황이 생물에게 나쁜 영향을 끼치는지 아닌지 알아보는 실험을 할 때 세균을 이용하는 것도 고려해볼만하다.

유독 민감한 세균을 사용하면 섬세한 실험도 가능하다. 어떤 동네의 자외선이 얼마나 강한지 알고 싶을 때 자외선을 맞으면 죽는 세균을 데려다 놓고, 버티는 시간과 살아남은 세균의 수를 헤아려 보는 식으로 실험할 수도 있다. 이런 방식을 여러 가지 다양한 영역에 활용해보는 것도 가능하다. 다른 곳에서 옮겨 온 세균이 새로운 환경에서 정상적으로 잘 자란다면 그곳도 다른 곳만큼 평화롭고 정상적인 곳이고, 세균이 제대로 자라지 못하고 죽거나 변해버렸다면 뭔가 문제가 있는 곳이라고 생각해볼 수 있다.

오래전부터 새로운 약을 개발하고 약에 해가 있는지 없는지 실험할 때에는 흔히 토끼처럼 몸집이 작은 동물들에게 약을 먹이고 그 동물의 상태를 관찰하는 수법을 자주 사용했다.

하지만 동물을 대상으로 실험을 하는 것에는 여러 문제가 있다. 아무리 토끼가 새끼를 많이 낳고 성장이 빠르다고 해도 건강한 토끼를 키우려면 한동안 정성을 들여야 한다. 실험하기 전까지 잘 준비시키는 일도, 실험하는 동안 가둬놓고 관찰하는 일도 매우 힘들다. 실험에 따라서는 토끼가 얼마나 잘 성장하고 얼마나 활동하는지 지켜봐야 하는 경우도 있는데, 토끼의 삶을 오래도록 면밀하게 관찰해야 하니 그것도 힘들다. 게다가 동물을 실험용으로 키운다는 점, 실험으로 인해 동물이 다치고 상하는 일 때문에 마음이 괴롭다는 점을 비롯하여 여러 윤리적인 문제가 따를 수 있다.

만일 토끼 대신 세균을 실험용으로 사용할 수 있다면 어떨까? 세균도 생물이니 생물의 특성을 갖추고 있다. 위험한 환경에서는 버티지 못하고, 자신에게 편안하고 안전한 환경에서는 번성한다.

어떤 방사선을 맞으면 무슨 위험이 있을지 알아볼 때나 약에 어떤 효과가 있는지 알고 싶을 때 세균을 활용하는 것은 괜찮은 실험 방법이 될 수가 있다. 특정한 독성이나 위험에 민감한 세균을 이용하면 그 독성이 얼마나 강하거나 약한지 제법 정확하게 판별할 수 있다.

세균은 조그마한 시험관 안에 몇백만 마리도 키울 수 있고, 쉽게 키울 수 있는 세균이라면 약간의 먹이만으로도 빠르게 자란다. 물론 세심하게 신경을 써서 다른 세균이 섞이지 않도록 해야 한다. 그러나 실험용으로 쓰기 위해 작은 동물들을 키우는 것보다는 쉬운 일이다. 실험용으로 쓰고 처리하는 일에 대한 마음의 부담도 적다. 실험 결과 세균 백 마리가 죽었다고 해도, 오늘은 손을 좀 깨끗이 씻은 셈이라고 생각하면 된다. 게다가 세균은 빨리 자라기 때문에 유전적인 문제가 대를 이어 어떻게 나타나는지 관찰하기에도 굉장히 좋다.

우주에서 생물이 어떻게 자라나고 자손을 낳는지 살펴볼 때도 크기가 작고 가볍고 키우기 쉬운 세균을 많이 이용한다. 2008년에 우주정거장에서 이소연 박사가 실험을 할 때에는 작은 가방 안에서 세균에게 먹이를 주면서 관찰할 수 있도록 하는 자동 장치를 사용했다. 토끼로 실험을 해야 했다면 아무리 모자 속에 숨길 수 있는 작은 토끼라고 해도 토끼풀과 토끼장을 따로 우주까지 챙겨가서 직접 풀을 먹여가며 실험해야 했을 것이고, 또 토끼를 여러 마리 데려가기도 쉽지 않았을 것이다.

세균 시험법 중에는 아예 표준으로 삼아 세계적으로 널리 쓰이는 것도 있다. 1970년대에 미국의 브루스 에임스Bruce Ames 교수가 개발한 에임스시험법Ames test이 대표적인 예다. 에임스시험법에서는 살모넬라 티피무리움Salmonella typhimurium이라는 세균이 평범하게 자라는지 특이하게 변하는지 관찰한다. 만일 세균이 평소처럼 자라지 않고 돌연변이를 많이 일으켰다면 뭔가 좋지 않은 상황에 처해 있는 것으로 추정한다. 에임스시험법은 소위 독성시험 실험실이라는 곳에서 흔히 사용하는 방법이며, 한국에서도 표준적인 시험법의 하나로 자주 소개되곤 한다.

만일 어떤 건강식품 재료를 개발한 사람이 그 재료로 에임스시험을 했는데 실험용 세균이 평범하게 자라나지 못하고 돌연변이

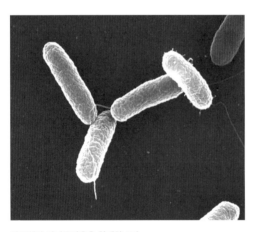

살모넬라 티피무리움을 확대한 모습

를 일으킨다면, 재료가 어딘가 의심스럽다는 느낌을 줄 수 있다. 실험 결과가 좋지 않으면 이후에 그 재료를 판매하는 데에 큰 영향을 미치기 때문에 신제품을 개발해서 독성 실험을 해야 하는 회사에서는 담당 직원이 시험대 위의 세균이 제발 평소와 다름없이 평범하게 자라나기를 간절하게 빌고 또 빈다.

뭉쳐야 산다

한편 세균이 항상 작다고만 할 수는 없다. 세균 한 마리는 작지만 세균들이 뭉쳐서 큰 덩어리를 이루면 몸집이 커 보이기 때문이다. 이 또한 사람들이 늘 관심을 갖고 이용하려는 세균의 특징이다.

　이렇게 많은 세균이 뭉쳐 덩어리를 이룬 모습은 흡사 여러 세포가 연결되어서 이루어진, 우리 같은 큰 생물과 느낌이 비슷하다. 우리처럼 덩치가 큰 생물 속에서 다양한 세포들이 서로 손발이 착착 맞게 움직이며 멋진 모습을 이뤄내는 것에 비하면 세균이 뭉쳐진 덩어리는 언뜻 보기에도 단순한 것 같다. 그런데 덩어리진 세균도 그럴듯한 모양을 이룰 때가 있다. 예를 들어 세균이 계속 새끼를 치면서 많이 불어나면 그 떼거리가 굉장히 많아져서 어느 순간 눈에 보이기 시작하는데 그 모양이 꽃이나 눈송이를 연상하게 하는 기이한 소용돌이 같을 때도 있다.

　단지 모양만 그럴듯한 것이 아니라 어떤 것들은 그 나름대로 자기들끼리 역할을 나누기도 하고 그렇게 덩어리로 뭉쳐지기 이전에 할 수 없었던 일을 해내기도 한다. 심지어 세균 덩어리는 종종 한 종류의 세균들끼리만이 아니라 여러 종류가 힘을 합쳐 하나의 덩어리를 이루는 경우도 많다.

이렇게 세균들이 덩어리질 때는 서로 끈끈한 물질을 분비해서 들러붙고 얇은 막 내지는 껍데기 모양을 갖추기도 한다. 이런 것을 흔히 생물막biofilm이라고 하는데 시냇물, 하수구, 축축하고 구석지고 지저분한 곳에 미끌미끌하거나 끈적한 것이 끼어있다면 다양한 세균 덩어리들이 뭉쳐 생물막을 이룬 경우가 대부분이다. 사람 입 속에서 충치를 일으킨다는 치석dental calculus 역시 여러 세균들이 뭉쳐서 이루어진 생물막에서 생겨나는 것이라고 한다.

이러한 세균 덩어리가 생각했던 것 이상으로 거대하게 자랄 때도 있다. 녹조가 발생한 물에 가면 남세균들이 초록색으로 엉겨붙어서 수면을 온통 뒤덮고 있는 것을 볼 수 있다. 특히 바다에서 잘 덩어리지는 트리코데스미움 에리트라에움Trichodesmium erythraeum은 커다란 무리를 이루는 편이다. 트리코데스미움 에리트라에움을 비롯해서 트리코데스미움 속으로 분류되는 몇몇 남세균들이 바닷물 위에서 번성하면 독특한 색깔의 모래나 톱밥 같은 것을 뿌린 듯한 모습을 보인다. 따뜻한 곳에서 때를 잘 만나면 괴물처럼 순식간에 불어나서, 바다에서 녹조 현상과 비슷한 것을 일으키게 된다.

조선시대에 기록된 《해산잡지》에는 제주도 인근 바다에서 어

트리코데스미움이 무리를 이룬 모습 | 남태평양에 거대하게 자라난 모습을 우주에서 촬영했다.

떤 사람이 거대한 뱀 비슷한 것을 목격한 이야기가 실려있다. 그 괴물은 뱀이라기보다는 지렁이처럼 발 없는 벌레와 비슷한 느낌인데, 굵기는 큰 항아리와 비슷하고 수십 명이 탄 배가 작게 느껴질 정도로 길이가 매우 길었다고 한다. 그리고 희미한 빛을 내는 것 같았다고 하는데, 이야기 속 묘사를 보면 별로 포악하지는 않았던 것 같다. 나는 그 괴물 이야기가 트리코데스미움이 번성해서 긴 띠 모양으로 늘어진 것을 멀리서 잘못 보고 착각한 것 아닌가 짐작해본다.

트리코데스미움 떼거리는 굵기도 길이도 충분히 거대한 괴물처럼 자랄 수 있다. 몇십 미터 혹은 몇백 미터 길이로 띠처럼 길게 늘어져 떠다닐 수도 있다. 바닷물을 따라 흔들리며 떠다니는 모습을 보면 바다의 거대한 괴물 뱀이 꿈틀거리는 모양이라고 착각할 수 있을 정도다. 트리코데스미움은 따뜻한 곳에서 번성하므로, 만일 제주도의 뱃사람들이 남쪽으로 꽤 많이 갔고 그 무렵 날씨가 유난히 따뜻했다면 더 그럴듯한 이야기라고 본다.

바다에서 거대한 괴물 뱀을 봤다는 전설은 전 세계 뱃사람들 사이에 수백 년 전부터 퍼져있었다. 어떤 사람들은 고래나 커다란 오징어를 잘못 본 것이라고 하기도 했고, 소설 속에는 공룡 시대부터 살았던 거대한 괴물이 깊은 바닷속에 몸을 숨기고 있다가 잠깐 모습을 드러낸 것이라는 말이 나오기도 한다.

우리나라에서 '고래 목장'이나 '해저 정찰대'라는 제목으로도 알려진 아서 클라크의 소설《원거리The Deep Range》에는 미래 세계에서 고래를 양식하는 해양 기지가 등장한다. 여기에도 해양 기지의 대원들이 잠수함을 타고 깊은 바다에서 정체불명의 거대한 뱀 모양 괴물을 목격하는 장면이 신비롭게 그려져 있다.

아닌 게 아니라 바다 깊숙한 곳에 숨어있는 먼 옛날의 파충류 괴물 못지않게 트리코데스미움도 기이한 성질을 갖고 있다. 트리코데스미움은 광합성을 하면서 동시에 공기 중의 질소도 빨아먹어 질소고정을 한다. 말하자면 트리코데스미움은 허공에서 밥과 고기를 모두 만들어 먹을 줄 안다. 특히 트리코데스미움의 질소고정 능력은 독특한 점이 많아서 연구할 거리도 많다. 이렇게 놀라운 능력을 가진 세균이 때를 잘 만나면 온 바다를 뒤덮을 정도로

옛 유럽 사람들이 생각한 바다의 거대한 괴물 뱀 모습

잘 자라기까지 한다니 과연 괴물 같지 않은가? 그야말로 거대한
뱀으로 착각할 만큼 갑자기 크게 자라는 경우도 드물지 않다. 이
집트와 사우디아라비아 사이에 있는 홍해Red Sea에서 트리코데스
미움이 번성하면 바다 곳곳을 트리코데스미움 덩어리의 색깔로
물들일 정도다. 생명체 중에 이렇게 가만히 내버려두어도 쑥쑥 잘
자라는 종류는 세균 외에는 흔하지 않다.

그러니 세균을 농사짓듯이 대량으로 길러서 그것을 유용하게
써보려고 노력하는 사람들도 많다. 영양분이 많고 해롭지 않은 세
균을 길러서 동물에게 사료로 먹여보기도 하고, 하다못해 식물에
게 퇴비로 주거나 땔감을 만드는 일에 세균을 이용하려는 시도도
하고 있다.

세균은 어떻게 움직일까

사람들은 세균이 움직이는 속도에도 많은 관심을 갖고 있다. 이것도 앞으로 기술이 발전할수록 다양하게 이용해볼 수 있는 재미있는 특징이다.

비교적 흔한 세균인 대장균의 경우, 헤엄치는 속도가 1초에 100분의 2밀리미터에서 100분의 3밀리미터 정도라고 한다. 대장균이 한 시간 내내 이런 속도로 움직이는 것은 힘들겠지만, 만약 가능하다고 해도 대략 시속 0.0001킬로미터밖에 되지 않는다.

상상조차 되지 않을 정도로 느린 것 같지만, 세균의 크기를 고려하면 이 속도를 결코 느리다고 할 수 없다. 오히려 매우 빠른 편이다. 1초에 100분의 2~3밀리미터라면 대장균 자신의 길이보다 20배는 멀리 갔다는 이야기다. 사람의 키가 150센티미터라고 가정하고 1초에 자기 키의 20배 정도를 달린다고 하면 1초에 30미터 이상을 뛴다는 의미다. 이를 다시 계산해보면 100미터를 3~4초면 달린다는 것이고, 이 속도는 시속 100킬로미터 이상이다.

세균들 중에는 선모線毛, pili를 이용해서 움직이는 것이 있다. 이것은 몸 주위에 난 여러 개의 짧고 작은 촉수 같은 것이다. 털이나 다리라고 생각하면 된다. 선모를 이용해서 움직이는 원리는 애벌레 같은 것들이 발을 차례로 움직이며 기어가는 모습을 떠올리면 쉽게 이해할 수 있을 것이다. 그런데 이런 구조로는 대장균처럼 빨리 움직일 수가 없다. 빨리 움직이는 세균들은 보통 편모鞭毛,

flagella라는 것을 이용해 움직인다.

편모는 훨씬 이해하기 어려운 구조다. 일단 겉모습만 보면 편모는 세균의 몸통에서 길게 뻗어 나온 꼬리처럼 생겼다. 세균은 편모를 움직여 헤엄을 치는데, 이것이 한 개가 아니라 여러 개 달린 것도 있다. 대장균 중에도 여러 개가 달린 것이 많다. 편모가 여러 개인 세균은 오른쪽 편모를 움직여서 왼쪽으로 가고, 왼쪽 편모를 움직여서 오른쪽으로 가며 방향을 바꾸는 일도 아주 쉽게 한다. 여기까지는 아직 특별히 이상한 것이 눈에 띄지 않는다.

그런데 편모를 움직여서 헤엄치는 것은 꼬리지느러미를 움직여 물속을 헤엄치는 물고기의 방식과는 매우 다르다. 사람이 수영하는 방식과도 완전히 다르다. 편모가 움직이는 방식은 지구상의 다른 어떤 생물이 헤엄치는 방식과도 비교하기 힘들다. 편모는 배의 스크류처럼 뱅글뱅글 돌아가면서 세균을 움직인다. 마치 선풍기 혹은 프로펠러처럼 움직여 세균을 앞으로 나아가게 한다.

교과서나 연구 자료에서 이런 세균의 구조를 그려놓은 것을 한참 들여다보고 있으면, 이것은 생물이라기보다는 무슨 기계 같아 보인다. 세균의 편모는 360도 뱅글뱅글 돌아가는데, 이런 움직임이 가능한 생물은 거의 없다. 아무리 유연한 사람이라고 해도 손목, 발목, 머리를 완전히 뱅그르르 돌릴 수는 없다. 동물이나 식물도 마찬가지다. 손목이나 머리통을 360도 빙글빙글 돌리는 모습은 마술사들이 마술이라는 이름으로 우리에게 보여주는 장면이다. 나는 이 문단을 쓰기 위해 어제 저녁부터 세균을 제외하고 이런 움직임을 보여주는 생물이 뭐가 있을까 계속 생각해봤는데 끝내 아무것도 떠올리지 못했다.

이런 구조가 만들어지기 어려운 이유 중 하나는 무언가가 제자리에서 계속 돌아가려면 돌아가는 기관이 몸체에 붙어있지 않고 분리되어 있어야 하기 때문이다.

중학교 시절, 책을 한 손가락 끝에 올려놓고 빙글빙글 돌리는 놀이가 유행한 적이 있었다. 농구선수가 농구공을 손가락 위에 올려놓고 돌리듯이 손가락 위에서 360도로 책을 돌리는 모습을 상상하면 된다. 그런데 이때 접착제로 손가락과 책을 붙여둔다면 책을 뱅글뱅글 돌릴 수 있을까? 농구공을 손가락에 접착제로 붙여놓으면 농구공이 떨어지진 않겠지만 뱅글뱅글 돌릴 수는 없다. 마찬가지로 바퀴 같은 것이 돌아가려면 축에 닿아있되 접착되어 있으면 안 된다. 자동차 바퀴는 그래서 톱니바퀴를 굴려 돌아간다. 톱니바퀴는 서로 닿아있지만 붙어있진 않다.

생물은 대부분 온몸이 연결되어 있다. 떨어져있으면 보통 하나의 생물이 아니라고 생각한다. 손톱을 잘라 떨어지게 하면, 잘린 손톱 조각은 더 이상 자라지도 않고 내가 움직일 수도 없어 이제는 내 몸이 아니라 불필요한 쓰레기라고 생각하게 된다. 생물의 몸이 분리된 채로 자라나면서도 한쪽이 다른 한쪽을 움직이는 것은 힘들기도 하다. 그런데 세균의 편모는 놀랍게도 일반적인 생물 기관이 아니라 기계 부품에 가까운 느낌이다. 다시 말해 몸체와 편모가 각각 분리된 형태로, 편모가 세균 몸에 끼워져있다. 그리

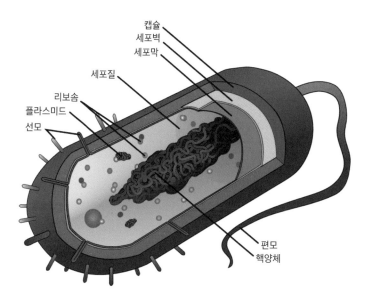

캡슐
세포벽
세포막
세포질
리보솜
플라스미드
선모
편모
핵양체

세균의 겉모습과 구조 | 핵양체에는 세균의 주가 되는 유전자가 담겨있다.

고 세균 몸속에서 어떤 화학 반응이 일어나면 그 화학 반응의 영향으로 뱅글뱅글 돌아가는 것이다.

이렇게나 작고도 이 정도로 정교하고 힘이 좋은 물체는 흔하지 않다. 세균의 편모가 돌아가는 속도는 빠를 때는 1분에 수천 번에 달한다. 이 정도면 자동차 엔진이 회전하는 속도와 맞먹는다. 헬리콥터 프로펠러도 1분에 수백 번밖에 돌아가지 않는다. 그렇다보니 세균을 이용하여 아주 작지만 효율이 좋은 장치를 만들어보려는 연구가 끊임없이 이루어지고 있다.

예를 들어 박성준 박사와 박종오 교수가 참여한 연구팀에서는 2013년에 세균과 인공 장치를 결합한 사이보그 세균 같은 것을 만든 적이 있다. 이것은 편모로 움직이는 세균의 몸에 가루처럼 작게 만든 조그마한 캡슐 장치를 붙인 것이다. 캡슐을 붙일 때 잡다한 먼지나 흙이 달라붙지 않게 하기 위해서 스트렙타비딘Streptavidin이라는 특수한 접착제를 사용해야 했다. 참고로 이 스트렙타비딘은 다른 학자들이 또 다른 세균에서 발견한 것이다.

이렇게 만든 세균은 편모로 움직이며 아주 작은 틈새도 헤엄쳐 다닐 수 있다. 예컨대 이들은 사람 몸속에서도 돌아다닐 수 있을 것이다. 세균이 적당한 위치에 도착했을 때 원격으로 신호를 보내서 세균 몸에 붙어있는 캡슐이 열리게 할 수 있다. 그러면 캡슐에 들어있는 성분을 통해 몸속에서 어떤 일이 벌어지도록 만들 수 있다. 즉 일종의 사이보그를 만들어 사람의 몸속으로 들어가서 움직이는 어려운 일은 편모로 움직이는 세균에게 맡기고 이들의 몸에 부착된 캡슐을 열고 닫는 간단한 일은 사람이 만든 장치로 해내는 것이다.

움직이는 기계까지 개발하려 했다면 세균처럼 빨리 움직이는 기술을 개발해내기는 어려웠을 것이다. 게다가 기계에 필요한 배터리를 어떻게 만들어 달고 어떻게 충전할 것이냐 하는 점도 매우 어려운 문제다. 다행히 세균을 활용하는 방법을 택한다면 세균들은 사람 몸속에서 필요한 영양분을 빨아먹으며 스스로 살아남아 계속 움직일 것이다.

당시 연구팀 소속이었던 박성준 박사는 만일 세균이 암세포 쪽으로 헤엄쳐가는 습성을 갖도록 길러낼 수 있다면, 세균에 항암제 캡슐을 달아서 몸 안에 집어넣을 수도 있지 않겠냐는 바람을 이야기했다. 이것이 가능하다면 항암제가 독하다 하더라도 몸의 다른 부분에는 최대한 해를 끼치지 않고 세균이 암세포 옆으로 약을 짊어지고 가서 암세포만 골라 파괴할 수 있을 것이다.

암을 치료하는 문제는 아직 여러 방면에서 많은 고민이 필요하겠지만, 여러 치료법을 개발하고 응용하는 일에 이 실험이 도움을 줄 가능성은 있다고 생각한다. 앞서 말한 연구팀에서는 이렇게 기계와 연결된 세균을 두고 박테리아와 로봇을 합친 것이라는 의미로 '박테리오봇'이라는 그럴싸한 이름을 붙이고 상표로 등록하기도 했다.

험난한 세상에서 세균이 자신을 지키는 법

지금까지 말한 것 외에도 관심을 끌 만한 세균의 습성은 다양하다. 요즘 특히 사람들에게 관심을 많이 끄는 것으로 주로 정족수 감지라고 번역하는 쿼럼센싱quorum sensing이라는 것이 있다. 이것은 세균끼리 서로 신호를 주고받는 방법의 일종이다.

사람은 서로 의사를 표현할 때 말소리를 내서 소리로 신호를 주고받는다. 멀리 떨어져있다면 손짓이나 깃발로 신호를 주고받을 수도 있을 것이다. 꿀벌은 춤을 추는 방식을 달리하는 것으로 서로 신호를 주고받는다고도 한다.

그런데 세균들은 주로 독특한 화학 물질을 뿜어내고 옆에 있는 세균이 무슨 화학 물질을 뿜어냈는지 감지하는 방식으로 신호를 주고받는 것 같다. 어떤 사람들은 이것을 두고 세균은 냄새로 대화한다고도 하는데, 이는 단순히 고양이가 개다래나무 냄새를 맡으면 좋아하거나 꽃냄새를 좋아하는 동물이 꽃밭으로 모여 드는 것과 비슷하다고 볼 수도 있다. 그중에서도 '정족수 감지'란 냄새를 이용해서 주변에 동료 세균이 얼마나 있는지 파악하고 일정한 떼거리가 모였는지를 감지하는 능력을 말한다.

예를 들어 어떤 세균 떼거리가 하수도관의 어디쯤에서 만나 끈끈한 막을 형성해 서로 엉겨 붙어 그곳에 눌러살 계획이라고 해보자. 충분한 떼거리가 모여있지 않으면 튼튼한 생물막을 만들 수 없어 미처 자리 잡기도 전에 몽땅 쓸려나갈 것이다. 그러므로 세균들은 "내가 왔다", "나도 여기 있다", "나도 도착했다"라고 서로 신호를 주고받으며 대화한다. 이런 말에 해당하는 냄새가 충분히 풍기고 일정한 정도에 이르면, 그것이 세균 몸에 새로운 화학 반응을 일으켜 세균의 몸을 생물막을 만드는 상태로 바꾼다. 이런 모습을 보면 세균들끼리 "다들 잘 도착한 것 같군. 엉겨 붙어 안전하게 살아갈 만큼 충분히 모인 것 같다. 이제 여기에 집을 짓자"라고 이야기하며 대화를 통해 판단을 내리는 것 같다.

이런 신호 교환은 한 종류의 세균끼리만 하는 것도 아니다. 서로 다른 세균끼리도 신호를 교환할 수 있다. 예컨대 "나는 먹을 것을 잘 구해 오는 세균이다", "나는 다른 동물의 공격에 잘 맞서 싸우는 세균이다", "나는 끈끈하게 달라붙는 것을 잘하는 세균이다"라는 식으로 각자 자기 정체를 드러내는 냄새를 풍긴다. 다양한 능력을 가진 세균들이 좋은 조합으로 모여서 더 강해질 수 있겠다 싶을 때, "우리가 뭉쳐 힘을 합친다면 여기에서 살아갈 수 있겠다"라고 하면서 끈끈한 물질을 만들어 정착하기 시작하는 식의 작전도 가능하다.

최근에 인기 있는 세균의 능력이 정족수 감지라면, 전통적으로 세균의 습성에서 눈길을 끌었고 아직까지도 사람들이 관심을 갖는 것은 세균의 적응력이다. 세균의 적응력을 절묘하게 이용해서 사람들이 이런저런 사업을 벌인 지도 제법 오래되었다. 사람들은 세균의 적응력을 역으로 이용해서 세균을 속이고 세균을 개조하고 세균에게 일을 시킨다.

여기에는 세균이 플라스미드plasmid라는 것을 갖고 있다는 점이 흔히 활용된다. 플라스미드라는 말을 처음 사용하기 시작한 사람은 미국의 조슈아 레더버그Joshua Lederberg 교수다. 노벨상 수상자인 레더버그 교수는 1960년대 초에 혹시 화성에 외계 생명체가 있다면 어떤 단백질 성분으로 되어있을까 조사하는 연구를 했던 것으로도 유명하다. 이때 에드워드 파이젠바움Edward Feigenbaum 교수가 컴퓨터 소프트웨어를 이용해서 연구를 돕는 과정에서 원시적이지만 제법 쓸모 있는 인공지능 소프트웨어를 개발한 이야기도 꽤 널리 알려진 일화다. 이에 관한 이야기는《로봇공화국에서 살아남는 법》에도 실려있다.

레더버그 교수 연구팀은 그보다 앞선 1950년대에 세균의 몸속에 관심이 많았다. 특히 세균 몸속에 DNA가 한 덩어리만 있는 것이 아니라, 작고 동그란 고리 모양으로 이루어진 부스러기 DNA도 있다는 것에 이들은 주목했다. 이 부스러기 DNA는 세균의 생활에 꼭 필요하지 않은 경우도 많다. 그렇지만 DNA답게 자기 나름의 역할을 하기는 하는지라 세균 몸속에서 효소와 화학 반응을 일으켜서 여러 가지 다른 효소를 만들어낼 수 있다.

그런데 자세히 살펴보니 이 작은 고리 모양의 부스러기 DNA야말로 세균의 적응과 진화에 아주 중요한 역할을 감당하는 결정적인 비밀 무기 같은 것이었다.

보통 성별이 없는 동물에 비해 암컷과 수컷으로 나누어져 있는 동물들은 적응하고 진화하기가 좋다고들 한다. 어떤 암컷 호랑이는 빠르지만 발톱이 덜 날카로운 편이고 그 짝인 수컷 호랑이는 느리지만 발톱이 매우 날카롭다고 할 때, 이 두 호랑이 사이에서 새끼가 태어나면 달리기가 빠르면서 동시에 발톱도 날카로운 것이 태어날 가능성이 있다.

그런 호랑이가 한두 마리만 태어나준다면 그 자손들은 다른 호랑이보다 더 잘 적응할 것이다. 또한 세월이 흐를수록 점점 더 번성하고 후손도 많이 퍼질 것이다. 그러니까 짝짓기 과정에서 두 부모의 여러 특성이 섞여서 다양한 후손들이 태어날 수 있고, 다양한 후손 중에도 조금이라도 더 적응을 잘하는 것이 더 살아남아 번성하게 되므로 대를 거듭할수록 양쪽 부모의 장점만을 물려받은 종류의 숫자가 늘어나게 된다는 이야기다. 이것이 바로 남녀가 나뉘어 있는 생물의 장점이다.

그런데 암컷과 수컷의 구분 없이 자라다 자기 혼자 분열해서 새끼를 치는 대부분의 세균들은 이런 방식을 쓸 수 없다. 내가 느리면 내 자식도 느리고, 내가 발톱이 약하면 내 자식도 발톱이 약하다. 우연히 돌연변이가 일어나지 않는 한, 자손이 나와 다르게 혹은 더 낫게 태어나기는 어렵다.

DNA 주고받기

이 문제의 해결책이 바로 플라스미드라는 작은 부스러기 DNA다. 세균은 몸속의 부스러기 DNA인 플라스미드를 바깥으로 내보낼 수도 있고, 가끔 다른 세균이 내뿜은 플라스미드를 몸속으로 받아들일 수도 있다. 이렇게 하면 비록 작은 부스러기 DNA이긴 하지만 다른 세균이 갖고 있던 DNA 일부를 아무 때나 받아들여서 내 것으로 만들 수 있다. 이 말인즉슨 다른 생물의 유전자를 빨아들여서 내 몸의 일부로 만들 수 있다는 이야기다.

마치 만화 속에나 나올 법한 '다른 초능력자의 초능력을 흡수할 수 있는 초능력자'를 보는 것 같다. 어떤 사람이 뛰어난 가수와 입을 맞췄더니 그 사람도 갑자기 노래를 잘하게 되었다거나, 잘생긴 영화배우의 손톱을 구해서 먹었더니 먹은 사람이 갑자기 아주 멋진 얼굴로 바뀌게 되었다는 식의 이야기처럼 들린다. 어쩌면 그것보다 더 이상한 이야기다. 세균이 플라스미드를 주고받는 것은 심지어 같은 동족 세균에서만 가능한 일이 아니기 때문이다. 어떤 사람이 개털을 먹었더니 갑자기 개처럼 냄새를 잘 맡게 되었고, 어떤 사람이 참새 깃털을 먹었더니 팔에 깃털이 솟아나고 하늘을 날 수 있게 되었다는 이야기와 더 비슷하다.

이렇게 세균은 주특기를 서로 교환하면서 암컷과 수컷이 따로 없다고 하더라도 다양한 모습으로 변화하고, 그렇게 해서 주변 환경에 적응할 수 있다. 부모가 자식을 낳는 과정에서 유전자를 전달하는 것이 아니라, 평소 생활하면서 부모 자식이 아닌 수평적 관계에서 서로 유전자를 전달한다는 점에 초점을 맞춰 이 현상을 '수평적 유전자 전달horizontal gene transfer/HGT'이라고 한다.

세균은 이런 식으로 서로서로 유전자를 조금씩 주고받으며 변신하는 일을 무척 자주 하는 편이다. 그래서 암컷과 수컷으로 성별이 나뉜 동물보다 도리어 더 빨리 적응하고 진화한다는 느낌이 들 정도다.

어떤 사람들은 세균이 바로 이런 특징을 갖고 있기 때문에 금방 항생제antibiotics에 내성을 갖게 되는 것이라고 설명한다. 항생제는 몸속에서 세균만 골라 없애는 기능을 하는 약이다. 그런데 만약 어떤 세균 한 마리가 우연히 항생제를 버텨내는 능력을 갖게 되면, 그 능력을 담고 있는 플라스미드가 다른 세균들에게 퍼질 수 있다. 그러면 온갖 세균들이 항생제에도 죽지 않고 버텨내는 능력을 같이 갖게 된다.

정반대로 사람에게 유용한 효소, 사람에게 유용한 물질을 만드는 DNA를 플라스미드 모양으로 그럴듯하게 만들어 써먹는 방법도 있다. 이렇게 만든 플라스미드를 세균에게 슬쩍 전해주면, 세균은 멋모르고 그 효소가 자기에게 굉장히 중요한 물질이라도 되는 것인 양 마구 만들어내게 된다. 그러면 사람은 나중에 그것을 빼앗아서 수확하면 된다.

플라스미드로 세균을 속여서 물질을 생산하는 방법은 이미 수십 년 전부터 상업화되어 널리 사용되고 있다. 예컨대 당뇨병 환자에게 꼭 필요한 인슐린을 대장균이 만들어내도록 하는 방법이나, 성장호르몬이 부족한 어린이에게 필요한 인간의 성장호르몬을 대장균이 만들어내게 하는 방법은 오래전에 개발되어 지금까지도 아주 유용하게 이용되고 있다.

GenBank라는 웹사이트에는 세계 곳곳의 사람들이 연구한 온갖 생물들의 DNA구조가 게시되어 있고, 누구나 무료로 그것을 볼 수 있다.

DNA의 구조는 염기쌍이라는 단위로 나누어 약자로 표기하므로 GATTACCA같이 알파벳들이 길게 이어지는 형태로 쓴다. 예를 들어 DNA의 구조가 GAT라고 쓰여있다면 구아닌, 아데닌, 티민이라는 물질이 차례로 연결되어 있다는 뜻이다. 대장균의 전체

DNA 구조는 이런 것이 3백만 개 정도 연속으로 연결된 것이다. 그리고 이렇게 DNA 구조를 염기쌍이라는 단위로 차례대로 표시해놓은 자료를 흔히 DNA 염기 서열sequence이라고 한다. Gen-Bank에는 사람, 개, 돼지 같은 친숙한 동물뿐만 아니라 식물, 곰팡이, 세균 등 별별 생물의 DNA 염기 서열들이 굉장히 많이 올라와 있다.

GenBank에 있는 온갖 DNA 염기 서열 중에 어떤 것이 사람에게 유용한 효소를 만들어낼 수 있는 부분인지 어떻게 알 수 있을까? 가장 간단한 방법으로는 이런 것이 있다. 두 꽃이 습성과 모양이 굉장히 비슷한데 한 꽃은 꿀을 만들고 다른 꽃은 꿀을 만들지 않는다면, 두 꽃의 DNA구조를 비교해본다. 샅샅이 비교해보면 한 꽃에는 있지만 다른 꽃에는 없는 DNA구조를 찾아낼 수 있을 것이다. 다른 부분이 깔끔하게 딱 하나 발견된다면 그것이 바로 꿀을 만드는 역할을 하는 유전자라고 예상할 수 있다.

그러면 그 부분에 해당하는 DNA, 즉 꿀을 만드는 유전자를 담고 있는 DNA를 실험실에서 인공적으로 만든다. 그리고 그것을 플라스미드 모양으로 꾸며 세균에게 준다. 세균이 그것을 자신의 것으로 받아들인다면 얼마 지나지 않아 세균이 꿀을 만들어낼지도 모른다. 트리코데스미움에게 이 꿀 유전자 플라스미드를 건네주는 데 성공한다면 바닷물 위에서 괴물처럼 거대하게 자라서 꿀을 콸콸 쏟아낼지도 모를 일이다.

물론 이 과정에서 DNA를 플라스미드 모양으로 조작하는 것이

GenBank 웹사이트의 내용을 담은 CD | 이론상으로는 이 내용을 이메일 등을 이용해서 머나먼 외계 행성에 보내고 그곳에서 이 자료를 토대로 탄소, 수소, 질소, 산소 같은 재료을 합성해서 지구의 생명체를 만들어내는 것이 가능하다.

쉽게 가능한지, 플라스미드를 세균에게 주었을 때 세균이 순순히 받아들여 그 물질을 만들어낼 것인지, 만들어낸 물질이 사람 손에 들어오기 전에 세균 스스로 파괴하지는 않을지 등 따져볼 것이 많다. 하지만 도전할 가치가 충분해보이는 만큼 성공의 결과는 달콤해 보인다.

보통 그럴듯한 역할을 하는 유전자를 담고 있는 DNA는 몇백 개의 염기쌍으로 이루어져 있다. 이 정도 크기의 DNA라면 수천 개의 원자를 조합해서 만들어야 한다. 무척 피곤한 일이기는 하다. 하지만 최근에는 워낙 많은 곳에서 이런 실험을 하기 때문에 한국, 미국, 중국에 위치한 전문 업체들이 이런 작업을 대신 해주기도 한다. 자동화된 기계와 로봇을 이용해 의뢰인이 주문한 대로 DNA를 만들어주는데, 약간의 차이는 있지만 염기쌍 하나, 그러니까 수십 개의 원자로 된 DNA를 만드는 데 드는 비용은 몇백 원에서 몇천 원 수준이다.

이 과정에서 운 좋게 기막힌 능력을 지닌 세균을 개발할 수도 있다. 오염된 물을 먹고 경유를 만들어낸다든지 쓰레기 더미에 뿌려두면 그 위에서 부탄가스를 만들어내는 세균 같은 것을 만들 수 있을지도 모른다.

조금 더 환상적인 사례로는 2010년 다니엘 깁슨과 크레이그 벤터 박사의 연구팀에서 미코플라스마 미코이데스Mycoplasma my-coides라는 세균의 몸을 이루는 모든 물질을 만들 수 있는 DNA를, 하나도 빠짐없이 통째로 인공적으로 만들었던 연구가 있다. 그리고 이것을 열심히 한 가닥으로 이어서 다른 세균에 모두 집어넣었더니 바로 그 미코플라스마 미코이데스라와 똑같은 세균이 한 마리 태어났다.

당시 언론에서는 이 실험 결과를 두고 탄소와 질소 몇 개가 붙어있는 물약을 열심히 섞고 또 섞어 생명체를 만들어냈다는 식으로 제법 떠들썩하게 보도했다. 옛 유럽의 마법사 전설 중에는 마법 물약을 이용해 만들어낸 호문쿨루스Homunculus라는 인조인간 이야기가 있는데, 마치 그 마법을 현실에 부린 것 같다는 반응이었다.

이 연구팀이 당시 발표한 논문 제목도 '화학적으로 합성된 유전체에 의해 조종되는 세균 세포의 창조'였다. 제목에 굳이 '창조cre-ation' 같은 거창한 말을 쓴 것을 보면, 연구팀에서도 이를 멋지게 세상에 알리고 싶었던 것 같다.

10장

세균 결투

2천 년 전 늑도에서 생긴 일

경상남도 사천 앞바다에는 늑도라는 작은 섬이 있다. 오랫동안 그저 한적한 섬으로 보이는 곳이었는데 1980년대에 들어서 사실은 늑도가 고대의 비밀을 품은 섬이라는 사실이 드러났다. 이 섬에 기원전 1세기경의 옛 유물들이 묻혀있었기 때문이다.

처음에는 단순히 오래된 물건 몇 점이 묻혀있겠거니 추측했다. 그런데 발굴을 시작하자 이내 사람들은 이 작업이 단순히 유물 몇 개를 찾는 수준의 일이 아니라는 것을 깨달았다. 기원전 2세기에서 1세기 무렵에 여기저기에서 수많은 사람들이 그곳을 찾고 수없이 드나들었던 흔적을 발견한 것이다. 다양한 유물도 많이 발견되었다. 이 섬에서 2천 년 만에 사람들이 찾아낸 물건의 양은 어마어마했다. 〈부산일보〉 기사에 따르면, 부산대 박물관으로 실어 나른 유물의 양이 5톤 트럭으로 10대 분량이었다고 한다.

물건 중에는 흙으로 빚은 그릇 종류가 많았다. 그중에는 한반도에서 주로 발견되던 모양이 대다수였는데 중국 토기와 비슷한 양식도 발견되었고, 일본 양식으로 추정되는 것도 여럿 출토되었다. 추측해보자면 이 섬이 여러 나라를 돌아다니며 무역을 하던 뱃사람들이 드나들던 번화한 항구였을 가능성이 높다. 발견된 다른 유물들도 이를 뒷받침한다.

기사에서 언급된 이동주 박사의 말에 따르면 전국에 있는 이 시기의 유물을 다 합쳐도 늑도에서 발견한 유물의 10분의 1이 되지 않을 것이라고 한다. 치아를 뽑은 흔적이 있는 사람의 머리뼈가 발견되기도 했고 개를 정성스럽게 묻어둔 무덤도 찾아볼 수 있었다. 또 사슴 뼈로 점을 쳐본 것 같은 흔적도 발견되었다. 이는 늘 배를 타고 바다를 누비던 뱃사람들이 바다의 신령에게 다가올 앞날에 대해 묻고 예언을 기다렸던 흔적일지도 모른다.

당시 사람들의 삶이 2천 년 만에 생생히 드러나면서 더 많은 의문이 생겨나기도 했다. 늑도에 얽힌 가장 큰 수수께끼는 기원전 1세기에는 이렇게나 번성했던 곳이 왜 갑자기 아무런 사연도 남기지 않고 망하고 잊히게 되었냐는 것이다.

화산 폭발이나 운석 충돌 때문이라면 흔적이라도 뚜렷할 텐데 그런 것도 없다. 지금까지 가장 설득력 있는 근거는 지금의 경상남도 김해 지역에서 가락국, 그러니까 금관가야가 세워지면서 그

곳이 더 큰 도시로 발달하는 바람에 늑도는 자연히 쇠퇴했다는 이야기다. 그러나 아무리 그래도 이 정도로 아무 기록도 전설도 남기지 않고 모두에게 잊혀 사라졌다는 것은 역시 좀 이상하다.

그런데 진주박물관의 이동관 학예연구사가 잠깐씩 언급한 늑도 멸망 원인에 관한 학설들 중에는 조금 색다른 이야기가 있다. 그것은 늑도가 전염병 때문에 멸망했다는 것이다. 아직까지 확실한 증거가 없는 이야기이기는 하다. 하지만 이 주장과 꽤 어울리는 유물이 하나 발견되었다. 늑도에서 발견된 사람 뼈 중에 그 사람이 생전에 세균에 감염되어 결핵을 앓았던 것 같은 흔적을 보이는 것이 있다고 한다.

수천 년 동안 활개 친 악당의 정체

결핵은 전염병 중에서도 고대부터 사람들에게 잘 알려져 있던 것이다. 과로를 하거나 고생을 많이 한 사람이 어느 날부턴가 기침을 많이 하고 안색이 창백해지더니 점점 병의 증세가 깊어져 결국 세상을 떠났다는 옛이야기 중에는 결핵을 떠올리게 하는 것이 많다.

매우 뛰어난 학자가 있었는데 학문에 심하게 몰두하다가 폐병에 걸려 일찍 삶을 마감했다든가, 부유한 가문의 멋쟁이 청년이 있었는데 임금이 바뀌고 가문이 망하는 바람에 이후 힘들고 가난하게 살다가 폐병에 걸려 거리를 떠돌다가 최후를 맞이했다는 식

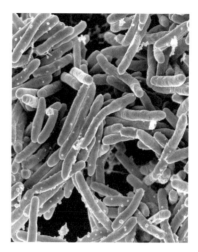

결핵균을 확대한 모습 | 몸체는 가늘고 긴 모양이며,
여러 개가 뭉쳐있다.

의 이야기를 살펴보면 결핵 증상과 비슷해 보이는 것들이 흔하다.
가난하고 불우한 예술가들이 폐병으로 고생하다 세상을 떠난 사
연 중에도 결핵이 원인인 것이 많았다. 가깝게는 이광수, 나도향,
임화 같은 많은 현대 작가들이 결핵으로 고생했다.

결핵은 결핵균Mycobacterium tuberculosis이라는 세균이 몸에 들어
와 둥지를 틀고 살다가 어느 날 갑자기 활동을 시작해 사람을 괴
롭게 하는 질병이다. 발병한 사람은 기침을 심하게 하게 되고, 그
기침 속에 들어있는 결핵균이 다른 사람에게 들어가면 그 사람도
결핵에 걸릴 가능성이 생긴다.

수천 년 동안 이런 식으로 결핵균은 이 사람 저 사람에게로 퍼

져나가며 한 사람 한 사람씩 심하게 기침을 하다 쓰러지게 만들었다. 결핵은 콜레라나 발진티푸스처럼 감염 즉시 사람을 고통스럽게 하고 많은 사람을 빠르게 쓰러뜨리는 병은 아니다. 대신에 몸속 이곳저곳을 떠돌며 오랫동안 끈질기게 버틴다. 한 번 사람 몸속에 들어간 결핵은 병을 일으키지 않는 상태로 얌전히 숨어서 몇 년이고 몇십 년이고 기다릴 수 있다. 그러다가 그 사람이 과로를 하거나 몸과 마음이 쇠약해져 신체 기능이 약해지면, 그제야 기나긴 기다림을 끝내고 날뛰기 시작한다.

그런 식으로 결핵균은 지금까지도 지구에서 완전히 뿌리 뽑히지 않은 채 세계 곳곳에 널리 퍼져있다. 아직 발병하지 않아서 증상이 없고 전염을 시키지 않고 있을 뿐이지, 사람들의 3분의 1 정도는 몸속에 결핵균이 있다는 통계 자료도 있다. 지금도 한국에서는 몸이 약한 노인들을 중심으로 한 해에만 대략 2천 명이 결핵으로 세상을 떠난다.

그렇다면 유난히 뱃사람들의 삶이 고단하고 항해가 쉽지 않았던 어느 해에, 뱃사람들이 많이 모였던 늑도를 중심으로 갑자기 결핵이 퍼졌을 가능성도 조금은 있지 않을까? 그저 상상일 뿐이지만, 온 바다를 누비고 다니던 선장과 모험가들 몇몇이 어느 날 갑자기 폐병 증세를 보이며 한참 고생하다가 차례로 세상을 떠나는 일이 생겼고 다른 사람들은 바다의 신령이 늑도에 저주를 내렸다는 식으로 생각해버린 탓에 북적거리던 늑도가 유령 도시로 변한 것일지도 모른다.

실제로 옛 사람들은 결핵을 어떤 괴물 같은 존재가 일으킨다고 생각하기도 했다. '노채勞瘵'라고 불리던 병이 현대의 결핵과 증상이 거의 유사한데, 이를 두고 옛 중국학자들은 노채, 그러니까 결핵으로 추정되는 병이 '노채충勞瘵蟲'이라는 벌레 같은 괴물이 사람에게 들어가면 생긴다고 믿었다. 그리고 이런 이야기를 조선의 학자들도 일찌감치 알고 있었다.

조선시대의 학자 이경화는 노채충에 대해 자신이 연구한 바를 정리해 기록으로 남기기도 했다. 《광제비급》이라는 그의 책을 보면 결핵을 일으키는 노채충은 호랑나비를 닮은 벌레인데 한편으로는 두꺼비와도 비슷하고 한편으로는 문드러진 국수가닥과도 비슷하며 또 한편으로는 말꼬리와도 비슷한, 괴이한 모양이라고 한다. 뭔가 징그러운 것이 날개를 펄럭이며 날아가는 것 같다고 한다. 또 이 기록에는 노채충이 세 사람에게 결핵을 걸리게 하면 귀신 모양으로 변한다는 이야기도 있다. 노채충은 사람의 코로 드나들며, 색깔은 세 가지가 있어서 검은색이면 사람의 신腎이라는 내장을 파먹고, 흰색이면 사람의 기름막을 파먹고, 붉은색이면 사람의 혈맥을 파먹는다고 소개하기도 했다.

옛 학자들이 무엇을 보고 콧속으로 들어오는 징그럽고 귀신 같은 벌레를 상상했는지는 알 수 없는 일이다. 그런데 현대에 현미경으로 관찰한 결핵균도 생김새가 조금 특이하긴 하다. 소시지 모양처럼 길쭉한 편인데 살짝 굽어있고 여러 개가 붙어있는 경우가 많다. 게다가 그람 염색법을 썼을 때 보라색이나 분홍색 어느 한쪽으로도 명확하게 염색이 되지 않는 예외에 속한다. 아무 상관없는 우연일 뿐이지만 옛 사람들이 노채충의 색깔이 다양하다고 생각한 것과 공교롭게도 비슷하다.

결핵균과의 결투

결핵균의 존재가 확인된 이래로 이 균을 없애서 결핵을 치료하겠다고 도전한 사람은 많았다. 세균학과 의학에서 수많은 공적을 쌓은 독일의 로베르트 코흐Robert Koch도 그중 한 명이다. 19세기 후반에 결핵균을 찾아내서 전설적인 명성을 떨친 사람이 바로 코흐다. 코흐는 결핵균을 없애는 방법도 찾아냈다고 생각했으나 그의 결핵 치료법은 이내 실패로 돌아갔다. 결핵균을 깨끗하게 없애는 것은 현재도 무척 번거로운 일이다. 결핵을 완전히 치료하는 것은 세균이 사람 몸에서 어떤 일을 하는지 겨우 알아가기 시작하던 코흐 시절에 도전하기는 어려운 과제였다.

하지만 그 과정에서 체내에 결핵균이 있는지를 알아보는 투베르쿨린검사TST라는 검사법을 개발하기는 했다. 이 방법은 지금까지도 학교나 군대에서 결핵 감염 여부를 확인하는 방법으로 사용한다. 결핵을 공격할 수 있는 제대로 된 무기가 개발된 것은 그로부터 수십 년이 지난 20세기 중반이 다 되어서였다.

그 무기가 개발된 곳은 미국 럿거스대학교Rutgers University의 셀면 왁스먼Selman Waksman 교수의 연구실이었다. 왁스먼 교수가 애초부터 결핵을 치료하겠다는 위대한 꿈을 꾼 것은 아니었다. 그는 병을 옮기는 세균보다 흙 속에서 평범하게 살아가는 미생물에 관심이 많았다. 그는 수많은 곰팡이, 세균, 핵이 있는 단세포 동물 등이 서로 어울려 사는 흙 속에서 이들이 싸우기도 하고 돕기도 하면서 복잡한 관계를 이루며 지내는 모습을 살펴보고 조사했다.

수십 년 동안 흙 속에 사는 세균을 연구하면서 왁스먼 교수는 어느 세균이 있으면 다른 세균이 잘 못 자라거나 죽기도 하는 여러 경우를 알게 되었다. 심지어 세균들이 서로 다투는 과정에서 상대방을 죽일 수 있는 물질을 뿜어내는 경우도 있었다.

그 후로 얼마 지나지 않아 제2차 세계대전이 발발했다. 미국은 태평양전쟁에서 일본제국과 전쟁을 벌이게 되었고, 전쟁 중에 부상을 입거나 열대의 전장에서 싸우다 병드는 병사들이 늘어갔다. 치료제를 개발할 필요성이 더욱 커지면서 치료약 개발 바람이 미국 학계에 불어닥쳤다.

왁스먼 교수도 그 열풍에 뛰어들었던 것 같다. 다른 세균을 죽이는 물질을 뿜어내는 흙 속 세균 중에 효과가 좋은 것을 찾고, 세균을 대량으로 배양해서 그 물질만 뽑아내면 세균을 죽일 약을 개발할 수 있을 것이라고 그는 생각했다. 비슷한 방식으로 약을 개발해낸 사람들이 이미 있었다. 그러니 왁스먼 교수는 자신도 무엇인가 성과를 얻어낼 수 있을 거라고 생각했을 것이다.

하지만 실제 연구 과정은 길고도 험난했다. 왁스먼 교수 연구팀은 곳곳에서 흙을 퍼와 그 속에서 다른 세균을 죽일 수 있는 세균이 있는지 찾아보고 실험해보았다. 그런 세균이 살고 있을 가능성이 높은 흙을 구해올 방법을 몇 가지 생각해보기는 했지만, 일이 쉽게 흘러가지는 않았다.

그러던 어느 날 박사과정 대학원생이었던 앨버트 샤츠Albert Shatz라는 학생이 두 군데에서 상당히 도움이 될 만한 세균을 찾아내는 데 성공했다. 그때까지 샤츠는 거름이 가득한 흙에서 세균을 뽑아 18번째 실험을 하고 있었는데, 그 18번째 실험이 결과가 꽤 괜찮았던 것이다.

한편 샤츠가 실험했던 세균 중에는 도리스 랠스턴Doris Ralston이라는 동료 대학원생이 건네준 것도 있었다. 도리스 랠스턴은 닭이 걸리는 병에 대해 연구하고 있었는데, 그녀가 닭 목에서 뽑아 실험하던 세균을 샤츠에게 나누어주었다. 아마도 흙먼지가 날려서 닭 목으로 들어간 바람에 주로 흙에서 발견되는 세균이 그 안에 있었던 듯하다. 샤츠와 왁스먼 교수 연구팀은 특이한 세균을 찾아 그야말로 온갖 곳을 다 뒤졌던 것 같다.

샤츠는 자신이 퍼낸 흙에서 뽑은 세균을 18번째로 뽑았다고 해서 18-16이라는 번호를 붙였고, 도리스 랠스턴이 준 세균은 도리스가 준 세균이라고 해서 그녀 이름의 머리글자를 따서 D-1이라는 번호를 붙였다. 이렇게 우연히 발견한 18-16호 세균과 도리스에게서 건네받은 D-1호 세균에게서 드디어 다른 세균을 죽일 수 있는, 쓸 만한 물질을 찾아냈다.

항생제의 등장

앞서 말한 세균은 바로 스트렙토미세스 그리세우스Streptomyces griseus다. 이 세균은 스트렙토미세스 속으로 분류된다. 스트렙토미세스는 흙에 흔히 퍼져 살면서 비가 내리면 흙냄새를 내는 지오스민Geosmin을 만드는 습성이 있다는 바로 그 세균이기도 하다.

이 세균이 자랄 때 꼭 줄줄이 길게 자라나는 습성이 있어서 멀리서 보면 실처럼 보이기도 한다. 이런 실 모양이 여러 가닥 모이면 꼭 실타래처럼 보이기도 하고 곰팡이가 잔뜩 핀 모양으로 보이기도 한다. 이런 세균의 무리가 가느다란 선을 이룬 모양이라고 해서 이들을 방선균放線菌, Actinomyces이라고도 한다.

왁스먼 교수는 스트렙토미세스 그리세우스가 뿜어낸 물질이

전형적인 방선균류의 모습 | 이름처럼 가느다란 실 모양이 겹쳐진 모습이다.

효과가 있는 것을 보고 여러 병원에서 실제로 환자를 치료하는 연구도 진행했다. 실험을 통해 확인한 결과 실제로 이 물질은 사람 몸속에서 다양한 세균을 죽일 수 있었다. 심지어 수천 년 동안 별다른 치료법이 없었던 결핵에도 대단한 효과가 있었다. 훗날 모두가 칭송할 만한 업적을 남긴 것이다.

'빼앗긴 들에도 봄은 오는가'라고 노래했던 이상화와 스칼렛 오하라를 연기했던 비비안 리를 비롯해 수많은 사람들을 무너뜨린 바로 그 병, 결핵을 치료할 묘약을 그는 흙 속 세균에서 찾아낸 셈이다.

왁스먼 교수는 이 물질을 스트렙토미세스에서 뽑아낸 물질이라고 해서 스트렙토마이신Streptomycin이라고 이름 붙였다. 스트렙토마이신은 놀랍게도 중세 유럽을 휩쓴 가장 무서운 전염병인 흑사병에도 효과가 있었다.

이후 스트렙토마이신은 굉장한 인기를 끌었다. 뒤이어 이 외에도 이름이 '미세스'로 끝나는 방선균 무리의 세균에서 추출한 물질 중에 다른 세균을 죽이는 효과가 더 좋은 것이 여럿 발견됐다. 여기에 스트렙토마이신의 선풍적인 인기까지 더해져 '마이신'이라는 말로 끝나는 단어는 세균을 죽이는 약, 즉 항생제를 상징하는 표현이 되었다. 약학용어사전에서도 한국에서 항생제를 흔히 속칭 '마이신'이라고 부르는 까닭이 스트렙토마이신이 워낙 유명하기 때문이라고 설명하고 있다. 또 세균을 죽이는 약을 항생제抗生劑, antibiotics라고 부르는 것을 유행시킨 사람도 왁스먼 교수였다고 한다.

지금은 결핵균이 생각 이상으로 더 끈질기게 버티는 세균이고 스트렙토마이신만으로 간단히 치료가 되는 것은 아니라는 점이 밝혀졌다. 그럼에도 스트렙토마이신은 여전히 다른 약과 함께 결핵 치료에 쓰이고 있고 그 밖의 여러 용도로도 사용되고 있다. 왁스먼 교수는 스트렙토마이신을 만든 업적을 인정받아 노벨상도 받았다.

흙 속의 방선균에서 뽑아낸 물질로 약을 만들려는 시도는 지금도 이어지고 있다. 많은 회사들이 더 효과가 좋은 물질을 잘 뽑아내는 뛰어난 품종의 세균을 찾아 방방곡곡에서 흙을 가져와 살펴보기도 하고, 세균을 더 잘 자라게 하는 새로운 먹이를 만들거나, 이들의 성장을 돕는 새 보금자리를 만드는 연구를 하고 있다.

한편 흙 속에서 처음 스트렙토마이신을 찾아낸 앨버트 샤츠는 왁스먼 교수가 자신의 공적을 제대로 인정해주지 않아서 박사 학위를 취득하고 학교를 졸업한 후에 수차례 강하게 항의했다고 한다. 이 사연은 널리 알려져서 지도교수와 학생 관계에서 연구의 공적과 명예, 연구 결과에 대한 권리가 어떻게 주어지는 것이 옳으냐에 관해 많은 논의를 이끌어내는 계기가 되기도 했다.

만일 2천 년 전 늑도에 이렇게 실력이 뛰어난 대학원생이 있어서 곳곳에 널린 흙 속 세균으로부터 치료약을 개발해낼 수 있었다면, 전염병을 물리치고 뱃사람들로 북적이던 항구를 계속 지켜나갈 수 있었을까? 그랬다면 이후 삼국시대가 펼쳐지는 대신에 늑도를 중심으로 뱃사람들의 나라가 크게 번성해 한반도를 차지했을지도 모를 일이다.

바이러스라는 강적의 출현

스트렙토마이신은 세균이 다른 세균과 싸우는 것을 관찰하여 만들어졌다. 그와 비슷하게 세균이 바이러스virus와 싸우는 상황에 얽힌 이야깃거리도 있다. 그리고 당연히 여기에서 사업 기회를 잡은 사람들도 있다.

지금부터 하려는 이야기는 세균의 병에 대한 이야기다. 그러니까 세균 때문에 사람이 걸리는 병이 아니라, 세균 자신이 걸리는 병에 관한 이야기라는 뜻이다.

세균의 삶에 관한 자료들을 보다 보면, 아무래도 같은 생명이라는 점에서 문득 세균이 사람처럼 느껴질 때가 있다. 세균이 살려고 애를 쓰고, 음식을 먹으려고 노력하고, 적으로부터 자신을 방어하기 위한 방법을 개발하고, 다른 세균과 서로 힘을 합치고 배신하기도 하는 모습을 보다 보면 마치 우리의 삶 같다는 생각이 들고 자꾸 사람과 비교해서 생각하게 된다.

그런데 바이러스는 다르다. 사람이 전염병에 걸릴 때 세균 때문에 걸릴 때도 있고 바이러스 때문에 걸릴 때도 있어서 얼핏 세균과 바이러스가 비슷한 것처럼 느껴질 수도 있다. 하지만 자세히 살펴보면 바이러스는 세균과 아주 많이 다르다. 나는 바이러스에 대한 자료를 볼 때에는 내가 낯설고 특이한 것을 보고 있다는 생각을 많이 한다. 바이러스는 우리가 생물이라고 생각하는 것들의 공통점을 조금밖에 갖고 있지 않은 느낌이다.

일단 바이러스는 세균보다 크기가 훨씬 더 작다. 세균은 수백 년 전에 레이우엔훅이 만들었던 아주 간단한 현미경으로도 대충 모습을 볼 수 있지만, 바이러스는 돋보기 렌즈로 확대해서 보는 방식의 현미경으로는 볼 수가 없다. 20세기에 전자공학 기술을 이용해 전자의 움직임으로 작은 물체의 모습을 추측하는 장치인 전자현미경이 개발되기 전까지 바이러스의 모습을 알아내기란 매우 힘들었다. 작디작은 세균 입장에서도 바이러스는 아주 작은 셈이다. 세균이 사람 크기라고 했을 때 대부분의 바이러스는 사람에게 자꾸 들러붙는 벌레 정도의 크기이다.

사람이 세균이나 해충에 시달리는 것처럼 세균도 바이러스의 공격을 받곤 한다. 사람이 독감 바이러스나 간염 바이러스에 감염되면 병이 들듯이, 세균은 박테리오파지Bacteriophage라는 바이러스에 감염되면 병에 걸린다. 만일 사람이 세균 때문에 충치가 생기거나 콜레라에 걸리면 그것은 세균에게 당한 것이지만, 사람이 독감이나 B형 간염에 걸리면 그것은 세균까지도 괴롭게 만들지도 모르는 바이러스에게 당한 것이다. 세균에게 파고들어 세균을 감염시키는 박테리오파지는 세상에 널려있다. 이 바이러스들은 대체로 사람에게는 별다른 해를 끼치지 않지만 지금도 어디선가 수많은 세균들을 괴롭히고 있다.

박테리오파지는 정말 얼토당토않게 생겼다. 주사기와 비슷한 몸통에 삼각대 같은 다리가 달린 모양이다. 어떤 사람들은 착륙을 준비하는 우주선 모양이라고도 한다. 아무리 봐도 이 세상에 사는 것 같지가 않고 무슨 미래 로봇 군단이 만든 기계처럼 생겼다. 신기한 것에 흥미를 느끼는 어린 학생들을 대학원으로 유혹하기 위해 생물학 교과서에도 박테리오파지의 그림은 자주 실린다.

바이러스는 세균이나 여러 동식물, 사람이 공통으로 지니고 있는 세포의 모양이 아니다. 그러니까 DNA와 효소가 있고 그것이 봉지 같은 것에 담겨있는 모양이 모여서 만들어진다는 생물의 공통된 모습이 바이러스에는 적용되지 않는다. 바이러스는 그렇게 생기지 않았다. 바이러스는 DNA에 꼭 필요한 물질들이 엉겨 붙어있는 덩어리다. 가끔 DNA대신 RNA가 있는 것도 있다. 그렇다 보니 바이러스라는 물질 덩어리는 먹거나 새끼를 치는 것처럼 생명체가 흔히 성장하고 번식하기 위해 하는 행동도 하지 않는다. 어찌 보면 바이러스는 그냥 다른 생명체에 잘 달라붙는 끈끈한 물질 덩어리라고 볼 수 있다. 그리고 이 끈끈이가 다른 생명체에 달라붙으면 바이러스가 지닌 DNA는 그 생명체에게로 흘러들어 간다.

바이러스의 DNA가 생물 속으로 들어오면, 생물은 바이러스 DNA가 자기 몸에 원래부터 있던 DNA인 줄 알고 그 DNA와 반응해서 엉뚱한 효소를 만들게 된다. 그리고 열심히 바이러스의

박테리오파지류의 생김새를 3차원 컴퓨터 그래픽으로 구현한 것

DNA를 똑같이 만들어내기도 한다. 만약 그렇게 되면 만들어진 엉뚱한 효소들과 바이러스 DNA는 엉겨 붙어 또 하나의 바이러스가 된다. 이런 과정이 계속되면 이 바이러스는 바깥으로 튀어나가 또 다른 생물을 감염시킬 수 있다. 바이러스의 DNA 때문에 세균이 멋모르고 만들어낸 엉뚱한 효소 중에는 세균 자신을 터뜨려 버리는 것도 있다. 이런 식으로 바이러스는 다른 세균의 몸속에 들어가서 그 세균을 착각하게 만들어 자기 대신 바이러스를 키우게 만들어 퍼져나간다.

세균 몸속에서 잔뜩 숫자가 불어난 박테리오파지 바이러스는 이렇게 세균 하나를 정상적으로 살 수 없게 만들고 밖으로 빠져나온다. 그리고 그 옆에 살고 있는 다른 여러 세균을 또 감염시킨다. 세균은 무리 지어 사는 경우가 많은데, 이렇게 한번 제대로 바이러스 감염이 시작되면 몰살당할 위험도 있다.

사람들은 박테리오파지의 이런 특성을 이용해서 세균을 죽이려고 일부러 박테리오파지를 뿌리는 연구를 한다거나, 박테리오파지가 자신의 DNA를 세균에게 밀어 넣는 재주를 활용해서 세균의 DNA를 조작하는 기술을 개발하기도 했다.

바이러스를 물리칠 싸움의 기술

한편 세균을 이용해서 사업을 하는 사람들에게 박테리오파지는 큰 골칫거리가 되기도 한다. 그래서 2000년대 중반에 덴마크의 한 요구르트 회사에서는 유산균을 죽이는 박테리오파지를 막는 방법에 관한 연구를 많이 했다. 좋은 유산균 품종을 겨우 발견해서 그 유산균을 잘 키워 우유에 심어주면 좋은 요구르트가 될 거라고 믿고 사업을 하고 있는데, 어느 날 어디선가 박테리오파지가 날아와 유산균을 모두 죽여버린다면 큰 손해를 입을 것이기 때문이다.

그런데 이 요구르트 회사에서는 바이러스와 세균의 관계에 대해 연구하던 중에 세균이 박테리오파지와 싸우는 새로운 수법들을 알게 되었다. 이것은 사람의 몸속에 병을 일으키는 세균이 침입했을 때 세균을 물리치는 것과 비슷하다. 그것은 인체의 면역 작용과 매우 유사해서, 세균이 지닌 면역immune 능력이라고 부를 정도였다.

이 회사에서 발견한 것 중 하나는 세균이 박테리오파지의 DNA 일부를 잘라서 보관하기를 잘한다는 사실이었다. 그러니까 박테리오파지가 세균의 몸속에 들어와서 세균이 한 번 고생하고 나면, 그 박테리오파지의 DNA를 잘라서 갖고 있다가 나중에 그런 DNA를 가진 것이 또 들어오면 그때는 그것이 박테리오파지인 줄 알아채고 두 번 속지 않는다는 이야기다. 마치 사람이 소매치기를 당할 뻔했을 때 그 소매치기의 얼굴을 기억하고 있다가 다음에 그 사람을 다시 만났을 때 얼굴을 알아보고 다시는 걸려들지 않는 상황과 비슷하다. 사람이 소매치기의 얼굴을 기억해두듯이 세균은 바이러스의 DNA를 잘라서 보관한다.

요구르트 회사 입장에서는 이런 세균의 재주를 잘 키워주면 앞으로는 소중한 유산균들이 박테리오파지에 걸리지 않고 무럭무럭 잘 자라날 거라는 판단이 먼저였을 것이다. 그런데 이 연구 결과를 색다르게 활용할 방법을 생각해내고 그것을 연구하는 일에 매달린 사람들이 있었다. 그중에 대표적으로 명성을 먼저 얻은 사람은 미국의 제니퍼 다우드나Jennifer Doudna 교수와 연구팀원들이다. 이들이 초점을 맞춘 것은 세균이 박테리오파지의 DNA 일부를 잘라내는 능력을 갖고 있다는 부분이었다. 세균은 박테리오파지의 DNA를 잘라내는 일을 상당히 간단하고 쉽게 해내는 것처럼 보였다.

이러한 세균의 특성을 응용하면 박테리오파지가 아닌 다른 DNA의 특정 부분만 싹둑싹둑 잘 오려낼 수 있을 거라고 그들은 추측했다. 그리고 2010년 초가 되자, 세균이 DNA를 잘라내는 재주를 활용하는 기술은 현실이 되었다.

사람들은 이 기술을 크리스퍼CRISPR 계열 유전자 가위라고 부른다. 길고 복잡한 DNA 구조 중에서 필요한 부분만 싹둑 잘라낼 수 있는 유용한 기술이 탄생했다. 원래는 세균이 바이러스의 DNA를 자르는 재주였지만, 동물이든 식물이든 사람이든 DNA를 자르는 데 활용할 수 있게 되었다.

예전에도 비슷한 기술이 있었지만, 크리스퍼 유전자 가위는 훨씬 정확하게, 또 훨씬 간편하게 더 값싼 방식으로 DNA를 딱 필요한 곳만 잘라낼 수 있다. 이렇게 잘린 DNA는 어딘가에 쉽게 달라붙는다. 그러니까 DNA를 잘라낸 뒤에 다른 DNA를 붙기 좋게 만들어 넣어주면, 원래의 DNA 대신에 다른 DNA를 끼워 넣을 수도 있었다.

이 기술을 이용하면 살아있는 생명의 DNA를 새롭게 조합해낼 수 있다. 우리가 약으로 쓸 수 있는 호르몬을 뿜어내도록 대장균을 개조하는 것은 물론이고, 코끼리처럼 거대하게 자라나는 돼지나 날개 달린 호랑이를 만들어내는 것도 가능해질지 모른다고 사

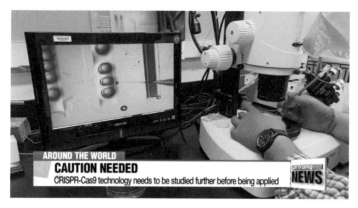

AROUND THE WORLD
CAUTION NEEDED
CRISPR-Cas9 technology needs to be studied further before being applied
NEWS

크리스퍼 기술에 대해 보도한 뉴스 화면 | 2017년, IBS의 김진수 단장 연구팀과 미국 OHSU 연구팀은 협력 연구를 통해 크리스퍼 유전자 가위 기술을 이용해서 사람의 배아에서 특정 심장병에 약한 유전자를 제거하는 실험에 성공했다.

람들은 기대했다. 그것도 거대한 장비 없이 비교적 적은 비용으로 간단하게 할 수 있을지도 모른다. 그러니 크리스퍼 유전자 가위 때문에 갑자기 DNA 조작이 보다 저렴하고 쉬워진 것은 사람들에게 큰 충격이었다.

몇몇 사람들은 이런 속도로 무언가가 계속 개발된다면 나중에는 집 앞 편의점에서 유전자 실험 상자를 구입해 재미 삼아 유전자를 조작하는 일이 가능해질지도 모른다고 말하기도 하지만, 현재 크리스퍼 유전자 가위가 아직 그 정도 수준에는 이르지 못했다. 단점과 부작용이 문제로 지적되고 있기도 하다. 하지만 그것이 예전보다 훨씬 더 많은 가능성을 보여준 것은 사실이다. 이미 크리스퍼 유전자 가위를 이용해서 유전적으로 병을 갖고 태어나는 사람의 DNA를 조작해서 병을 갖고 태어나지 않도록 하는 가능성이 탐구되기도 했다.

한편으로는 워낙 많은 기대를 받고 있는 기술이다 보니, 비슷한 연구를 시도한 연구팀과 업체들이 자신들에게도 지분이 있다면서 그 권리를 두고 다투고 있다. 한국 업체와 한국 학자들을 비롯해 각 나라의 여러 단체가 이러한 문제와 얽혀있으며 아직도 다툼이 계속되고 있다.

곰팡이 대 세균

세균끼리의 싸움으로부터 항생제가 만들어진 과정과 세균이 자신보다 훨씬 작은 바이러스와 싸우는 기술로부터 개발된 유전자 가위 이야기에 이어서, 마지막으로 세균이 자신보다 덩치가 큰 곰팡이나 효모와 싸우는 이야기를 덧붙이고자 한다.

이런 이야기라면 우선 페니실린penicillin 이야기부터 하는 것이 맞겠다. 페니실린은 푸른곰팡이Penicillium chrysogenum라는 곰팡이에서 추출한 물질이다. 세균과 곰팡이는 둘 다 음식이 상했을 때나 뭔가가 썩었을 때 자주 보이기 때문에 비슷한 느낌으로 다가오지만 차이점이 뚜렷하다. 곰팡이는 세균보다 크고, 여러 세포가 붙어서 이루어진 것이 많으며, 무엇보다 사람처럼 핵이 있는 세포로 구성되어 있다. 곰팡이는 버섯과도 닮은 점이 많아서 보통 효모, 곰팡이, 버섯이 하나의 종류로 묶인다. 비교하자면 곰팡이는 세균보다는 버섯에 가까우며, 그래서 풀이나 꽃, 동물과 사람과도 훨씬 더 가까운 생물이다.

곰팡이 중에 푸른곰팡이는 세균을 죽이는 물질을 뿜어낸다. 이것이 바로 페니실린인데, 스트렙토마이신보다 앞서 인기 있었던 대표적인 항생제이다. 여러 항생제가 많이 개발된 요즘엔 이것이 굉장한 효능이 있는 약이라는 느낌이 들진 않지만, 지금까지도 세균을 죽이는 용도로 몇 가지 질병 치료에 잘 쓰이고 있다. 요즘 회사들은 실제로 푸른곰팡이를 키워 거기에서 페니실린을 긁어모으기보다는 화학 물질을 여러 방식으로 반응시켜서 곰팡이 없이 기계로 같은 물질을 만들어내는 수법을 주로 이용한다. 그리고 푸른곰팡이가 뿜어낸 페니실린과 100퍼센트 똑같은 물질이 아니라 그 물질을 쓰기 좋게 약간 변형한 물질도 많이 사용한다.

이렇게만 이야기하면 곰팡이류가 세균과 싸우면 쉽게 이기는 것 같겠지만 곰팡이, 버섯, 효모가 세균에게 지는 경우도 많다. 가끔 버섯 농가에서 세균 때문에 버섯이 병에 걸려 농사를 망쳤다는 이야기가 들린다. 봄철에 버섯을 키울 때는 세균성갈색무늬병을 조심해야 한다고 한다.

세균 때문에 곰팡이류가 활동하지 못해 포도주가 제대로 만들어지지 않고 상해버리는 경우는 또 다른 사례다. 19세기 프랑스의 명망 높은 화학자 루이 파스퇴르Louis Pasteur는 음식이 상하거나 물건이 썩는 것이 세균 때문이라는 사실을 증명하고 널리 알린 공적으로 높이 평가되는 인물이다. 그는 또한 포도주가 효모 때문에 발효된다는 설을 증명하는 데 공을 세우기도 했다.

포도주를 만드는 데 자주 사용되는 효모는 맥주 효모라고 번역하기도 하는 사카로미세스 세레비시아Saccharomyces cerevisiae다. 맥주 효모는 이름처럼 세균이 아니라 효모이며, 맥주와 포도주를 비롯한 술을 담글 때도 쓰고 빵을 만들 때도 흔히 사용한다. 이것은 보통 세균보다 몇 배는 크며, 새끼를 칠 때 암컷과 수컷이 있는 동물처럼 짝짓기를 하기도 한다. 부모가 작은 자식을 만들어내는 출아법出芽法, budding으로 새끼를 쳐서 부모와 자식이 잘 구분된다는 특징도 있다. 맥주 효모 역시 효모인 만큼 세균보다는 곰팡이나 버섯에 더 가깝다.

파스퇴르는 포도주 연구 중에 만약 효모가 제대로 활동하지 못하고 대신 유산균 부류의 엉뚱한 세균이 번성하면 포도주가 시큼해지고 쉬어버린다는 것도 밝혀냈다. 그런 세균이 함부로 포도주를 넘보지 못하도록 관리하면 포도주가 상하는 것을 막을 수 있다는 점을 알아낸 것이다.

그런데 여기에는 조금 교묘한 문제가 얽혀있다. 세균이 너무 많이 자라면 포도주가 상하지만, 적당한 세균이 조금씩 잘 자라주면 그 세균들이 만들어내는 물질 때문에 묘한 향과 맛이 살짝 배어들 수도 있기 때문이다. 그러므로 세균을 무턱대고 모조리 다 없애서는 좋은 포도주를 만들 수 없다.

오에노코커스 오에니Oenococcus oeni라는 유산균은 오히려 신맛을 갉아먹는 역할을 해서 어느 정도 맛을 좋게 한다고 전해진다. 존 잉그럼은《미생물에 관한 거의 모든 것》이라는 책에서 포도주가 포도원마다 맛이 조금씩 다른 것은 포도주를 익히는 동안 이런 세균들이 서로 다른 숫자로, 서로 다른 정도로 활동했기 때문일 것이라고 썼다. 세균이 포도주 맛의 미묘한 차이를 만드는 한 원인이라는 것이다. 이것은 세균들이 자라나는 방식이 다르기 때문에 집집마다 김치 맛이 다르다는 이야기와도 닮은 것 같다.

포도주 연구에서 자신감을 얻은 파스퇴르는 더 원대한 꿈을 꾸기도 했다. 파스퇴르는 맥주도 효모를 이용해 발효시켜서 만드는 것인 만큼, 맥주를 만들 때 생겨나는 효모와 여러 세균들의 관계를 잘 연구하면 좋은 맥주를 만들 수 있다고 생각했다. 당시에는 프랑스-프로이센 전쟁의 패배로 프랑스와 독일의 관계가 그다지 좋지 않았다. 열렬한 애국자였던 파스퇴르는 자신의 연구로 프랑스 맥주가 독일 맥주를 능가하기를 바랐던 것 같다.

맥주와 미생물에 관한 파스퇴르의 연구는 과학의 발전이라는 면에서는 좋은 연구였다고 평가되고 있다. 다만 파스퇴르의 명예를 존중해, 실제로 파스퇴르의 연구 이후로 프랑스 맥주가 독일 맥주를 능가하게 되었는가 하는 점에 대해서는 굳이 여기에서 밝히지 않겠다.

11장

세균 동물원

하수처리장에서 목격한 미생물 활약상

현대 산업 사회에서 세균을 기르는 곳 중에 그 양이 압도적인 곳은 따로 있다. 요구르트 회사나 김치 회사에서 아무리 열심히 유산균을 키운다고 해도 이곳과는 비할 바가 되지 않는다. 그곳은 바로 하수처리장이다.

서울의 중랑 물 재생센터를 예로 들면, 이곳에서는 하루에만 백만 톤 이상의 하수를 처리한다. 그리고 현대의 하수처리장 대부분은 세균을 이용해 하수를 정화한다.

서울에 현대적인 하수처리시설이 있어야 한다는 이야기는 1960년대부터 나왔다. 인구가 늘고 사업장과 공장이 많이 들어서자 시민들이 버리는 하수의 양은 급격히 늘어났다. 한때는 한가롭게 물고기를 잡고 수영을 즐기던 한강 역시 점점 더 오염되었다. 물놀이하기 좋은 장소가 있다고 하던 뚝섬 근처에서 수영이 금지되었다는 이야기가 신문에 실리기도 했다. 하지만 당시는 다들 먹고살기 바쁜 시절이었기에 하수처리시설에 관한 논의는 자연스레 뒤로 밀려나게 되었다. 1965년에 이르러 서울에 하수처리장을 만드는 구체적인 계획이 논의되기 시작했고 1970년에 시작된 공사는 1976년에 마무리되어서야 서울 최초의 하수처리시설이 탄생했다. 이곳은 현재 중랑 물 재생센터라는 이름으로 운영되고 있다.

이전에는 청계천 물이 한강으로 빠져나가는 곳 근처에 있다고 해서 '청계천 하수처리장'이라고 불렸다. 이곳이 만들어지기 전에는 수많은 사람이 모여 사는 서울에 하수처리시설이 한 곳도 없어 하수를 그대로 한강으로 흘려보낼 수밖에 없었다. 서울이 수도가

현재 중랑 물 재생센터가 된 청계천 하수처리장의 초기 모습(1974년)

된 것이 15세기 전후이니, 거의 6백 년 가까이 그렇게 지내왔다는 뜻이다.

현대 하수처리장에서 가장 많이 쓰는 방식은 활성슬러지법_{acti-}vated sludge process이라는 방식으로, 슬러지sludge라고 불리는, 진흙처럼 생긴 찌꺼기에 사는 미생물들이 물에 있는 더러운 것들을 갉아 먹게 하는 것이다. 이때 미생물들이 평소보다 더욱 활발하게 활동할 수 있도록 물속에 산소를 계속해서 주입한다. 즉, 슬러지를 활성화시켜 이용하는 방법이라서 '활성슬러지법'이라는 이름이 붙었다. 이전에는 슬러지를 한자어로 번역해서 '오니汚泥'라는 말을 쓰기도 했고, 그래서 활성슬러지법을 활성오니법이라고 하기도 했다. 요즘 들어 슬러지라는 말을 자주 쓰는 바람에, 활성오니법을 쓰는 것을 보며 "활성 오니?"라고 묻고 "활성 왔다"라고 답하던 농담은 더 이상 불가능해졌다. 활성슬러지법은 영국에서 대략 100년 전에 처음으로 개발된 방법인데, 그 후 전 세계로 퍼져 폐수를 처리하는 데 널리 쓰이고 있다.

중랑 물 재생센터처럼 도심에 건설된 하수처리장이 있는가 하면, 공장이나 농장 같은 곳에 지어진 시설도 있다. 활성슬러지법을 더 간편하고 쉬우며 고장이 나지 않고 효과가 좋게 개량하는 연구는 꾸준히 계속되고 있고, 폐수의 양에 맞는 시설의 규모가 어느 정도인지 계산하는 방법에 관한 내용부터 어떻게 하면 악취를 최대한 줄일 수 있는지에 관한 내용까지 다양한 주제로 연구가 이루어지고 있다. 수많은 사람들이 더 나은 기술과 시설을 위해 고민하고 지속적으로 이를 발전시켜온 결과가 바로 현대의 하수 처리장이다.

중랑 물 재생센터에서 활성슬러지법을 쓰는 곳에 가보면 '폭기조'라고도 하고 '포기조'라고도 하는 곳이 있다. 이곳은 하수를 아주 많이 담을 수 있게 해놓은 거대한 통인데, 그 깊이가 족히 10미터는 되어 보인다. 그곳에 공기 펌프로 보글보글 계속 공기를 넣어 준다. 그곳이 바로 세균이 대부분인 여러 미생물들이 물속의 더러운 것을 신나게 먹는 활성슬러지법이 활용되는 주 무대다.

그중에 주글로에아Zoogloea 속으로 분류되는 세균들은 물속의 여러 찌꺼기들을 신나게 먹어치우면서 끈끈한 액체를 뿜어내어 주목을 받는다. 이 끈끈한 액체가 주변의 다른 통통해진 세균들과 더러운 것들에 들러붙어 덩어리floc가 되어 바닥으로 가라앉기 때문이다. 그러면 점차 더러운 것이 바닥에 가라앉고 윗부분의 물은 점점 맑아진다.

하수처리장을 운영하는 사람들은 포기조에서 살아가는 세균이 갑자기 죽지 않도록 각별히 신경을 쓰고 세균이 먹을 음식이 너무 한 종류로 치우치지 않도록 주의를 기울이기도 한다. 겨울에 날씨가 너무 추워지면 아무래도 세균들이 살기 힘들어지기 때문에 조금이라도 더 따뜻하게 해주려고 애를 쓴다.

어느 날 거인 외계인들이 나타나서 착한 사람 몇 명을 온갖 물자가 풍부하고 낙원 같은 행성으로 데려간 뒤에, 즐겁게 지낼 수 있도록 적당한 교육, 오락, 체험 프로그램까지 마련해주면서 그저

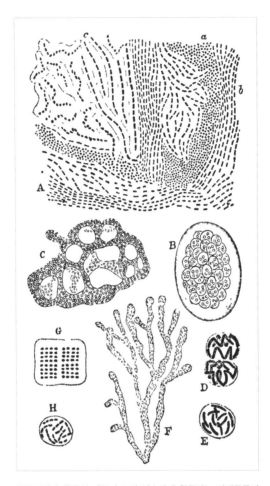

주글로에아 종류의 세균과 그와 비슷하게 활동하는 미생물들이
엉겨 붙는 전형적인 형태를 스케치한 그림

행복하게 잘 먹고 잘 살라고만 한다는 것과도 비슷한 이야기다. 사람들이 이 낙원 행성에 와보니 들판은 온통 상상도 못 했던 맛있는 음식으로 뒤덮여 있고 비가 올 때마다 상쾌한 음료가 빗물 대신 떨어진다. 그곳에서 사람들은 너무나 기뻐하며 지낸다. 그런데 그 음료나 음식은 사실 사람보다 한 차원 더 발전된 거인 외계인들이 버린 쓰레기였고, 그곳은 거인 외계인의 하수처리장 행성이었다. 활성슬러지법의 포기조는 바로 이러한 이야기와 닮았다.

사람들은 또한 어떤 세균들이 어떻게 어울려 살면서 더러운 먹이를 먹는지를 세밀하게 연구해보려고 했다. 이를 위해 하수처리장에서 물과 슬러지를 떠서 그 안에 있는 세균을 살펴보았다.

예전부터 널리 사용되어온 세균 관찰법은 그렇게 뭉쳐서 사는 수많은 세균들 중에 한 종류의 세균만 덜어내서 살펴보는 방법이었다. 세균 하나를 조심스럽게 덜어낸 뒤에 세균이 잘 먹고 자랄 수 있는 밥을 만들어 깔아주고 그 위에 세균을 키우며 새끼를 치며 자라나는 모양을 보는 것이다.

이것을 덜어낸 뒤 키우면서 살펴보는 방식이라고 해서, 분리 배양하는 방법이라고 한다. 어떤 종류의 세균이 어떤 현상을 일으키는지를 밝힐 때나, 어떤 세균이 사람을 병들게 하는지를 밝힐 때 분리 배양은 유용한 실험 방법이었다. 예컨대 분리 배양해서 키운 세균을 살균된 우유에 넣었더니 우유가 곧 요구르트로 변했다면, 바로 그 세균이 우유 발효의 원인이라고 유추하는 식으로 사실을 확인해나갈 때처럼 말이다.

미생물 생태계를 위한 공생

그런데 세균에 대해 연구하면 할수록 세균 중에는 이렇게 덜어 내서 따로 기를 수 있는 것이 많지 않다는 사실이 밝혀졌다. 혼자 떨어져서는 살지 못하는 세균이 오히려 많았다. 사람들이 인공적으로 만든 먹이와 집에서는 살지 못하는 세균도 많았다. 너무나 야생성이 강한 표범이 있다면 그것을 우리에 가두어 기르기는 어렵다. 많은 세균들이 그와 비슷했다. 세균이 살 수 있는 복잡한 조건을 사람이 정확히 알고 맞춰주기가 쉽지 않았다는 말이기도 하다.

많은 세균들은 여러 다른 세균들과 함께 어울리며 서로 도우며 살아간다. 심지어 그중에 적지 않은 세균들은 서로가 서로를 도와주지 않으면 오래 버티지 못한다. 어떤 세균은 배를 채울 양식을 마련해주어야 하고, 어떤 세균은 다른 세균이 구할 수 없는 식재료를 구해다 주는 역할을 해야 한다. 그런 역할이 톱니바퀴가 맞물리듯 꼭 들어맞을 때 그렇게 역할을 나눈 수많은 세균이 다 같이 살 수 있는 경우가 많다. 잘 보이지도 않는 미세한 세균들이 더러운 물속에서 되는 대로 사는 것 같지만, 사실은 다양하고 많은 세균들이 복잡하게 얽히고설켜 서로를 돕는 거래를 하며 살고 있다는 이야기다.

21세기가 되어 세균을 굳이 분리해서 보지 않고 여러 세균이 함께 어울려 사는 모습 그대로를 관찰하고 연구하는 방식이 점점 유행하기 시작했다. 이런 연구를 할 때 현미경으로 세균 한 마리

한 마리를 구분해가며 지켜보기는 힘들다. 설령 한 마리만 덜어내서 그것만 열심히 뚫어져라 봐도 그게 무슨 세균인지 알아보기는 어렵다. 세균은 종류별로 털 색깔이 다른 짐승도 아니고 그렇다고 해서 독특한 울음소리를 내는 동물인 것도 아니다.

세균은 대체로 길쭉한 모양의 간균과 동그란 모양의 구균, 둘 중 하나다. 그 외에는 가끔 새끼를 치다 보면 서로 연결되는 모양을 이루는 것들이 있는 정도다. 대체로 다 비슷비슷하게 생겼다. 그나마 그람 염색법을 사용하면 염색이 잘 되는지 안 되는지를 알 수 있기는 한데, 그래도 그게 어떤 세균인지를 바로 알아내기는 어렵다. 어떤 물질을 잘 먹는지, 어떤 물질을 내뿜는지, 언제 얼마나 잘 자라나는지 등등을 열심히 관찰해야만 구분할 수 있다.

그렇기 때문에 세균에 대해 연구할 때에는 DNA를 뽑아서 그 구조를 살펴보는 방식을 많이 사용한다. DNA라고 해도 아데닌, 구아닌, 시토신, 티민 이 네 가지 형태가 지루하고 어지럽게 아주 기나긴 숫자로 반복되는 구조라서 눈으로 보고 곧바로 알아차릴 수 있는 것은 아니다. 그런데 이것이 어떤 순서로 반복되는지를 죽 적어서 기록을 저장해두면, 나중에 컴퓨터로 검색하거나 비교하기 좋다. 즉 DNA에 담긴 정보인 유전체는 디지털로 표현할 수 있으므로, 컴퓨터로 찾아보기 좋다는 의미다.

현대 세균 연구에서 유전체 연구는 매우 중요하다. DNA 구조 중에서 16s rRNA라고 부르는 곳을 서로 비교해보는 것은 한 세균과 다른 세균이 얼마나 닮았는지를 알아보는 기준처럼 자리 잡았을 정도다.

빅데이터를 분석하는 돋보기, 메타유전학

앞에서 언급한 GenBank 같은 웹사이트는 온갖 세균들의 유전체
를 무더기로 올려놓고 전 세계 누구나 자유롭게 볼 수 있게 해놓
았다. 그 이유는 바로 유전체를 서로 공유하면서 여러 사람들의
자료와 비교해 보는 것이 갖가지 연구에 꼭 필요하기 때문이다.

GenBank는 미국 국립생명공학정보센터NCBI에서 운영한다.
그런데 이 사이트의 자료를 미국 말고도 다른 나라의 학자들이 자
기 연구에 날마다 사용하고 있다. 단지 재미로 세균 DNA를 살펴
보는 특이한 사람들도 많다. 그렇지만 가입비나 운영 비용을 따로
받지도 않고, 세균 유전체 정보를 보려면 공인인증서로 접속해 보
안 프로그램을 93개 설치하라는 요구를 하지도 않는다.

DNA 구조를 통해 세균을 살펴보는 방법은 여러 세균이 어울
려 뭉쳐 사는 덩어리를 있는 그대로 관찰하는 방식에도 유용하다.
이런 연구 방법을 메타유전체학metagenomics이라고 부른다. 여러
세균이 뭉쳐있는 그 상태 그대로 DNA를 뽑아내서 온갖 세균의
DNA가 마구 섞여있는 상태를 그 자체로 살펴보면서 그 자료를
다른 자료와 비교하기도 하고 검색하기도 하면서 연구를 하는 방
법이다. 그러니까 세균 하나를 분리 배양해서 연구하는 방식이 아

실험실에서 일반적으로 사용하는, DNA 염기 서열을 읽는 장비

니라, 온갖 세균이 뒤엉켜 서로 도우며 살고 있는 그대로를 덩어리로 떼어다가 연구하는 것이다.

세균 덩어리에서 얻어낸 자료에 대장균에서만 보이는 DNA가 검색되었다면 그 세균 무리에 대장균도 섞여있다고 짐작할 수 있다. 그런 식으로 세균이 뭉쳐 사는 무더기 DNA 속에서 다른 세균 무리에서 자주 나타나는 DNA가 보이는지, 어떤 특징을 가진 세균이 자주 갖고 있는 DNA가 보이는지 계속 따져보는 것이다.

2017년에 이재영 교수와 김호 교수 등이 속한 연구팀은 서울 하늘에 떠돌아다니는 먼지에 붙어있는 세균에 대해 조사했다. 그 먼지에 붙어있는 세균이 원래 한국에서 많이 살던 것인지, 아니면 다른 곳에서 살던 것인지를 본 것인데, 조사 결과 중국에서 자주 관찰되는 세균들이 많이 보였다. 이를 통해 먼지가 중국에서 바람을 타고 한국까지 떠밀려 온 것 같다고 추측할 수 있었다. 미세먼지 문제에 온 국민이 관심을 많이 가질 때 나온 연구 결과였기에 여러 곳에서 이 연구에 대해 소개했다.

이 연구를 할 때 먼지에 붙은 세균 하나를 키워서 어느 나라에 많이 사는 세균인지 알아낸 것이 아니다. 연구팀은 여러 세균이 붙어있는 덩어리 하나를 두고 거기에서 DNA를 뽑아냈다. 그리고 그 DNA의 구조를 분석해서 컴퓨터에 자료로 입력해놓고, 다른 자료와 끊임없이 비교를 하면서 여러 세균들의 DNA가 섞여있는 DNA 속에 어느 세균의 DNA와 비슷한 부분이 있는지를 따져본 것이다.

이러한 연구 방식은 이제 잘 자리 잡았고 꽤 널리 쓰이고 있다. 흙가루에서 DNA만 뽑아내는 약물과 장비가 나와있기도 하고, 뽑아낸 DNA의 구조를 확인하는 작업도 자동화되어 있다.

DNA의 구조를 알아낼 때, 그러니까 DNA가 어떤 염기서열로 되어있는지를 알아낼 때는 DNA에 여러 화학 물질을 차례대로 갖다 대어보면서 반응을 잘 하는지 안 하는지 관찰하며 구조를 따져보아야 한다. 이런 작업도 기계와 컴퓨터가 자동으로 반복해준다. 이런 기술은 이미 완성되어 있고 계속 개량되고 있다. "DNA 구조 저렴한 비용으로 읽어드려요"라고 선전하는 서울이나 대전의 회사들에게 DNA를 갖다주면, 닥치는 대로 읽어서 몇 기가 바

메타유전체학 연구에서 분석하는 전형적인 자료 형태

이트, 몇십 기가바이트짜리 파일에 줄기차게 GATTACAGATTA-CA하고 DNA 구조가 잔뜩 표시되어 있는 파일을 결과로 보내준다. 범죄를 수사할 때 DNA를 채취하거나 사람이 걸리는 병에 대해 연구하기 위해 DNA를 다루는 기술이 여러 분야에서 계속 발전하고 있다. 그리고 이제는 이 기술을 활용해 우리 주변 세균을 이용하는 데도 쓸 수 있게 된 것이다.

메타유전체학 연구 방법은 2000년대 후반에서 2010년대 중반까지 돌풍 같은 유행을 일으켰다. 얼마 전 '빅데이터'가 주목 받을 때 일종의 빅데이터인 유전체 정보도 조금 눈길을 받았다. 실제로 인공지능 기술을 이용해서 복잡한 DNA의 비교와 검색을 더 쉽게 해내는 방법이 쓰이고 있기도 하다.

대표적인 예로 사람의 장 속에 어떤 다양한 세균들이 모여 사는지, 사람의 살갗 위에 어떤 특이한 세균들이 어떤 비율로 부대끼며 지내는지 같은 것들을 조사할 때 여러 세균들을 덩어리째로 조사하는 이 방식이 인기를 끌었다.

착한 사람 배 속에는 무슨 세균이 많이 살고 나쁜 사람 배 속에는 무슨 세균이 많이 산다더라, 뚱뚱한 사람 배 속에는 이런 세균이 많이 살고 날씬한 사람 배 속에는 저런 세균이 많이 사는 것 같다, 그러니까 그런 세균이 사람을 뚱뚱하게 하는 것 아니냐 같은 주제로 연구를 할 때도 메타유전체학 기술은 자주 활용되었다는 이야기다.

세균들이 모여 사는 덩어리의 DNA를 연구하는 방식은 그 외에도 여러 가지다. DNA의 모양을 기호로 표현하면 A, G, C, T 네 가지 알파벳만 이리저리 조합해 백억 글자쯤 이어지는 긴긴 자료가 되는데 그 긴 자료를 뒤적거리면서 혹시 그 속에 제2의 스트렙토마이신이라고 할 수 있는 약물을 뿜어내는 세균의 흔적이 있지는 않을지, 지독하게도 분해되지 않는 오염 물질을 갉아먹는 세균의 흔적이 있는 것은 아닌지 찾아다닌 학자들도 있었다.

나는 이런 방법이 세균 연구에 유독 잘 들어맞는 방법이라고 생각한다. 이것은 세균이 아주 작고 세상 어디에나 퍼져있으면서도, 어떤 것은 아주 민감하고 어떤 것은 강력하며, 여러 곳에 적응을 잘하며 서로 어울려 있다는 특징에 잘 들어맞기 때문이다.

아무 곳이든 산이나 화분에 가서 식물이 그럭저럭 자라고 있는 곳의 땅을 한 숟갈만 퍼온다고 생각해보자. 이것을 두고 나는 '흙 한 숟가락 속의 동물원'이라고 부른다. 어느 정도 습기가 있는 흙 이라면 아마 그 한 숟가락의 흙 속에 세균이 1억 마리 정도는 있 을 것이다. 그렇다면 이것은 울타리 안에 열 마리 남짓한 짐승이 있는 동물원 수준이 아니다. 흙 한 숟가락 속의 동물원은 산 하나 전체를 국립공원으로 만들거나, 넓은 초원을 보호구역으로 만든 곳이며 그 속에서 별별 다른 모습의 짐승들이 어울려 지내는 곳인 셈이다.

그 흙에서 흙냄새를 맡을 수 있다면, 분명히 흙냄새를 풍기는 세균인 스트렙토미세스나 그와 비슷한 부류의 세균들이 한 무리 살고 있을 것이다. 주택가 인근에서 퍼온 평범한 흙이라면 사람 사는 곳 근처 어지간한 곳에는 항상 떠다니는 고초균도 일부 있을 것이다. 식물이 자라는 곳 근처였다면 식물 뿌리 근처에서 식물의 영양분을 빨아먹고 사는 세균도 많았을 것이고, 질소고정세균도 조금 있을 수 있다. 이런 다양한 세균들이 있다면, 다른 세균들에 빌붙어 살아가는 세균들도 많이 끼어있을 것이다.

그중에 다른 세균을 죽이는 물질을 내뿜는 세균이 있다면 그 때문에 죽은 세균의 흔적이 있고, 의외로 그 물질을 잘 버티는 세 균들이 찾아와 새로 둥지를 틀고 있는 장면도 보일 것이다. 흙 겉 면에는 햇빛 받기를 좋아하는 세균이 있고, 흙 안쪽으로는 산소와 닿기 싫어하는 세균이 있을 수도 있다. 그 모든 세균들은 저마다 다양한 물질을 갉아먹기도 하고, 또 특이한 물질들을 내뿜기도 한다. 그러면서 새끼를 치고 계속 불어나고, 또 다투다가 죽어간다. 서로 돕기도 하고 배신하기도 하는 그 요란한 와중에 어떤 세균들은 그저 나중에 기회가 오면 다른 동물이나 식물의 몸에 붙어 새로운 삶을 시작하려고 기회를 기다리며 내생포자로 변해서 몇 년째 잠들어 있을 수도 있다.

이렇게 다양한 모습을 보여주는 흙 한 숟가락이 세상에는 얼마든지 널려있고, 그것들은 저마다 서로 다른 모습을 보여줄 것이다. 한반도의 숲속에서는 고라니를 볼 수 있고 플로리다의 늪에서는 악어 떼를 볼 수 있듯이, 들꽃이 잘 자랄 만한 흙 한 숟가락에 사는 세균들이 사는 모습과 가로수 옆 보도블록 아래의 흙 한 숟가락에 사는 세균들의 모습은 다르다. 정글을 헤치고 다니는 탐험가가 쌍안경을 들고 짐승들을 찾는다면, 우리는 흙먼지 속 세균들의 섞인 DNA를 뽑아내서 분석해보는 메타유전체학으로 세균들을 관찰할 수 있다.

전국 세균 지도가 있다면

크리스토퍼 메이슨Christoper Mason 교수는 2013년부터 뉴욕 시의 각 지하철역에 어떤 세균들이 살고 있는지를 바로 이런 방식으로 조사했다. 메이슨 교수는 그 결과 각 지하철역에 사는 세균들이 조금씩 다르다고 설명했다. 바닷가 쪽에는 물에 사는 세균이 많고 사람이 유난히 많이 몰리는 쪽에는 사람 피부에서 살다가 떨어진 세균이 많을 것이다. 이러한 극명한 차이가 아니라고 하더라도 지하철역마다 살고 있는 세균들의 조합이나 숫자가 약간씩 차이를 보였다는 이야기다. 메이슨 교수는 이런 자료를 더 많이 쌓아놓으면, 어떤 사람의 신발 바닥에 붙어있는 세균을 조사해서 그 사람이 어느 지하철역에 들렀다 왔는지도 알아낼 수 있을 거라고 이야기했다.

신발 바닥에 붙은 흙을 보고 그 사람이 어디 갔다 왔는지를 추리한다는 옛날 추리 소설에 가까운 이야기다. 실제로 이런 식으로 어느 지역에 보통 어떤 세균이 분포하는지를 기록한 자료가 충분히 많다면 범죄 수사나 실종자 추적 같은 일에 활용할 수도 있을 것이다. 어떤 사람이 정확히 어느 지하철역에 갔다 온 건지 맞히는 것이 당장 쉬운 일은 아니겠지만, 붙어있는 세균을 보고 수산시장에 갔다 왔는지 도서관에 갔다 왔는지는 제법 근접하게 추측해낼 수 있을 것이다.

나는 이런 조사가 충분히 진전된다면 그 지역의 특성을 나타내는 대표 세균, 지표가 될 수 있는 세균을 정해놓을 수도 있다고 생각한다. 깨끗한 물에서만 사는 산천어가 발견되면 그 물이 깨끗하다고 생각하듯 땅에 어떤 세균이 살면 그 땅은 농사가 잘 될 땅이라든가, 그 근처는 대기 오염이 심한 곳이라는 식으로 어떤 규칙을 찾아낼 수 있을지도 모른다.

전국 각지 수십, 수백 군데의 흙이나 물을 퍼와서 그 속에 사는 세균의 유전체를 조사해볼 수도 있을 것이다. 전국 각 지역에 세균이 어떻게 분포되어 있고 어떻게 변해가고 있는지 정기적으로 조사해보면 자연환경이 변함에 따라 세균은 어떻게 변해가는지 관찰해볼 수도 있을 것이다. 이런 자료가 있다면 그것을 또 다른 연구의 바탕으로 활용할 수 있지 않을까?

아무래도 비용 문제가 걸림돌이 되겠지만 DNA를 분석하는 기술이 발달해 이에 드는 비용은 점점 낮아지는 추세다. DNA 분석을 더 열심히 활용해야 한다고 주장하는 사람들은 DNA를 분석하는 비용이 떨어지는 속도가 과거 반도체 기술의 발전 속도보다 빠르다는 점을 근거로 제시한다. IT 기술의 발전 속도가 빨라 마이크로칩의 밀도가 24개월마다 2배로 늘어난다는 무어의 법칙Moore's law도 있었는데, DNA 분석의 발전 속도가 그것보다도 더 빠르다는 말이다. 그렇다면 곧 '전국 세균 지도'를 크지 않은 비용으로 만들어내는 일도 가능해질 것 같다.

이 일에 내가 기대를 품는 이유는 수집된 유전체 정보를 분석하는 방법도 같이 발전하고 있기 때문이다. 자료 처리 기술이나 인공지능 기술을 이용해서 더 빨리 더 재미난 결과를 찾아내는 분석을 해낼 수 있을지도 모른다.

어쩌면 로봇과 자동화 기술을 이용할 수 있을지도 모른다. 흙 속에 사는 세균을 알아보기 위해 대학원생이 직접 산에 가서 흙을 가져올 필요 없이, 그 산에 설치되어 있는 기계가 스스로 흙을 담아 그 자리에서 DNA 분석 실험을 하고 결과를 무선 인터넷으로 보내주는 것도 충분히 구상해볼 만하다고 생각한다.

거기까지 가면 매일 혹은 매 시간마다 전국 천여 곳에서 세균들이 어떻게 살고 있는지 실시간으로 지켜보는 일이 가능해질 수도 있다. 나는 그렇게 자동 세균 분석 로봇을 전국에 수천 대 설치해두고 매 시간 계속 세균들이 사는 모습을 집계해본다는 생각이 아주 마음에 들어서, 알파벳 약자로 RAMSAS Robotic Automated Metagenome Sequencing and Analysis System라고 로봇에 붙일 별명도 지어놓았다.

그러한 자료를 갖고 있으면 단순하게는 그 동네 땅이 얼마나 비옥해졌는지를 알아보는 문제에서부터 멀게는 날씨를 예측하는 일에도 활용할 수 있을 것이다. 습기에 민감한 세균이 얼마나 줄어드는지, 추위를 대비하기 위해 철저히 움직이는 세균이 얼마나 늘어나는지를 기록해놓으면 이는 기압이나 강수량 못지않게 좋은 정보가 될 것이다. 비가 오기 전에 갑자기 늘어나는 경향이 있는 세균이 지금 전라남도 쪽에서 경상남도 쪽으로 확산되고 있다면, 내일 오전에 남부지방 서쪽에서 동쪽으로 비가 지나갈 거라는 식으로 날씨를 추측해볼 수 있을 거라는 상상을 해본다. 전국의 세균 분포를 시간 변화에 따라 살펴보면 그 결과가 어떻든 세균의 특성상 날씨와의 관계는 뚜렷할 것이다.

또한 환경 변화에 민감한 세균들이 변화하는 모습을 지역에 따라 조사하면 생태계에 영향을 주는 요인에 관해 좀 더 치밀하게 조사할 수 있을 것이다. 예컨대 공단이 생긴 뒤에 그 지역의 생태계가 얼마나 달라졌는지, 원자력 발전소가 생긴 뒤에 영향을 받은 생물은 없는지를 알아보는 데에도 세균의 변화를 계속해서 지켜보는 것은 많은 도움이 될 것이다. 하다못해 버리면 안 되는 쓰레기를 몰래 투기한 사람이나 예상하지도 못했고 알 수도 없었던 어떤 원인이 생태계에 영향을 주었다는 것을 빠르게 감지하는 데도 이런 자료를 사용할 수 있을 것이다.

이러한 방식의 장점은 세균이라는 생물이 실제로 받는 영향을 본다는 데 있다. 단순히 위험 요인이 어떤 것이며 어디에 얼마나 있는지 알아보는 것에 그치지 않고, 그 요인이 생물과 생태계에 어떤 영향을 미치는지 면밀히 살펴보는 것이다.

지금이야 방사선이 위험하다는 것을 모두가 알아 철저히 관리하고 감시한다. 하지만 20세기 초 처음 방사선이 알려지기 시작했을 때만 해도 그것이 얼마나 위험한지는 다들 잘 알지 못했다. 생태계에 어떤 영향을 미치는지 잘 모르고 마구잡이로 농약을 사용했던 시절처럼 방사선의 위험을 제대로 모르고 있었다. 그래서 그때는 방사선이 심하게 내리쬐는 지역도 방사선을 조사할 생각을 하지 않고 그저 평화롭고 안전한 지역이라고 생각했다.

계속 세상이 변하고 발전함에 따라, 이런 식으로 우리가 모르는 사이에 생명에게 영향을 미치는 새로운 것이 자꾸 나타날지도 모른다. 그때, 곳곳에 설치해놓은 자동 세균 조사 장치가 있다면 살아있는 생명체인 세균에게 영향을 미치는 것이 있는지 살펴보고 무엇이 그 원인인지 차근차근 조사해나가면 된다.

나는 이것이 우리가 뻔히 알고 있는 위험한 무언가를 단속하고 관리하는 일을 넘어, 우리가 알지 못하는 위험에 대비하고 안전을 관리하는 방법이라고 생각한다.

한동안 세균은 전염병을 일으키고 음식을 상하게 하는 것으로 사람들 사이에 악명을 떨쳤다. 발효 음식이 몸에 좋다는 사실이 인기를 끄는 요즘에는 소위 좋은 세균에게 어떤 신비한 능력이 있어 사람의 건강에 도움이 되는 것일지도 모른다고 이야기되기도 한다. 나는 우리가 땅과 바다와 하늘의 세균을 널리 살펴본다면 세균의 역할은 다시 바뀔 것이라고 생각한다. 세상 어느 곳에나 퍼져있는 이 작은 생물들은 아무도 없는 적막한 숲속이나 잔잔한 바닷물 위에서도 우리보다 먼저 세상의 변화를 느낄 것이다. 나는 그들이 그 변화를 우리에게 알려주는 파수꾼이 되리라 생각한다.

4부

우주관

BACTERIA EXHIBITION

12장

외계 생명체

낯선 생명체의 습격

인도인들이 한반도에 쳐들어오거나 일본 열도나 북미 대륙을 공격한 역사에 대해 들어본 적이 있는가? 김해에는 고대 인도에서 허황옥 일행이 찾아와 금관가야의 임금에게 도움을 주었다는 전설이 있지만, 이 이야기는 전해 내려오는 이야기일 뿐이다. 게다가 인도에서 수십만 대군이 몰려와 한반도를 정복했다는 내용이 아니라 금관가야에 좋은 일을 많이 해주었다는 줄거리다.

그런데 콜레라균Vibrio cholerae은 다르다. 콜레라균은 본래 인도 갠지스강 유역에서도 한정된 지역에만 퍼져있던 세균이다. 하지만 19세기 초, 영국 동인도회사British East India Company의 인도 침략을 비롯해 세계 여러 나라와 갠지스강 지역의 교류가 급격히 늘

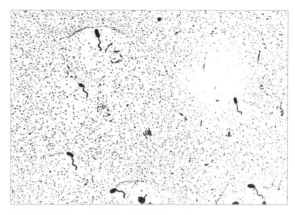

콜레라균의 모습 | 꼬리가 있는 것이 콜레라균이다.

어나자 콜레라균은 다른 지역으로 퍼지기 시작했다.

그리고 몇 년이 지나지 않아 이 세균은 이 사람 저 사람을 건너다니며 전 세계를 돌아다니게 되었다. 1821년에는 조선에도 콜레라균이 들어왔다. 듣도 보도 못한 전염병이 창궐하는 탓에 사람들은 두려워 떨었고, 사회의 분위기까지 매우 흉흉해졌다. 《순조실록》의 기록을 보면 병의 이름조차 알지 못해서 콜레라를 그저 '괴질怪疾'이라고 불렀고, 처음 이 병을 보고한 평양에서만 며칠 사이에 수천 명이 사망했다. 곧이어 콜레라균이 전국으로 퍼지자 만 명 단위의 사망자가 나왔다고 기록되어 있다. 뭔지도 알 수 없는 병이 빠르게 번지면서 사람들이 쓰러져나가자 조정에서도 크게 당황했다. 조정에서 일하는 관리들 중에서도 사망자가 줄줄이 발생했다.

당시 조선의 조정은 잡다한 귀신에게 기도를 하는 것은 미신이라고 하여 금지하는 정책을 강하게 내세우는 편이었다. 하지만 상황이 이렇게 돌아가자 전국 각지에서 죄를 빌고 원혼을 달래는 제사를 지내기도 했다.

현대가 되어 전염병 대책과 위생을 중시하는 문화가 퍼지기 전까지, 콜레라균은 잊을 만하면 계속 되살아나 이 도시 저 도시를 휩쓰는 무서운 적이었다. 콜레라균은 조선뿐만 아니라 전 세계 곳곳에서 대혼란을 일으켰다. 가난한 사람들이 너무 많은 것이 인구문제의 원인이라는 말이 힘을 얻던 19세기 유럽에서는 '부자들이 가난한 사람들 숫자를 줄이려고 일부러 병을 퍼뜨리고 있다'는 소문이 돌 정도였다.

전염병은 이렇게 파괴적일 수 있다. 그러니 좀 더 넓은 범위에서 그 위험을 따져본다는 것도 해볼 만한 생각이다. 이를테면, 만약 지구 바깥에서 태어난 생명체가 지구로 찾아온다면, 비행접시를 타고 광선총을 손에 든 채 회색 외계인이 나타나는 것 못지않게 세균같이 작은 미생물이 나타날 가능성도 같이 우려해야 한다는 생각도 해볼 만하다.

외계 행성의 여왕과 공주가 악당을 피해 지구로 피신 오는 SF 만화 줄거리에 비하면 외계 행성의 작은 세균이 돌덩이 같은 데 박혀있는 채로 우주를 떠돌다가 우연히 지구에 떨어진다는 이야기는 심심하게 느껴진다. 하지만 자세히 파헤쳐보면 이런 줄거리를 따르는 사연들 중에서도 신기한 이야기가 많다. 게다가 실제로 외계 생명체를 찾아내겠다는 도전에 가장 가까이 다가서있는 이야기도 외계에서 온, 세균을 닮은 미생물 이야기다.

　SF물에서 외계에서 온 세균 이야기를 다룰 때는 주로 공포물로 많이 다뤘던 것 같다. SF영화 중에서도 수작으로 손꼽히는 〈안드로메다의 위기Andromeda Strain〉는 인공위성이 지구로 추락하자, 인공위성 속에 살던 외계 미생물 때문에 인공위성이 떨어진 곳 근처의 마을 사람들이 감염되어 몰살당한다는 이야기로 시작한다. 영화가 진행되면 학자들이 그 미생물을 조사하면서, 크기는 지구의 세균과 비슷하지만 구조가 전혀 다른 이상한 생물이라는 것을 알아내는 내용으로 이어진다. 영화 속에서는 그 생물이 사람 몸속에 들어가면 일단 정신을 이상하게 만든 다음 몸속의 모든 피를 가루로 변하게 해 삽시간에 사람을 쓰러뜨린다고 되어있다.

　크리스토퍼 리가 나오는 〈드라큘라〉 시리즈의 제작사로도 유명한 영국의 해머 영화사에서는 〈퀘이터매스 실험The Quatermass Xperiment〉이라는 영화를 만들기도 했다. 이 영화에서는 우주선을 타고 우주에 다녀온 우주비행사가 이상한 외계 생명체에 감염되는 이야기로 시작한다. 영화 속의 외계 생명체는 마치 세균이 플라스미드를 이용해서 다른 세균의 유전자를 받아들이고 자기 자신을 개조하는 것과 비슷한 재주를 부린다. 사람을 감염시킨 그 외계 생명체는 사람 말고도 지구의 여러 동식물을 공격하고 그 유전자를 흡수해서, 온갖 동물과 식물이 뒤섞인 괴물 같은 모습으로 영국의 동물원 근처를 배회하며 숨어 다닌다.

우주 바깥에서부터 눈에 보이지도 않는 작은 생물이 나타나는데, 그것이 지구에 들어와서 큰 문제를 일으킨다는 이야기는 뿌리가 깊다. 예로부터 사람들은 하늘에 혜성이 나타나면 그것을 불길한 징조로 생각하는 경우가 많았다. 예를 들어《삼국유사》에는 594년 무렵 신라에 혜성이 나타나자 그 불길한 기운을 다스리려는 노래를 만들었다는 기록이 있다. 영화 속 세균이 벌이는 일과는 조금 다르지만, 혜성이 남기는 긴 꼬리 속에는 지구에 들어오면 독이 되는 물질이 들어있기 때문에 혜성이 지나치게 가까이 지구에 접근하면 하늘에서 독이 떨어진다는 이야기를 한 사람들도 있었다. 1910년에 핼리혜성이 나타난다고 했을 때 혜성에서 쏟아질 독을 막기 위해 방독면을 사야 한다고 했던 소동은 유명하다.

우주 세균에 관한 다양한 상상

영화 속 이야기와 역사 기록의 배경에는 지구 바깥 우주에 있던 것은 지구의 생물이 살면서 어울려 본 일이 없는 너무나 낯선 것이라는 두려움이 깔려있다. 만일 그렇게 낯설고 이상한 것이 지구 생물에게 병을 일으킨다면 도무지 막을 방법이 없을 수도 있다는 걱정 때문이다.《정종실록》에 따르면, 조선시대 사람들은 운석이 바다에 떨어지면 운석 속에 있는 어떤 사악한 것이 바다를 붉게 물들이고 물고기를 몰살한다고 믿었다.

인도 갠지스 강 유역에 오랜 세월 숨어있던 콜레라균이 멀리 떨어진 조선에 나타나자 낯선 병에 대책이 없던 조선 사람들이 줄줄이 쓰러졌던 것처럼, 수십억 년 동안 지구 안의 생물들끼리만 살아온 우리들에게 지구 바깥에서 세균이 들어오면 도저히 적응할 수 없을지도 모른다는 생각은 그럴 듯하게 들리기도 한다.

어떤 사람들은 심지어 갑작스럽게 퍼진 바이러스나 백일해를 일으키는 백일해균 같은 세균이 정말로 우주에서 온 것이라거나 우주의 영향을 받아 그렇게 변한 것이라고 상상하기도 했다. '갑자기 어디에서 백일해균이 나타나 전염병을 퍼뜨리고 사람들을 감염시키는 것일까? 우주에서 온 것은 아닐까?'라는 식으로 생각했다는 이야기다.

SF영화에서 꾸준히 등장해온 색다른 소재로는 사람의 뇌를 갉아먹어서 정신을 이상하게 만들거나 환각을 보게 하는 우주 세균 이야기도 빼놓을 수 없다. 그런 SF물이 사실이라면, 사람들이 이상한 전체주의 사상 같은 것에 빠져서 세계대전처럼 서로를 죽이는 싸움에 몰두한 것은 우주 세균이 사람들 사이에 퍼져 뇌를 망가뜨려서 판단을 그르치게 하고 이상한 감정이 생기게 했기 때문인지도 모른다. 어쩌면 어떤 사람들이 지옥에서 온 악마나 귀신이나 유령을 실제로 보았다고 강하게 믿는 것도 우주 세균에 감염되어 환각을 느끼기 때문은 아닐까? 항상 귀신이 나타나는 흉가라는 곳은 사실 귀신 모양의 환각이 보이도록 뇌를 갉아먹는 우주 세균이 마당에 떨어진 곳이 아닐까?

SF물을 넘어서서, 현실적으로 심각하게 이 문제에 대해 생각한 사람들도 있었다. 플라스미드라는 말을 널리 퍼뜨린 장본인인 레더버그 교수는 우주 로켓을 쏘고 달 탐사를 하는 사업이 한창 유행이던 시절에 외계에서 온 세균이나 외계에서 온 바이러스를 조심해야 한다는 주장을 제법 진지하게 한 사람으로도 유명하다.

예전에는 우주에 외계의 세균이나 바이러스가 있었다고 하더라도 지구로 떨어질 때 보통은 공기와 마찰하면서 열을 받아 흔적도 없이 타버리는 경우가 많았을 것이다. 유성이 떨어질 때 빛을 내는 이유도 그렇게 타버리고 녹아버리기 때문이고, 높이 올라간 미사일이 목표를 겨냥해서 다시 내려오기가 어려운 이유도 대기권으로 들어올 때 마찰로 타버리는 것을 막기가 어렵기 때문이다. 이렇게 지구의 공기는 지구 바깥에서 뭔가가 지구로 들어올 때 막아주는 일종의 보호막 역할을 한다.

그런데 우리가 튼튼한 우주선을 보내서 그것이 우주를 돌아다니다가 다시 지구로 무사히 착륙하게 된다면 상황은 달라진다. 그우주선에 우주 세균 한두 마리가 들어와 속에 숨어있다고 해보자. 그렇게 되면 우주선 속에 묻어 있는 외계 세균은 공기 마찰의 방어막을 뚫고 무사히 안전하게 지상까지 도달할 수도 있다.

실제로 미국에서 아폴로 계획으로 달 탐사를 진행했을 때에도 달에서 가져온 물건은 외부에 노출되지 않도록 완전히 밀봉해서 '달 수신 연구실Lunar Receiving Laboratory'이라는, 외부와 차단된 시설에서만 우선 조심스럽게 살펴보았다. 달에서 집어온 흙이나 돌

아폴로 11호의 대원들이 지구로 돌아온 후 격리되어 있던 곳

에 지구에는 없던 외계의 세균이 살고 있을지도 모른다는 생각 때문이었다. 그래서 닐 암스트롱, 마이클 콜린스, 버즈 올드린 세 우주 비행사 일행이 처음 달에 발을 딛고 다시 지구로 돌아왔을 때에도 즉시 환호를 받으며 축하 행진을 할 수 없었다. 세 사람은 9미터가 조금 넘는 무쇠 방에 2주 이상 갇힌 채로, 우주 미생물을 묻혀오지는 않았는지 내내 검사를 받아야 했다.

생명체의 기원에 대한 도전

1990년대 후반, 냉전이 끝나자 미국의 우주비행사들이 러시아의 우주정거장 미르Mir에 머물면서 우주 연구를 하는 사업이 진행된 적이 있다. 우주정거장 미르는 지구 위의 우주 공간을 돌고 있는 일종의 거대한 인공위성인 셈인데, 1986년에 발사되었으므로 당시는 이미 우주를 떠다닌 지 10년이 지난 시점이었다. 1998년 미국 우주비행사들이 우주정거장 미르를 연구한다면서 이곳저곳을 살피고 다니다가 크반트-2Kvant-2라는 방에서 한동안 열어보지 않았던, 어떤 장치를 열어보게 되었다고 한다. 그런데 그때 그곳에서 허공을 둥둥 떠다니는 이상한 색을 띤 덩어리가 나타났다.

미국 항공우주국의 연구원 마크 오트C. Mark Ott의 이야기를 실은 기사에 따르면 놀란 마음에 그 덩어리가 어쩌나 커 보이는지 눈앞에 농구공만 한 것이 떠다니는 것만 같았다고 한다.

다행히 그것은 우주 괴물이 아니라 커다란 물방울이었다. 중력이 아주 약하다 보니 물이 바닥에 고여있지 않고 둥근 덩어리를 이루어 공중에 떠다니게 된 것이다. 당시 미르 우주정거장에는 온도와 습도 조절이 완벽하게 되지 않아 습기가 차는 구역이 있었다고 한다. 우주비행사들을 깜짝 놀라게 한 물방울을 살펴보니 아니나 다를까 그 속엔 세균을 비롯한 여러 미생물들이 가득 살고 있었다. 우주비행사의 몸이나 우주정거장의 장비에 붙어 같이 우주를 여행한 세균들이 물방울 속으로 들어가 둥지를 틀고 번성했

미르 우주정거장

고 그래서 물방울의 색이 이상하게 변했던 것이다.

어떤 사람들은 이 이야기를 우주비행사들은 우주선 안에 몇 달이나 갇혀있어야 하니 이상한 세균에 감염되지 않도록 늘 주의해야 한다는 교훈의 소재로 삼기도 한다. 그런데 내가 주목하는 부분은 그 세균들이 사람들이 잘 신경 쓰지 않는 구석진 곳에서 그렇게나 잘 자라났다는 사실이다.

우주정거장 속에서 지내는 사람들을 위해 지상에서는 식량과 여러 물자를 막대한 비용을 들여 보내준다. 하지만 그럼에도 우주정거장에서 지내는 것은 결코 쉬운 일이 아니다. 우주정거장에서 잘 적응해서 편하게 지낼 수 있다는 사람은 소수에 불과하며, 대부분은 우주에서 어지러움, 메스꺼움, 피곤함 때문에 괴로워한다. 지금껏 우주정거장에서 사람이 아이를 낳았다는 기록도 없다.

그런데 세균은 잘 자라도록 도와준 사람도 없고, 일부러 먹을 것을 준 사람도 없는데, 계속 새끼를 치며 번성했다. 우주에서 가장 오랫동안 버틴 기록을 갖고 있는 사람은 영광스럽게 그 기록을 자랑하곤 하는데, 모르긴 몰라도 청소하지 않은 작은 틈에 붙어서 자리를 지키고 있는 세균이야말로 우주에서 가장 오래 머물고 있는 생명체일 것이다.

우주 세균에 관한 이야기는 더 다양해지고 있는데, 요즘에는 정답고 친근한 사연들이 인기를 끄는 듯싶다. 예를 들어 지구 바깥 우주에서도 외계의 세균이 한 마리라도 발견되길 간절히 바라며 지구가 아닌 다른 곳에도 생명체가 있다는 사실을 오히려 기다리는 이야기가 더 늘어나는 듯하다.

광막한 우주가 비어있는 곳이 아니라 지구 생물과 또 다른 생물들이 살아갈 터전이 펼쳐진 곳이길 바라는 사람들은 우주 세균을 통해 그 증거를 발견하고 싶어 하는 것 같다. 이런 상상 중에 가장 강렬한 것으로는 정향 범종설定向汎種說, directed panspermia hypothesis이라는 생각이 있다. 이것은 아주 먼 옛날 지구에 아무 생물도 살지 않던 황량한 시절, 외계인들이 일부러 지구에 세균 같은 작은 생물을 실은 우주선을 보냈다는 것이다. 그리고 그 우주선에서 나온 세균이 지구에서 새끼를 치고 그 자손들이 퍼진 덕택에 지구에는 생물이 살기 시작했으며, 지구상의 모든 미생물을 비롯한 동물과 식물은 모두 그 후손이라는 이야기다. 그러니까 대단한 기술을 가진 매우 힘 있고 지혜로운 외계인이 사람을 포함한 지구의 모든 생명을 빚어낸 씨를 뿌렸다는 내용이다.

황당한 소리 같지만 이런 생각은 아직도 종종 제법 진지한 SF물의 소재로 활용된다. 그 까닭은 아직까지도 맨 처음 생명체가 어떻게 탄생했느냐 하는 문제에 대해서는 탄탄한 설명으로 깔끔하게 정리된 답이 없기 때문이다.

세균과 같은 간단한 생명체라고 하더라도 그 생명체가 먹고 살고 새끼 치기 위해 일어나야 하는 화학 반응은 매우 많고, 그런 화학 반응이 이루어지려면 제법 복잡한 물질이 준비되어 있어야 한다. 먼 옛날 어떤 과정을 거쳤기에 그런 복잡한 물질과 다양한 화학 반응이 일어나는 작은 덩어리가 생길 수 있었는지 확실히 밝혀 증명하는 것이 힘들다. 그렇다 보니 '외계인이라도 와서 그런 복잡한 걸 한 번에 다 만들어주고 간 것 아닌가' 하는 설명이 흥미를 끄는 것이다.

다른 측면에서 외계인이 지구에 처음 세균 같은 작은 생명을 만들어주고 갔다는 생각에 관심을 갖는 경우도 있다.

지구의 수많은 다양한 생물들이 너무도 비슷한 점이 많다는 점은 신기한 사실이다. 세균에서 사람에 이르기까지 모든 생물들이 DNA와 효소라는 물질이 서로 화학 반응을 일으키는 방식을 사용하는 것부터, 화학 반응의 형태라든가 효소에 사용되는 아미노 산의 방향같이 꼭 일치할 필요가 없어 보이는 것까지 닮은 점들이 많다. 그렇다 보니 생물은 이런 방식으로 되어있으라고 일부러 정 해준 것 아니냐고 생각한 사람들이 있었다. 이런 진화와 관련한 문제에 대해 화학과 생물학 분야에서 다양하게 연구한 자료가 부 족했던 수십 년 전에는 외계인 이야기의 인기가 조금 더 좋았던 것 같다.

어떤 사람들은 생명이 탄생하는 데 필요한 복잡한 화학 물질이 우연히 생길 수는 있겠지만, 그러기엔 지구의 역사가 너무 짧은 것이 아니냐고 지적하기도 한다. 대략 40억 년 전에 생명이 처음 지구에 나타났다고 치면, 지구가 생긴 후 생명이 나타나는 데 약 5억 년에서 6억 년 정도의 세월이 흐른 셈이다. 그런데 이 기간이 아무것도 없는 물 웅덩이에서 꿈틀거리는 생물이 나타나는 우연 이 벌어지기에는 너무 짧아 보이지 않는가? 이렇게 짧은 시간 안 에 생명이 생겨나려면 외계인이 도와주어야 하지 않을까?

재미 삼아 가정해보자. 지구보다 역사가 더 오래된 어느 행성에 서 누군가 우주선에 생명을 태워 지구로 보냈고, 도착한 세균 한 마리가 지구에 정착해서 오랜 시간 진화한 결과 우리들이 되었다. 그렇다면 도대체 왜 외계인들은 머나먼 지구에 생물을 퍼뜨리려 고 했을까? 우주 곳곳에 생명을 퍼뜨리는 데 사람은 쉽게 이해할 수 없는 숭고한 이유와 목적이 있을까?

단편집 《토끼의 아리아》에 나오는 〈조용하게 퇴장하기〉라는 소설을 보면, 주변에서 별이 폭발할 것으로 예측되어 완전히 멸망할 위기에 놓인 종족이 자신들과 조금이라도 비슷한 생물의 후손을 다른 곳에서 살아가게 하기 위해 세균 몇 마리를 우주선에 담아 몇천 년, 몇만 년을 날아가게 해서 지구를 닮은 먼 행성으로 보내는 이야기가 나온다.

한편 우주에 생물이 살고 진화할 만한 행성이 어디에 있는지 탐사하기 위해 생명이 자랄 만한 후보지 몇 군데에 세균을 태운 우주선을 보냈다는 이야기도 있다. 일단 세균이 도착해서 수십억 년 동안 진화해서 발달한 기술을 갖춘 생명체가 태어나는 상황이 되면, 그 생명체는 전파를 이용해서 통신을 시도할 것이다.

그때 멀리서 그 전파를 감지해서 '저 행성에 우리가 우주선 보내고 40억 년 기다렸더니 걔네들이 번성해서 무전기도 만들었네' 하고 알아보면 된다는 것이다. 게다가 그렇게 자라난 생명체들이 우주선을 만들게 되면 이웃 행성으로 탐사를 떠날 것이고 거기에도 그 후손을 살게 할 테니, 처음 생명체를 보낸 외계인 입장에서는 자동으로 계속 주변을 탐사하게 되는 셈이다.

어떤 로봇이 주변에서 재료를 채취하고 가공할 수 있는데 그 로봇이 그 재료로 자기 자신과 똑같은 로봇을 한 대 더 만들 수 있다고 해보자. 이렇게 스스로를 만들어낼 수 있는 로봇을 탐사선으로 삼아서 어느 행성에 보낸다면, 그 로봇은 그곳에서 자신과 똑같은 로봇을 여러 대 만들 것이다. 그리고 그 로봇을 다시 주변 행성으로 보낼 수 있다. 그러면 주변 행성에 도착한 로봇들은 다시

한 번 각자 자신과 똑같은 로봇을 만들어서 다른 주변 행성에 보낼 것이다. 이런 방식이 반복되면 저절로 우주 곳곳에 스스로 숫자를 불려나가는 로봇 탐사선이 점차 퍼져나가게 된다.

이것을 폰 노이만Von Neumann 탐사선이라고 하는데, SF물 중에는 외계인들이 폰 노이만 탐사선으로 활용하기 위해 지구에 생물을 보낸 것이라는 이야기도 있다. 이 이야기에서 사람이란 동물은 사실 외계인이 계획한 폰 노이만 탐사선이고, 우리가 자꾸 먼 곳을 탐험하고 싶어 하고 우주의 다른 곳을 가고 싶어 하는 마음을 갖는 것은 애초에 우리를 이용해서 우주를 탐사하고 싶어 한 외계인의 의도 때문이라고 한다.

외계인이 왜 생명을 지구에 보냈는지에 대해 설명하는 이야기들은 이 외에도 더 있다. 그러나 확실해 보이는 것은 없다. 우리가 이해할 수 없을 만큼 발달된 외계인 종족이라면 그 고매한 뜻을 감히 우리가 어떻게 쉽게 짐작하겠는가? 어쩌면 우리가 상상하는 것처럼 심오한 목적으로 생명을 지구에 퍼뜨린 것이 아니라 그냥 먼 옛날 외계인들이 소풍을 왔다가 간식을 떨어뜨렸는데 거기에 묻어있던 세균이 지구에 퍼진 것인지도 모른다.

정향 범종설은 여러 SF 작품에서 많이 활용되는 이야깃거리이기는 하지만, 확인하거나 증명하기는 힘들다. 40억 년 전에 지구에 도착한 우주선의 파편이라도 어디선가 발견되면 모를까, 아니 설령 우주선 파편이 발견된다고 해도 거기서 생명체가 나왔다는 것을 증명하고 그 생명체가 정말로 지구 생명체의 조상임을 밝히는 것은 여전히 쉽지 않을 것이다.

우주 세균의 흔적을 찾아서

정향 범종설과 약간 비슷하지만 그보다 좀 더 현실적인 이야기로 그 계기가 우연이든 아니든 세균 같은 생명체가 지구 밖에서부터 왔을 수 있다는 주장도 있다. 이것을 두고 생명의 씨앗이 우주에 널리 퍼져있다는 학설이라고 해서 범종설汎種說, panspermia hypothesis 이라고 한다. 정향 범종설이 방향을 정한 범종설, 그러니까 누가 일부러 지구 생명의 씨앗을 보냈다는 상상이라면, 이것은 누가 일부러 보냈는지 어쨌는지는 알 수 없지만 하여간 생명의 씨앗이 우주에서 왔다는 것까지만 상상해보자는 이야기다.

꼭 외계인이 보낸 우주선이 아니어도 된다. 혜성이나 소행성 같은 작은 우주 돌덩이에 붙어 살던 우주 세균이 우연히 지구에 떨어졌다는 이야기라든가, 다른 행성에 살던 우주 세균이 폭발이나 충돌 때문에 우주로 튀어 올라서 이곳저곳을 떠돌다가 지구에 떨어졌다는 설명도 좋다. 좀 더 막연하게는 은하계 곳곳을 떠돌며 살던 작은 떠돌이 우주 세균이 우연히 지구까지 흘러 들어왔다는 상상을 하는 사람도 있다.

범종설을 좋아하는 사람들에게 가장 관심 있는 돌멩이를 하나만 골라보라고 한다면 아마 많은 이가 ALH84001이라는 돌을 고

ALH84001 운석

를 것이다. 이 돌은 남극 대륙 중에서도 남극 쪽에 제법 가까운 앨런힐스라는 언덕 지역에서 발견된 것인데, 지구 바깥에서 떨어진 운석이다.

앨런힐스는 한국의 장보고 과학 기지에서도 그렇게 멀지 않은 곳이다. 장보고 과학 기지 대원들 역시 남극에서 많은 운석을 수집하기도 했다. 2015년에는 무게가 30킬로그램이 넘고 길이가 약 30센티미터인 큰 운석을 발견하기도 했다. 〈동아일보〉에 실린 이종익 단장 인터뷰를 보면, 남극은 온통 흰 눈으로 덮여있어서 갑자기 보이지 않던 돌이 눈에 뜨이면 혹시 하늘에서 떨어진 운석이 아닌가 짐작해보기 좋다고 한다. 이종익 단장은 달에서 떨어져 나온 돌이 우주 공간을 떠돌다가 지구로 흘러 들어와 남극에 떨어진 것을 본 적도 있다고 한다.

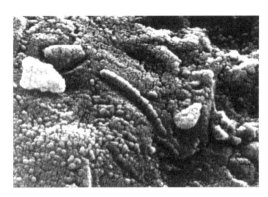

ALH84001 운석을 확대한 모습

ALH84001은 이와 비슷한 방식으로 화성에서 지구까지 날아
온 돌이다. 아마 화성에 소행성이 충돌하는 큰 충격이 발생했고
그 때문에 화성 바닥에 있던 돌이 하늘 높이 튀었던 것 같다. 그런
데 그 튀는 정도가 너무 심해서 화성 바깥 우주로 날아갈 지경이
었고, 그 돌 조각이 우주 곳곳을 떠돌다가 마침내 지구까지 흘러
든 듯싶다.

ALH84001이 지구의 공기를 뚫고 떨어질 때 그 겉면이 많이
녹고 탔지만 그래도 제법 남은 부분이 있었다. 그것이 남극의 앨
런힐스에 오랫동안 놓여있다가 1984년에 사람들에게 발견되었
다. 사람들은 그 돌 속에 들어있는 물질이 지구에서 발견되는 형
태와는 다르고 주로 화성의 돌에서 보일 만한 것이기 때문에 그것
이 화성에서 왔다고 추정하고 있다.

발견 후 12년이 지난 1996년에 이 돌을 전자현미경으로 세밀하게 조사하던 사람들이 놀라운 연구 결과를 발표했다. 이 돌에 아주 작은 세균 비슷한 생물의 흔적이 있다는 것이다. 그 흔적은 돌 표면에 굳어있는 것이기 때문에 만약 그것이 정말 생물의 흔적이라면 화성에서 떨어져 나올 때부터 있었을 것이다. 그렇다면 그것은 화성 세균이 남긴 흔적이라는 이야기가 된다.

당시 이 이야기는 대단히 인기가 좋았다. 1990년대 후반은 세기말 분위기가 감돌던 때로 사람들이 이런 이야기를 좋아하던 시절이었다. 한 주 걸러 한 번씩 외계인 이야기가 나오는 TV 시리즈 〈엑스 파일〉이 세계적으로 인기를 끌었고, 전투기 편대가 외계인 침략자 군단과 공중전을 벌이는 영화라든가 하늘에서 커다란 혜성이 떨어져서 지구가 멸망할 위기를 겪는다는 영화 같은 것들이 매년 흥행하곤 했다.

화성에서 세균이 살고 있었는데 그것이 운석에 묻어서 남극에 떨어져 있다는 것이 당시에는 정말 멋진 생각이었다. 화성, 세균, 운석, 남극. 이렇게 멋진 여러 소재가 다 모여있는 이야기라니, 인기가 없을 수 없었다. 1982년에 개봉된 〈괴물The Thing〉에는 남극에서 발견된, 외계에서 떨어진 잔해에 사람을 감염시키는 우주 괴물이 있었다는 이야기가 나오는데, 나는 화성 세균 이야기를 들었을 때 그 영화가 현실로 펼쳐진 것과 비슷한 느낌을 받았다.

그 돌에는 생물이 있는 곳에 자주 생기기 마련인 물질의 흔적이 있었고, 생물이 활동한 것 같은 흔적도 보였다. 그리고 작은 세균 비슷하게 생긴 것의 모양도 있었다. 그 돌이 화성 세균의 무덤이라고 생각했던 사람들은 그 정도면 제법 확실한 증거라고 보았다. 그러나 반대로 굳이 생물 때문이 아니라도 우연히 어떤 물질들이 어디선가 묻거나 해서 그런 모양이 생겼을 것이라고 보는 사람들도 있었다. 화성 세균은 너무나 환상적인 이야기였기 때문에 의심스럽게 생각하는 사람들도 점차 늘어났다.

그 돌에 있는 작은 세균 같아 보인 흔적은 사는 일반적인 세균의 10분의 1 정도 크기로, 훨씬 작아서 도무지 보통 세균처럼 살 수는 없을 것처럼 보였다. 그러자 화성 세균은 구조가 달라서 그렇게 작을 수도 있다거나 원래는 좀 더 컸는데 죽고 난 뒤 쪼그라들어서 그 정도 흔적밖에 남기지 못한 것이라는 주장도 나왔다. 하지만 세균과 상관없는 세균 비슷한 돌 모양일 가능성도 없는 것은 아니었다. 그렇다 보니 이 돌에 있는 모양이 진짜 화성 세균이냐 아니냐를 두고 수많은 논쟁과 연구가 이루어졌다. 어느 학자는 역사상 모든 돌 중에 이 돌이야말로 가장 많은 연구가 이루어진 돌이라고 논문에서 언급하기도 했다.

지금까지 20년 이상 쌓인 연구 결과를 보면, 아직까지도 이것이 확실히 화성 세균이라고 장담하기는 어렵다는 것이 중론인 듯싶다. ALH84001이 받은 관심 덕분에 화성에서 온 다른 운석들도 다시 관심을 얻었다. 대표적으로 20세기 초에 이집트의 나클라Na-khla 마을에서 발견되어 흔히 '나클라'라고 불리는 운석과, 19세기 말에 인도의 가야 지역에 있는 셔고티라는 곳에서 발견되어 '셔고

티Shergotty'라고 불리는 운석에도 생명체의 흔적 같아 보이는 것
이 약간 관찰되기는 했다. 하지만 이 역시 아직까지는 충분히 많
은 사람들을 설득할 확실한 증거는 아닌 것 같다.

이 정도 흔적이 만일 지구에서 만들어진 돌에서 발견되었다면
지구는 어디에나 세균이 널려있기 때문에 큰 고민 없이 '세균의
흔적 같다'고 하고는 넘어가 버렸을 것이다. 그렇지만 화성에 대
해서는 알려진 바가 많지 않기 때문에 쉽게 장담할 수가 없다. 그
렇다 보니 더 많이 의심하면서 더 엄격하게 연구할 수밖에 없는
것이 지금의 상황이다.

게다가 ALH84001에 나타난 흔적이 화성 세균으로 확실히 밝
혀진다고 해도, 그것은 그 자체로 신기하고 재미난 이야기일 뿐이
다. 그것만으로 먼 옛날 화성에서 지구로 세균이 왔고 모든 지구
생물은 그 후손이라는 이야기까지 바로 연결되는 것은 아니다.

지구에서 화성까지의 거리는 가장 가까울 때라고 해봐야 5천
4백만 킬로미터 이상이다. 시속 1천 킬로미터로 날아간다고 해도
6년을 날아가야 하는 거리다. 화성에서 부서져서 튀겨져 나온 돌
은 그 긴 거리를 오랫동안 날아오고 용케 지구 근처까지 와서 다
시 불타오르며 떨어지기까지 별별 고생을 다 해야 지구에 올 수
있다.

그 시간 동안 세균이 버티지 못하고 죽을 가능성도 있고, 용케
화성 세균이 지구에 오더라도 번식하지 못하고 그냥저냥 살다가
죽을 수도 있다. 어쩌면 화성에서 지구로 올 수 있는 것은 살아있

는 세균이 아니라 돌에 미세하게 새겨진 세균 무덤의 흔적뿐일 수
도 있다. 게다가 설령 화성 세균이 지구로 날아와서 살 수 있다고
해도, 화성 세균이 온 시점이 이미 지구에서도 세균이 알아서 태
어나 잘 살아가고 있던 시기여서 적당히 어울려 살다가 미미하게
영향을 미친 정도에 그쳤을 수도 있다.

그렇다 보니 화성 세균이 지구 생물의 조상이냐 아니냐 하는
상상과는 관계없이, 세균들이 자연적으로 행성 사이를 날아다니
며 다른 행성에 영향을 미칠 수 있는지를 탐구하는 연구는 다른
방향에서 더 주목받을 때가 많다. 이런 연구를 하기 위해 우주정
거장에 세균을 데려가서 우주 공간에서 세균이 어떻게 버티느냐
를 관찰하기도 한다.

화성 세균이 우리의 조상이라면

이와 반대로 화성 세균 이야기를 토대로 적극적으로 화성의 생명
이 지구의 선조라는 상상을 펼치는 사람들도 있다.

스티븐 웹은 생명의 발달 과정에서 지구와 화성이 역할을 나누
어 맡았다고 가정한 줄거리를 하나 소개한 적이 있다. 먼 옛날 화
성은 세균같이 간단한 생명이 탄생하기에는 적합한 곳이었지만
널리 번성하거나 다양하고 복잡한 생물로 자라나기는 어려웠고,
반대로 지구는 무생물에서 생물이 탄생하기에는 여러 조건을 따

져볼 때 어려웠지만 지금 우리가 보고 느끼는 것처럼 생물이 번성하며 가지각색으로 진화해서 여러 형태로 퍼져나가고 발전하기에는 좋은 곳이었다고 생각해보자. 말하자면 이 상상 속에서 화성은 생물이 탄생하기 좋은 곳이었고, 지구는 생물이 번성하기 좋은 곳이었다. 그렇다면 화성에서 간단한 세균 같은 생물이 생기고, 그것이 우연히 우주로 튀어나와 오랜 세월 떠돌다가 지구에 떨어져서 자리를 잡고 번성하고 복잡하고 다양한 생물로 자라났다는 줄거리를 꾸며볼 수 있다. 이렇게 두 행성이 절묘하게 역할을 분담하고 있는 우연은 우주에서도 아주 드물기 때문에 우주에 외계인이 흔하지 않고 그래서 아직까지 우리가 외계인을 만나지 못한 것이라는 설명으로도 이어질 수 있다.

그 외에도 우주에서 세균 같은 생명체가 완성된 모습으로 지구에 오지는 않았지만 생명이 자라나는 데 꼭 필요한 여러 물질들이 혜성이나 소행성 형태로 지구에 떨어졌을 거라고 추측하는 연구도 있다. 지구의 생물 속에 들어있기 마련인 DNA나 효소의 재료가 되는 물질들이 옛날에는 지구에 흔하지 않았을 수도 있다. 그 대신에 그런 것들이 혜성이나 소행성 속에 많이 들어있다가 지구에 떨어지면서 그런 물질들이 풍부해졌다는 것이다. 비록 하늘 바깥에서 직접 최초의 생명 그 자체가 내려온 것은 아니지만, 하늘에서 떨어진 운석 속에 생명이 나타나는 데 도움이 되는 물질이 들어있었다는 이야기다. 다른 과격한 상상들에 비하면 이러한 주장을 하는 연구는 차분하게 살펴볼 수 있고, 과연 그 가능성은 얼마나 되는지 여러 근거로 따져보고 비교해볼 수 있는 수준이다.

조금 다른 방식으로 접근하는 또 다른 연구로는 충돌 그 자체에 초점을 맞춘 것도 있다. 이러한 연구에서는 소행성이 지구에 강하게 부딪힐 때 생기는 높은 열과 압력 때문에 평소에 쉽게 생길 수 없는 이상한 물질들이 만들어졌을 가능성을 추적한다. 그렇게 생긴 이상한 물질들 덕분에 생명체를 이루는 복잡한 물질들도 생길 수 있었을 거라고 생각을 이어나간다. 그러니까 하늘에서 떨어지는 별 조각에 생명체나 생명체의 재료가 직접적으로 들어있지는 않지만, 별 조각이 떨어지는 사건 그 자체가 생명체의 탄생에 큰 도움을 주었다는 이야기다.

이쯤 되니 먼 옛날 최초의 생명체가 우주에서 날아들었다는 이런 여러 이야기가 특히 신문 기사로 많이 나오는 것은 아무래도 생명이 탄생하는 과정에는 뭔가 화려한 연출이 있어야 한다는 느낌과도 관계가 있지 않나 하는 생각도 해본다. 우리 자신이 생명이고 우리가 생명이란 것을 아주 소중하게 여기는 이상, 세상에 생명이 생기는 일은 좀 거창하고 현란한 느낌으로 이루어지는 편이 걸맞다고 무심코 생각하게 된다.

썰렁해 보이는 지구의 어느 물속에서 눈에 보이지도 않는 화학 물질들이 이렇게 저렇게 자기들끼리 화학 반응을 일으키다가 점차 생명 비슷한 것으로 서서히 변해갔다는 이야기는 아무래도 심심하다. 영화로 만들면 그냥 고여있는 물밖에 보여줄 것이 없다.

신비한 모습의 외계인이 우주선을 타고 나타나 생명의 씨앗을 뿌려주는 이야기까지는 아니더라도, 적어도 꽝 하고 빛을 내뿜으며 유성이 떨어진다거나 하늘에서 번쩍하면서 먼 우주를 가로질러 온 신비로운, 생명의 알 역할을 하는 물질이 내려오는 장면 정도는 나와야 좀 더 그럴싸하고 멋지다. 멋진 연출이라면 대부분의 사람들이 좋아한다. 그렇기 때문에 먼 옛날 외계에서 생명의 원인이 지구로 찾아왔다는 온갖 화려한 이야기가 인기 있는 것은 아닐까?

최초로 생명이 탄생했던 과정과 우주 세균 간의 관계가 무엇이든 우주 세균에 대한 연구는 또 다른 주제와 밀접하게 엮여있다는 점에서도 중요하다. 이것은 또 다른 측면에서 사람들의 호기심을 끌 만하다. 내가 좀 더 관심 있는 분야도 사실 그 쪽이다.

그것은 바로 우리의 우주여행이다.

13장

우주 탐사

세균이 선물한 단백질 보충제

2000년대 중반 무렵 세상의 놀라운 사기꾼들을 소개하는 기사에 중국의 가짜 달걀 장수가 나온 적이 있다. 그는 해초에서 뽑아낸 물질과 조미료, 색소를 이용해 달걀과 비슷한 질감과 크기의 덩어리를 만들어 달걀이라고 속여 팔았다. 세상에 이토록 치졸하고 비열한 사기꾼도 있구나, 정말 못 믿을 세상이구나 하는 한탄이 이어졌던 것이 기억난다.

그런데 2000년대 후반이 지나자 아예 대놓고 인조 달걀을 만들어 팔겠다는 미국과 유럽의 신생 기업들이 나타났다. 이 회사들이 사용하는 기술의 밑바탕은 사실 중국의 가짜 달걀 장수가 사용한 방법과 비슷하다. 식물에서 뽑은 재료를 가공해서 달걀과 비슷한 느낌과 맛이 나도록 하는 것이다. 다만 이 회사들은 그것을 당당하게 인조 달걀이라고 밝히고 오히려 그 점을 자랑거리로 내세워 판매하려고 한다는 것이 큰 차이다. 이들은 채식주의자에게 그 달걀을 판매하려는 계획을 갖고 있기 때문이다.

나는 이것이 음지에서 사용되던 이상한 기술을 양지에서 대놓고 사용하는 방향으로 바꿔 기회를 만든 좋은 사례라고 생각한다. 이처럼 앞으로 인공적으로 고기를 만들어내려는 시도는 점점 더 많아질 것이다. 몇몇 회사들은 이미 몇 가지 제품을 선보이고 있다. 이 시장이 점점 더 커진다면 인공고기의 재료를 만드는 데 다른 생물 못지 않게 세균을 활용하는 일도 함께 늘어날 것이다.

세균을 이용하는 공장이 인공 고기를 만드는 일에 도움이 된다는 사실은 오래전부터 알려져 있었다. 당장 가공식품에 널리 쓰이는 조미료가 좋은 예시다. 공장에서 만드는 조미료 중에서는 세균에게 해초 같은 것을 먹인 뒤에 그 세균이 뿜는 물질을 뽑아내서 가공하는 방식으로 만드는 것이 많다. 조미료 없이 고기가 아닌 여러 재료를 뭉쳐 맛을 좋게 하기는 어렵다. 세균을 이용해 만든 조미료가 인공으로 만드는 고기에 꼭 필요한 셈이다.

라이신lysine이라는 아미노산을 생산하는 공장은 세균으로 고기를 만든다는 목표에 더욱 가까워진 사례다. 라이신은 아미노산으로, 단백질, 즉 고기의 재료다. 많은 동물들은 라이신을 어딘가에서 구해 먹어야 자기 몸에 필요한 단백질을 만들 수 있다. 몸에 필요한 아미노산 중에는 다른 물질을 먹었을 때 몸에서 화학 반응이 일어나 아미노산 성분으로 변하는 것이 있는가 하면, 그런 아미노산을 만들어내는 화학 반응이 동물 몸속에서 일어날 수 없어서 아미노산 자체를 그대로 먹어서 얻어야 하는 것도 있다. 이런 아미노산을 필수 아미노산이라고 하는데, 라이신은 사람에게 대표적인 필수 아미노산이다. 그래서 라이신이 들어있는 단백질 음식을 먹지 못하면 사람은 몸이 자라나는 데 어려움을 겪게 된다.

이것은 여러 가축도 마찬가지다. 많은 가축이 라이신을 먹지 못하면 몸이 제대로 자라지 않고 살도 붙지 않는다. 그러면 가축을 키우는 입장에서는 손해다. 가축에게 라이신을 먹이려면 단백질 성분이 풍부한 고기나 하다못해 콩이라도 많이 먹여야 할 텐데, 가축 사료로 이런 것들을 많이 구해서 먹이려면 비용이 많이 든다.

이런 이유로 가축에게 필요한 라이신을 공장에서 세균이 만들게 하는 경우가 많다. 주로 코리네박테리움Corynebacterium 속으로 분류되는 세균 중에 독성이 없고 잘 자라는 것을 골라 사용한다고 한다. 코리네박테리움은 보통 길쭉한 모양인데 한쪽 끝 또는 양쪽 끝이 좀 뭉툭한 경우가 많다. 그래서 어떻게 보면 몽둥이 같기도 하고 절굿공이 같기도 하다.

라이신 공장에서 쓰는 세균은 다양한 당분을 먹고 자라난다. 세균이 당분을 먹고 라이신 성분을 만들면, 거기에서 라이신을 뽑아다가 포장해서 가축 사료 회사에 판다. 그러면 사료 회사는 이 라이신을 가축 먹이에 섞어서 가축에게 준다. 말하자면 코리네박테리움을 키우는 공장에서 가축용 영양제 내지는 단백질 보충제를 만들고 있다는 뜻이다. 당장 사람이 먹는 고기를 세균이 만들어내는 것은 아니지만, 사람이 먹는 가축의 중요한 먹이를 세균이 만들어내는 셈이다.

세균을 길러서 필요한 물질을 뽑아내고 그것을 또 누군가에게 먹게 한다는 점에서 라이신을 만드는 과정은 조미료를 만드는 방식과도 비슷하다. 그래서 세계의 라이신 생산 업체들 중에는 조미료를 만드는 회사들이 많다.

전라북도 군산에도 제법 큰 라이신 공장이 있다. 이곳에서는 일 년에 몇만 톤 분량의 라이신을 만들어낸다. 실험실에서 조심스럽게 키운 세균들이 건강한지 확인한 뒤 공장 안에 있는 커다란 통에 집어넣고, 거기에 세균의 밥이 되는 설탕을 집어넣는다. 매일노동뉴스 기사를 보면 공장 한쪽에는 막대한 양의 설탕이 언덕처럼 쌓여있는데, 하루에 세균 밥으로 쓰는 설탕의 양만 해도 어마어마하다고 한다. 세균이 그 많은 설탕을 먹고 번성해서 라이신을 만들면, 라이신만 뽑아낼 수 있는 다른 커다란 장치로 옮겨서 제품을 만든다. 다른 세균은 살지 못하게 하고 라이신을 만드는 세균만 잘 살게 해야 하기 때문에 장치를 깨끗하게 살균해서 다른 세균들을 없애는 데 특히 신경을 많이 쓰고 있다고 한다.

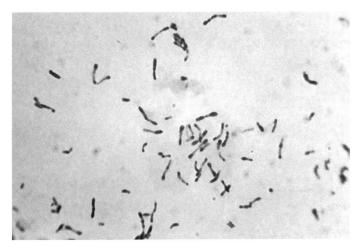

코리네박테리움 속에 속하는 세균을 확대한 모습 | 이것은 병을 일으키는 코리네박테리움인 디프테리아균의 모습이다.

쓰레기로 맛있는 음식을 만드는 요리사

기술이 발달하면 더 쉽게 세균을 키워서 더 많은 물질을 뽑아낼 수 있을 것이다. 뭔가 이상한 것을 먹고 사는 세균이 많이 있다는 점과 그런 세균이 유용한 것을 뿜어내는 경우가 있다는 점을 활용하면, 자원이 부족한 곳에서 세균을 통해 사람에게 필요한 물질을 얻을 수 있을 것이다. 물 한 방울, 공기 한 모금조차 아끼고 또 아껴야 하는 우주선 안이나 우주 기지에서 이렇게 발전된 기술들은 특히나 유용하게 이용될 수 있을 것이다.

2018년에 미국 펜실베이니아주립대학교의 연구팀에서 발표한 자료 중에 우주선 속에서 발생하는 쓰레기를 세균을 이용해서 먹기 좋은 물질로 바꾸자는 내용이 있었다.

먼 여행을 떠나는 우주선이 있다면 그곳에서 사람들이 생활하면서 쓰레기가 생길 것이다. 2017년 통계를 보면 한국인들은 하루에 한 사람당 1킬로그램이 조금 안 되는 양의 쓰레기를 배출한다고 한다. 이 정도면 다른 나라에 비해서는 적은 편이다. 그런데 화성을 향해 200일 동안 날아가는 우주선에서 이 정도의 쓰레기를 만든다면 한 사람당 쓰레기 200킬로그램이 생기는 결과가 나온다. 거대한 로켓에 물건을 담아 보낼 때는 어떻게든 무게를 줄이려고 애쓰는데, 이 물건들이 쓰레기로 변했다고 해서 애써 들고 온 것을 우주 공간으로 버리는 것은 아까운 일이다.

그래서 이 쓰레기를 세균이 갉아먹게 하자는 주장이 나온 것이다. 이는 농사를 지을 때 퇴비를 만들어서 식물을 키우는 데 유용하게 쓰는 것과 크게 다르지 않은 일이다. 필요 없는 것을 썩혀서 거름으로 만드는 작업은 세균에게 재료를 먹이는 것이고, 거름을 농작물을 키우는 데 쓰는 것은 세균이 만들어낸 결과물을 우리가 먹을 것을 키울 재료로 활용하는 작업이다. 다만 우주선에서는 세균을 잘 골라 특별한 장치 속에서 쓰레기를 갉아먹게 한 다음 그것을 바로 사람이 직접 쓸 수 있는 물질로 바꾸는 더 간편한 방법을 쓰게 될 것이다.

이 연구팀은 메틸로코쿠스 캡술라투스Methylococcus capsulatus라

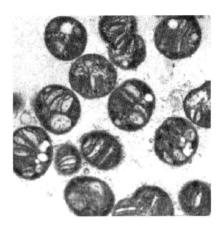

메틸로코쿠스 캡슐라투스를 확대한 모습

는 세균을 쓰레기 더미에서 키우는 것을 연구했는데, 이 세균은 이미 공장에서 물고기 먹이를 만드는 데 활용되고 있다. 사람이 맛있게 먹을 수 있도록 하는 적당한 요리법만 개발한다면 우주선 에서 나온 쓰레기를 세균이 식재료로 바꾸게 하고 그것으로 다시 음식을 만드는 것도 가능해 보인다. 특히 세균 중에는 산소 없이 살 수 있는 것들도 많으므로, 이런 세균을 잘 활용하면 우주선 속 에서 귀중한 산소를 거의 소모하지 않고 작업을 할 수 있다.

　이러한 방법은 우주선뿐만 아니라 우주선이 착륙한 기지에서 도 그대로 사용할 수 있을 것이다. 화성이나 달에 사람이 머물 수 있는 기지에서 살면서 나오는 쓰레기들을 그냥 버리는 것이 아 니라 세균을 뿌려 썩게 만드는 것이다. 이때 세균을 아주 정교하게 활용해서 썩은 것이 그 자체로 다른 자원이 되게 해보자는 이야기다.

꼭 사람이 바로 먹을 수 있는 것이 아니라고 하더라도 어느 정도 쓸모가 있는 것이 나온다면 그냥 버리는 것보다는 유용하다. 우주선 연료로 쓸 수 있는 물질이나, 우주 기지 벽이 부서졌을 때 그것을 고칠 수 있는 접착제 같은 물질 정도만 되어도 유용할 것이다. 또한 사람이 오래 머물러야 하는 우주 기지라면, 만일의 경우 사람에게 필요한 약이나 약을 만들 재료를 세균이 만들어준다면 그것도 요긴하게 사용할 수 있을 것이다.

우주 자원 재활용 센터

또한 이 방식으로 사람에게 꼭 필요한 물질, 산소를 만들어내는 장치를 개발할 수 있을지도 모른다. 사람이 뿜어낸 이산화탄소를 다시 산소로 되돌리는 재활용이 가능하다면 우주 공간에서 더 오래 버틸 수 있다. 지구에서 어마어마한 연료를 소모해가며 로켓에 산소통을 싣고 계속 배달해주는 작업을 덜 해도 된다.

이런 장치에 대한 연구 중에 오랫동안 꾸준히 진행된 것으로는 유럽 우주청ESA의 멜리사MELiSSA를 꼽을 수 있다. 멜리사는 초소형-환경친화적 생명유지시스템 대체장치Micro-Ecological Life Support System Alternative의 약자를 따서 지은 이름이다. 이렇게 약자를 따서 이름을 지으려 했다는 것에서부터 약간 옛날 느낌이 드는데, 그만큼 오랫동안 이어진 실험이라는 느낌도 준다.

멜리사 연구팀은 2017년에 들쥐 세 마리가 6개월 동안 살 수 있는 산소를 재활용 장치를 이용해서 만들어내는 실험에 성공했다고 발표했다. 멜리사를 연구하기 위한 시설 중에 핵심이라고 볼 수 있는 멜리사 시범 설비MELiSSA Pilot Plant는 현재 스페인 바르셀로나에서 가동되고 있다.

이 멜리사에서 산소를 만들어낼 때 사용하는 생물 중에 특히 많이 연구된 것이 남세균 부류의 세균이라고 한다. 이런 세균들이 자라면서 광합성을 할 때는 햇빛, 물, 이산화탄소를 소모해서 산소와 당분을 만든다. 사람이 호흡을 하면서 내뿜는 이산화탄소가 세균에게 잘 들어가게 하고 사용하고 나서 버리는 물을 세균에게로 흘러가게 하면, 세균은 햇빛을 에너지로 삼아 사람이 다시 숨을 쉴 수 있게 산소를 뿜어주는 것이다. 그렇게 쓰레기로 변한 물질을 다시 유용하게 사용할 수 있다. 우주 기지에서 이 세균과 함께 지내면 사람이 뿜어내는 이산화탄소를 세균이 계속 산소로 바꾸어주니 산소가 부족하진 않을까 걱정하지 않고 편히 숨을 쉴 수 있다는 뜻이다.

멜리사에서는 먹는 남세균인 스피룰리나를 키워서 이런 역할을 시키는 것에 오랫동안 초점을 맞춰 연구했던 것 같다. 그렇다면 산소를 만들어내는 데 쓴 세균을 여차하면 음식으로 먹을 수도 있다. 게다가 염기성이 강한, 좀 독한 곳에서도 스피룰리나를 자라게 할 수 있기 때문에 다른 세균이 함부로 침범하는 것도 막을 수 있어 편하다고 한다.

사람이 먹고사는 활동에서 사용하는 거의 모든 것은 이런 식으로 재활용될 수가 있다. 그러면 사람이 머무는 동안 쓰는 모든 것을 재활용해서 언제까지나 그곳에 버티는 꿈을 꾸어볼 수도 있다.

사실 완벽하게 재활용을 해내는 것은 현실적으로 어렵다. 그러나 80퍼센트만 재활용에 성공한다고 해도 산소와 식량이 5배 더 주어지는 것과 비슷한 효과가 난다. 재활용률을 90퍼센트 이상 끌어올리면 산소와 식량이 10배 이상 주어지는 셈이 된다. 즉 로켓을 쏘아 물자를 보충해줘야 하는 상황을 열흘에 한 번에서 일년에 서너 번 정도로 줄일 수 있다.

여기서 한 단계 더 과감하게 나아가자면, 가져간 것을 단순히 재활용하는 것을 넘어 지구 바깥의 우주에서 직접 재료를 구하는 것도 생각해볼 수 있다. 예컨대 달이나 화성에 건설해놓은 기지에서 달이나 화성에 있는 재료를 채취하고 그것으로 거기에서 사는 데 필요한 것을 계속 만들어내는 방법을 고안해보자는 이야기다.

만약 산소와 식량을 비롯하여 사는 데 필요한 자원을 모두 이런 식으로 우주 저편의 기지에서 계속 만들 수 있다면, 지구에서 물자를 보내주지 않아도 거기에서 얼마든지 살아갈 수 있다. 결국 이 문제를 해결해야만 지구 바깥을 정말로 개척했다고 말할 수 있다고 주장하는 사람들도 있다. 지구에서 도움을 줄 필요 없이 화성 기지에서 화성에서 구한 재료만으로 산소부터 음식까지 필요한 모든 것을 다 구할 수 있을 때 비로소 화성에 정말로 사람이 살 수 있게 되었다고 말할 수 있지 않겠느냐는 이야기다.

나는 달 기지나 화성 기지에 모든 것을 스스로 구하고 스스로 만들어 쓰는 자급자족이 반드시 필요하다고 생각하지는 않는다. 지구에서도 한 지역 안에서 모든 것을 자급자족하기는 힘들다. 한국은 석유가 생산되지 않고 가축을 먹일 곡식도 부족한 편이지만, 다른 지역에서 그런 자원을 계속 수입해 이 모든 상황을 유지하고 있다. 마찬가지로 화성 기지나 달 기지가 필요한 모든 것을 스스로 구하지 못한다고 하더라도, 지구에서 꾸준히 그곳에 필요한 것을 보내는 것이 아깝지 않다고 할 만큼의 이득을 줄 수 있다면 화성 기지, 달 기지 개척에 성공한 것이라고 생각한다.

화성에서 지구에서는 구하기 어려운 귀한 자원을 구해 지구로 보내주고, 지구에서는 그에 대한 보답으로 화성에 식량을 계속 보내고 싶은 정도면 충분하다. 경제적으로 큰 이득이 되는 귀금속이나 희귀한 물질을 화성이나 달에서 캘 수 없다고 하더라도, 화성이나 달을 조사하는 것이 과학적이고 기술적인 가치가 높다는 점을 감안해서 생각할 수 있다고 본다. 어차피 화성에서 사용할 컴퓨터에 들어가는 반도체나 LCD 화면 같은 것을 당장 화성에서 만들어낼 수 없다는 사실은 자명하다. 화성에 세운 기지에서 아무리 자급자족을 잘 하고 있다고 하더라도, 결국 컴퓨터 부품이나 의료기기 같은 여러 물자는 한동안 지구에서 계속 보내주어야 한다. 완벽한 자급자족은 현재로서는 비현실적이다.

우주 개척 프로젝트

나는 사람이 머물면서 계속 소모하게 되는 몇 가지 자원만이라도 화성에서 계속 만들어낼 수 있다면 그것만으로도 큰 성공이고, 그 정도만 되어도 화성에 기지를 건설해서 사람들이 오래오래 그곳에서 지내게 하는 목표에 다가가는 일이라고 본다. 그리고 그 정도 목표라면 도전해볼 만한 몇 가지 길이 있다.

가까운 달보다 화성에 기지를 세우는 이야기를 더 많이 꺼내게 되는 데는 이유가 있다. 지금까지 조사한 바에 의하면 달보다는 화성이 산소 공장을 차리거나 농사를 짓는 데 훨씬 더 유리해 보이기 때문이다.

일단 땅만 비교해봐도 달보다는 화성이 덜 척박한 편이다. 2014년에 웨임링크Wamelink 선생과 괴드하트Goedhart 선생 등이 발표한 논문을 보면, 달에서 채취한 흙과 최대한 비슷하게 만든 흙과 화성의 흙 성분과 최대한 비슷하게 만든 흙에 다양한 식물을 심어보는 실험을 한 결과가 있다.

그 자료를 보면 화성 흙 모조품에서 키운 식물이 달 흙 모조품에서 키운 식물보다 훨씬 더 잘 자랐다. 달 흙 모조품에는 물냉이 field mustard 씨앗 100개를 뿌렸지만 꽃이 피고 씨를 거둘 수 있을 만큼 자란 것이 하나도 없었다. 그나마 전체의 20퍼센트 정도는 꽃봉오리를 맺는 정도까지 자라기는 했다. 그런데 화성 흙 모조품에서 키운 식물들 중에서는 지구의 척박한 땅에서 키운 것보다 더

국제우주정거장에서 식물을 키우는 실험을 하는 모습

1977년 9월 25일에 바이킹 2호가 촬영한 화성 풍경

잘 자란 것도 있었다고 한다. 달의 흙이 화성 흙보다 못하다는 의미로 해석할 수 있다.

게다가 달에는 심각한 문제가 한 가지 더 있다. 웨임링크 선생의 실험은 달 흙 모조품으로 공기가 있는 지구에서 실험한 것이었다. 지구에는 공기가 있고 공기 속에는 이산화탄소와 질소 기체가 있다. 이산화탄소는 광합성의 재료가 되어 생물이 자랄 수 있는 영양분과 산소로 변한다. 질소 기체는 질소고정세균이 화학 반응을 잘 일으키는 물질로 바꾸어서 단백질 성분을 만드는 데 쓰인다. 지구의 공기 속에 있는 이런 물질들이 식물에게 전달되고 흡수되어 풀이 자라고 꽃이 자라는 재료가 될 수 있다. 그런데 이산화탄소와 질소 기체가 있는 공기란 것이 달에는 없다.

그래서 달에서 질소 성분과 이산화탄소 성분을 구하려 한다면, 흙 속에 아주 조금 들어있는 질소와 탄소 성분을 끌어모아서 질소 기체나 이산화탄소 등으로 만들어주는 별도의 장치가 있어야 할 듯싶다.

대전의 국립중앙과학관에는 달에서 가져온 돌이 전시되어 있는데, 이 표본들을 조사해보면 달에 있는 흙과 돌에 포함된 질소 성분의 양은 고작 5피피엠 수준이라고 한다. 이것은 달의 흙을 1톤 트럭 한 대에 가득 채워서 그것을 모두 갈아 가공해도 얻을 수 있는 질소는 고작 5그램뿐이라는 뜻이다. 지구의 농촌에서 농사를 지을 때 질소 성분이 뭉텅이로 들어있는 질소비료를 식물에게 솔솔 뿌려주는 것을 생각해보면, 필요한 만큼 질소를 구하기에

달은 너무나 황량한 곳이다. 그렇지만 달이 아니라 화성이라면 그보다는 훨씬 더 희망을 품어볼 만하다.

지구의 공기에 비하면 무척 희박하지만, 일단 화성에는 대기가 있다. 이 대기에는 지구에 질소 기체가 널려있는 것만큼 이산화탄소 기체가 널려있고, 지구에 이산화탄소가 있는 만큼 질소 기체가 있다. 다시 말해 화성에 이산화탄소는 많고 질소 기체도 그럭저럭 사용할 만큼은 있는 것 같다는 이야기다.

이제는 화성에 물이 있다는 사실도 꽤 믿을 만한 것 같다. 달에도 수분이 있다는 보고가 있지만, 아무래도 많이 사용할 수 있을 만큼 쉽게 구할 수 있는 형태는 아닌 것 같다. 그런데 화성에는 얼음층이 있으며, 땅 밑에 액체 상태로 물이 흐르고 있을 거라고 추정하기도 한다. 그렇다면 이 물을 그냥 녹이거나 길어다가 쓰면 된다. 사람이 바로 먹기에는 어렵겠지만, 혹독한 환경에서도 잘 자라나는 생물이 살기에는 제법 괜찮을 것이다.

남세균 중에 크루코키디옵시스Chroococcidiopsis 속으로 분류되는 것들은 혹독한 환경에서 자라나는 것으로 유명하다. 사막에서 자라는 것이 있는가 하면, 뜨거운 온천 속에서 발견되기도 한다. 추운 곳이나 빛이 별로 들지 않는 곳에서 자라기도 한다.

이런 세균이라면 조금만 도와줘도 화성에도 금세 자리 잡고 살 수 있을지도 모른다. 일단 자라서 번성하게 되면, 광합성을 하면서 산소를 뿜어낼 것이다. 어쩌면 우선 세균과 로봇들을 화성에 먼저 보내놓고, 이후에 사람이 와서 사용할 산소를 몇 년 동안 만들면서 준비하는 계획을 세워볼 수도 있겠다.

화성이 제2의 지구가 될 수 있을까

이런 계획이 실현되었을 때 그다음 단계에서 언급될 수 있는 새로운 문제는 세균이 화성의 생태계를 오염시킬지도 모른다는 점이다.

그러니까 SF영화 속에서 본, 우주 세균이 지구에 들어와 사람들이 피해를 입는 일이 정반대로 벌어질지도 모른다는 말이다. 이번에는 우리가 보내는 것이 우주 세균이고 피해를 입는 쪽이 화성의 생물들이다. H. G. 웰즈의 소설 《우주 전쟁》에는 지구에 쳐들어온 화성인들이 지구 세균에 감염되어 몰살당하는 이야기가 나오는데, 바로 그런 일이 역으로 화성에서 벌어질 수도 있다는 것이다.

지금까지 조사된 바로는 화성에 화성인이 도시를 건설해놓은 것 같지는 않고, 고양이나 아름다운 꽃 같은 생물도 없는 듯하다. 그렇다면 화성에 무슨 생물이 산다고 해도 ALH84001에 있는 흔적과 닮은 생물이나 작고 간단한 생물만 있을 가능성이 더 큰 것 같다. 지구 세균이 화성 생물을 감염시키거나 화성 생물을 괴롭혀 죽게 만든다면 그렇게 작고 별 볼 일 없어 보이는 생물이 피해를 입는다는 이야기다.

그런데 그렇게 우리가 보기에 하등해 보이는 생물이라고 해서,

지구를 침공하는 화성인들의 모습을 묘사한 《우주 전쟁》의 삽화

죽어도 되는 것일까? 이 문제를 거꾸로 생각해서, 우주 저편에서 지구인들보다 백만 배 정도는 더 뛰어난 지능을 가진 외계인들이 지구에 나타났다고 가정해보자. 그 외계인들이 보기에 지구의 사람들은 매우 하등해 보일 것이다. 외계인들이 생각하기에 지구를 통째로 골프장으로 바꾸면 더 좋을 것 같으니 살충제 비슷한 독가스를 뿌려 하등해 보이는 사람 같은 생물들은 모조리 없애려고 한다면 우리는 과연 뭐라고 항변해야 할 것인가.

물론 지구에서 우리가 수많은 세균을 죽이면서 살고 있기는 하다. 수십억 년 동안, 이렇게 지구 안에서 생물들은 서로 잡아먹고 잡아먹히면서 살아왔다. 그렇지만 지구 안에서 지구 생물들끼리는 오래도록 이렇게 살아왔으니 그렇다 쳐도, 지구와는 완전히 다른 행성인 화성까지 가서 화성 생물들까지 그렇게 대한다는 것은 아무래도 좀 꺼림칙하다. 윤리를 떠나서 과학 연구라는 면에서도 화성에까지 지구 세균이 함부로 퍼져서 화성 생물을 있는 그대로 볼 기회가 줄어들 수 있다는 것은 고민거리다.

우주 세균이 우주선에 묻어서 지구에 들어오는 것을 조심해야 한다고 주장하던 조슈아 레더버그 교수는 바로 이런 이유 때문에 지구 우주선이 다른 행성에 가서 그 행성을 오염시키는 것도 마찬가지로 조심해야 한다고 주장했다. 실제로 1970년대에 바이킹 탐사선을 화성에 처음 착륙시키려고 했을 때에는, 지구에서 탐사선을 통째로 바짝 살균시킨 뒤에 발사했다. 그 정도로 지구 세균이 묻어서 화성까지 날아가 퍼지지 않도록 조심했다.

세균이 화성으로 이사를 간다면

지구 세균이 화성 생물을 방해할지도 모른다는 문제를 넘어설 수 있다면, 우리는 세균을 다른 행성에 보내서 그곳을 개척하는 방법을 더 과감하고 다채롭게 생각해볼 수도 있다. 쉽게 떠올릴 수 있는 것으로는 세균을 한 종류만 보내는 것이 아니라, 서로 다른 세균을 뭉친 덩어리를 보내는 방법이 있다. 척박한 화성에서 살아남도록 여러 세균이 서로 부족한 점을 보완하면서 똘똘 뭉쳐 지내게 하면 더 유리한 점이 있을 수 있다.

어떤 세균은 희박한 화성 공기에서도 유난히 질소 기체를 더 잘 빨아들이므로 그런 역할을 맡고, 어떤 세균은 광합성을 열심히 해서 세균들이 먹고 살 당분을 뿜어주는 역할을 맡는다. 또 어떤 세균은 끈끈한 물질을 내뿜어서 세균들이 흩어지지 않고 잘 달라붙어 있게 해준다. 이런 식으로 역할을 나누어 맡은 세균들이 섞여서 서로 도우며 지내도록 하는 것이다.

어떤 세균들을 어떤 비율로 섞어서 화성에 보내면 잘 정착할까 하는 문제는 먼저 지구에서 여러 실험을 해보고 결정하면 된다.

화성의 흙과 같은 성분으로 된 물질을 준비해놓고 그것을 유리관 같은 통 속에 집어넣은 뒤, 화성의 공기와 같은 성분의 기체를 그 안에 채운다. 그 유리관을 화성만큼 추운 냉장고 속에 넣어 화성에 비치는 정도의 희미한 빛을 밝혀둔 채로 유지한다. 이것이 실험에서 화성의 땅과 하늘 역할을 해준다. 그리고 그 안에 세균들을 넣어놓고 어떤 것이 잘 버티는지 살펴보면 된다. 실험 장치는 손바닥 안에 들어오는 정도로 작을지도 모르지만, 그것이 우리의 작은 인공 화성인 셈이다.

별 근거는 없지만, 나는 사람이 완벽한 세균 조합을 생각해서 계획대로 만들어 넣어주는 것보다 온갖 세균들이 잡다하게 엉켜 사는 자연 상태의 흙을 곳곳에서 채집해 넣어주고 그중에서 잘 살아남는 것을 택하는 방식이 결과가 더 좋지 않을까 생각한다. 이보다 더욱 과감한 연구를 할 수 있다면, 유전자 조작이 쉽다는 세균의 특징을 이용해서 화성의 혹독한 상황을 특히 잘 버텨낼 강한 세균을 인공적으로 만들어내는 발상도 해볼 수 있다.

이런 실험들이 재미있는 또 다른 이유는 화성 개척을 하고 달 기지를 건설하기 위해 아주 중요한 기술을 연구하는 일인데도 그렇게 많은 비용이 들지 않는 연구라는 점 때문이다. 화성에 보낼 로켓을 만드는 연구를 하려면, 고층 빌딩만 한 쇳덩어리에 어마어마한 양의 연료를 꽉꽉 채워놓고 거기에 불을 붙여 지구 바깥으로 날려 보내는 일을 해야 한다. 그것이 로켓 발사다. 이런 일은 막대한 예산과 함께 장군들과 대통령이 서명한 서류가 몇백 장은 있어야 성공할 수 있다. 그에 비하면 달 기지에서 산소를 만들어내기 위한 연구나 화성에서 식량을 구하기 위한 세균 실험은 작은 실험실에서 대학원생 몇몇이서도 충분히 해낼 수 있는 일이다.

우주선이나 로켓 실험을 하기 위해 오래 기다릴 수밖에 없다면, 그 사이에 세균을 이용한 우주 개척 연구를 미리 해두면 어떨까?

아직 우주선과 로켓 개발 기술이 부족한 한국에서도 쉽게 해볼 만한 화성 개발 연구라고 생각한다.

오랫동안 미생물 연구를 해온 연세대의 이태권 교수가 화성을 사람이 살 수 있는 곳으로 바꾸는 미생물 연구 계획에 대해 이야기한 적이 있다. 이태권 교수는 화성으로 세균을 보낼 때 우주선의 진동과 충격 때문에 도중에 세균이 상하거나 죽지는 않을지 연구하는 학자들도 있다고 했다. 그 연구를 위해 진동을 일으키는 장치나 우주선이 이륙하고 착륙할 때 받는 충격을 재현하는 작은 기계를 만들어서 거기에 세균이 사는 접시를 올려놓고 세균이 어떤 영향을 받는지 관찰한다고도 했다.

한편 이태권 교수는 척박한 땅에서 농작물을 잘 자라나게 하기 위한 연구를 꾸준히 해온 학자이기도 하다. 이 교수는 식물에게 도움이 되는 세균을 땅에 심어주어 식물을 잘 자라게 돕자는 연구 결과를 여러 차례 발표했다. 이태권 교수는 미생물을 비료처럼 활용하는 이런 연구와 화성에서 세균을 정착시키는 연구를 별개의 연구로 설명했다. 그렇지만 두 연구 모두 세균이 사는 모습을 살펴보며 이루어진, 그 세균의 역할과 조합에 대한 연구이다. 그런 점에서 나는 두 기술 역시 서로 그다지 멀리 있지 않다고 생각한다.

몽골 주변의 사막에서 봄마다 동쪽으로 불어오는 먼지바람은 주변 나라들에게 큰 골칫거리다. 또 그곳은 기후 변화 때문에 사막과 황야가 점점 더 늘어나고 있기도 하다. 그 때문에 한국의 산림청과 많은 민간단체에서는 몽골의 사막 지역에 나무를 심는 지원 사업을 하고 있다. 척박한 땅에서도 잘 자라나는 식물로 몽골의 사막을 푸르게 바꿀 수 있다면 먼지바람도 조금은 줄어들 것이다. 황무지로 변해가는 땅을 줄이고 사람이나 가축이 살 수 있는 땅을 점차 늘여갈 기회가 될 것이다.

나는 달 기지와 화성 기지에 우주 탐사대를 보낼 일을 꿈꾸는 기술자들이 세균을 연구할 때 몽골의 사막에 숲을 만들 기술도 함께 키워나갈 수 있다고 생각한다. 화성 같은 메마른 땅에서 잘 버티는 세균 무리를 개발해서 황야에 조금씩 영양분을 채워나가게 하고, 그 위에 적은 수분으로도 버틸 수 있는 이끼나 식물을 살아가게 한다고 해보자. 그러면 화성을 개척하는 기술이 지구와 인류를 구하는 새로운 길이 된다. 우주 개척을 향한 기나긴 연구에서 당장 지구에 쓸모가 많은 성과를 얻는다. 화성을 개척하기 위해 세균을 연구하는 기술을 개발하면서 우리는 기후 변화에 맞서고 미세먼지를 몰아낼 수 있는 방법을 찾을 수도 있다.

그런 길로 나아간다면 실험실 시험관 속 모래 한 줌에 들어있는 세균들이 얼마 후 황야를 초록빛으로 뒤덮을 것이고, 세월이 지나 그들은 밤하늘 저편에서 빛나는 붉은 행성 또한 정복할 것이다.

14장

최후의 생명

평화로운 공존을 향하여

프레드릭 브라운이 남긴 SF단편 중에 〈무기〉라는 이야기가 있다. 이 소설은 어떤 나라가 세상을 파멸시킬 정도로 강력한 무기를 갑자기 갖게 된 상황이 마치 멋모르는 아이가 장전된 권총을 갖게 된 상황과 비슷하다는 생각을 이야기로 꾸며놓은 것이다. 1950년대 전후에 사람들은 이와 비슷한 생각을 많이 했다.

청동기 시대였다면, 누군가가 하늘에 이상한 징조가 나타났으니 사람이란 사람은 다 말살해야 한다는 황당한 믿음을 가진다고 해도 무기가 창과 칼 정도일 뿐이니 이웃 나라들을 괴롭히다가 끝나는 수준이었을 것이다. 하지만 기관총과 대포가 개발된 이후에는 수만 명이 죽는 전쟁도 가능해졌다. 기술의 발전과 함께 이런 일은 점점 더 그 규모와 정도가 커지는 경향이 있는 것 같다.

원자력 시대가 시작된 이후에는 핵폭탄, 수소폭탄 같은 강력한 무기로 한 순간에 수십만 명을 죽게 하는 일이 가능해졌다. 갑자기 장군들이 이상한 마음을 먹어 상대방을 전면 공격해야겠다고 결심하거나, 괴상한 사상에 빠져든 사람들이 세상을 뒤엎어야 한다고 믿게 된다거나, 혹은 그냥 얼빠진 이상한 인간이 핵무기 발사 단추를 누르는 책임자가 되어 한순간 욱해서 공격 지시를 내리는 것만으로도 도시 하나가 사라지고 전 세계에 핵폭탄이 비처럼 쏟아지게 될지도 모른다.

예전에는 이 정도로 강력한 에너지를 쉽게 풀어놓는 기술이 없었지만, 지금은 가능해졌다. 다행히 핵무기가 개발되고 70년이 지나는 동안 누군가가 욱하는 바람에 핵전쟁이 터지지는 않았다. 아직까지 핵무기를 개발하는 것은 쉽지 않아서, 나름대로 깊게 생각하는 여러 사람들이 합심해서 노력해야만 만들어낼 수 있다. 그렇다 보니 그 과정에 함부로 핵무기를 발사하지 않게 하려고 노력하는 사람들도 끼어들 여지가 있고, 핵무기 발사 단추를 누르기 전에 신중하게 검토하는 절차도 여러 사람들이 함께 고민해서 만들 수 있었다.

한편으로는 그 사이에 전쟁의 끔찍함이나 핵무기의 무서움이 많이 알려졌고, 여기에 같이 공감하고 조심하자는 문화가 꾸준히 퍼지기도 했다. 이런저런 이유로 적어도 지금까지는 감정에 휩쓸려 핵무기를 날려보낸 사람은 없었다.

그런데 핵무기를 만드는 일이 점점 더 쉬워진다면 어떻게 될까? 폭력 조직이 조직원을 동원해 총, 칼 수준의 무기가 아니라 핵무기를 손쉽게 만들 수 있게 된다면 전 세계가 감당해야 하는 위험은 훨씬 더 커질 것이다. 어느 날 두목이 응원하던 야구팀이 패배해서 화가 나니까 야구장 근처를 핵무기로 날려버리는 일이 벌어질지도 모른다. 혹은 지금의 핵폭탄보다 훨씬 더 막강한 무기를 만드는 기술이 개발된다면 실험을 하다가 자칫 실수로 나라 하나가 홀러덩 날아갈 수도 있겠다고 생각해볼 수도 있겠다.

1998년 6월 5일 미국에서 처음 방송된 〈제3의 눈The Outer Limits〉의 에피소드 '마지막 시험Final Exam'에서는 기술이 발전하는 바람에 대학원생 한 명이 혼자 상온핵융합cold fusion장치를 조립할 수 있게 되었다는 이야기를 다룬다.

상온핵융합은 태양이 빛을 뿜어내는 원리인 핵융합을 태양과 같이 높은 온도와 압력을 갖추지 않고도 이루어내는 기술이다. 현재까지는 아무도 성공하지 못했고, 누군가가 곧 성공할 가망도 별로 없어 보인다. 그런데 이 이야기에서는 간단한 발상의 전환으로 손쉽게 상온핵융합을 이루어낼 수 있다고 가정한다. 별 대단한 장비 없이도 혼자서 뚝딱뚝딱 상온핵융합 장치를 만들어낼 수도 있다는 이야기다. 그래서 테러리스트가 되기로 결심한 대학원생은 핵폭탄과 같은 위력을 가진 상온핵융합장치를 혼자 개발해 인질극을 벌인다.

만약 이런 기술이 빠르게 알려진다면, 이처럼 그냥 흥분한 누군가가 갑자기 혼자 어딘가에서 이런 막강한 무기를 만들 수 있게 된다.

2017년 6월에 서울 시내 한 대학에서는 어느 교수를 노린 장치가 작동하여 그 안에 든 화약 꾸러미에 불이 붙은 사건이 있었다. 크게 폭발한 것은 아니고 화상을 입힌 정도에 불과하기는 했지만, 이 정도 장치만 하더라도 오백 년 전, 천 년 전이었다면 결코 쉽게 만들 수 없었다. 간단한 화약을 만드는 기술도 오백 년 전에는 나라에서 엄격한 기밀로 다뤘다. 그렇지만 지금은 손재주 있는 사람 한 명이면 이를 만들 수 있다.

만약 앞으로 기술이 더욱 발전해서 누구나 집 근처에서 사온 재료를 조립해 핵폭발 장치를 만들 수 있게 된다면 감당하기 어려울 것이다.

우리 사회가 그 사이에 아주 성숙해져서, 억하심정으로 누군가 날려버리고 싶다는 마음을 먹는 사람이 아무도 없고, 응원하던 야구팀이 어이없게 패배한다고 해도 그러려니 하고 모두가 웃어넘기는 세상이 찾아온다면 이야기가 달라지기는 할 것이다. 나는 적어도 천 년 전에 비하면 세계 정복을 하고 싶은 중년 남성의 욕심 때문에 큰 전쟁이 벌어지는 경우는 상대적으로 줄어들었다고 생각한다.

그 덕분에 많은 나라들이 핵무기를 갖고 있지만 아직 이 세상이 건재하는 것이라고 볼 수도 있다. 만약 십자군 전쟁이나 칭기즈칸의 정복 전쟁에 칼이나 화살 대신 지금 세상에 있는 만큼의 핵무기를 쌓아놓고 싸움을 했다면, 지구상의 많은 도시에는 거대한 폭발 구덩이만 남았을 것이다. 그렇게 놓고 보면 세상을 파괴하기 위한 기술과 파괴하기를 경계하는 문화가 아직까지는 적당히 조화를 이루고 있는 셈이다.

종말 부등식

어떤 SF물은 바로 그런 '조화'가 깨어지기 때문에 외계인이 찾아오지 못하는 것이라는 생각을 담고 있기도 하다. 만일 어떤 외계인이 비행접시를 만드는 뛰어난 기술을 갖게 된다면, 한편으로는 바로 그 강력한 기술로 사고를 치거나 자기들끼리 전쟁을 하려고 들다가 망할 거라는 이야기다. 비행접시를 타고 이웃 종족의 행성으로 날아가기도 전에 어느 한심한 놈이 나타나 욱하는 성질로 행성을 날려 버릴 확률이 클 거라는 뜻이다. 멀리 떨어진 다른 태양계의 행성까지 가려면 그만큼 강력한 에너지를 다룰 수 있어야 한다. 그런데 보통 그런 강력한 에너지를 다룰 수 있는 기술이 개발되면, 그 에너지를 전쟁이나 테러에 쓰는 인간들이 먼저 나타나서 싸우다가 멸망해버리기 십상이라는 것이다.

  태양계 밖에서 지구에서 가장 가까운 별은 약 40조 킬로미터 떨어져 있으며, 지구와 비슷한 행성이 딸려있을지도 모른다는 로스128 별까지의 거리는 대략 110조 킬로미터다. 이렇게 별과 별

사이의 거리가 멀기 때문에 그 거리를 극복하고 빠르게 가려면 강력한 에너지를 써야만 한다. 그래야 한 외계인이 다른 외계인을 만날 수 있다. 그런데 그만한 에너지를 다스릴 만한 문화가 성숙하는 것은 시간이 오래 걸리고 어렵다. 대체로 점점 더 큰 에너지를 흔하게 쓰게 되는 과정에서 자기들끼리 싸우다가 자멸하게 된다. 뭐가 되었든 흥분한 사람들이 내세우는, 확 다 엎어버려야 한다는 주장은 어느 행성에서든 인기가 있고, 그 때문에 다들 좋은 기술이 나오는 족족 스스로 망하게 되는 셈이다. 즉 은하계에 싸움꾼들은 많고 탐험가들은 부족하다는 상상이다.

나는 내 소설에 끼워넣어 보려고 재미 삼아 이것을 '종말 부등식'이라는 식으로 나타내본 적이 있다.

$$D/e > s\,O$$

이 종말 부등식에서 D는 외계인이 살고 있는 행성까지의 거리이고, e는 어떤 문명이 다루고 있는 에너지로 얼마나 먼 거리를 탐험할 수 있느냐를 나타내는 수치이다. 만약 e 수치가 충분히 크다면, 어지간한 에너지로도 아주 먼 거리를 갈 수 있다는 이야기고 그러면 그 문명은 자신들이 가진 에너지로 우주선을 만들어서 외계인이 살고 있는 이웃 행성을 탐험할 수 있다. 그러나 e 수치가 큰 문명이라고 해도 이웃 외계인이 사는 행성이 너무 멀리 있다면, 즉 D가 너무 크다면 외계인 방문은 실패한다.

한편 종말 부등식에서 s는 그 문명의 도덕과 사회의 성숙한 태도가 위험한 에너지를 다스릴 수 있는 수준을 나타낸다. 만약 s 수치가 너무 적다면 그 문명에는 껄렁한 자들이나 쓸데없이 전쟁을 일으키겠다고 위협해대는 얼간이들이 많다는 뜻이다. s 수치가 크다면 반대로 평화롭고 즐거운 사람들이 많다는 뜻이다.

O 수치는 그 문명 전체를 멸망시키는 데 필요한 에너지이다. 그러므로 여기서 s 곱하기 O는 그 문명이 감당할 수 있는 에너지의 크기를 말한다. 만약 s 수치가 충분히 크다면, 그러니까 사회가 성숙하여 도덕성이 높고 위험한 것들이 잘 관리된다면 그 문명은 충분히 큰 에너지를 사용하는 기술을 감당할 수 있다. O 수치가 충분히 크다면 그 종족의 문명은 아주 널찍한 행성에 자리 잡고 있고 인구도 굉장히 많다는 뜻이다. 그래서 가끔 큰 에너지를 사용하는 큰 전쟁이나 테러가 일어나지만 그래도 그 행성은 멸망하지 않고 버틴다.

정리해보면, 종말 부등식($D/e > s\,O$)의 조건이 만족되는 한 그 문명은 다른 외계인들에게 찾아가지 못하며, 만약 그러려는 마음을 먹는다면 그 전에 멸망한다.

만일 s가 커서 사회가 강한 에너지를 사용하는 기술도 잘 관리할 수 있거나, 혹은 e가 커서 적은 에너지로도 먼 거리를 갈 수 있다면 그 문명은 다른 외계인과 만날 수 있을 것이다. 하지만 그렇지 않으면 영영 다른 외계인들을 찾아가지 못하고 그냥 자기들끼리 복작거리면서 한곳에서 계속 살게 된다. 혹은 장거리 우주선을 개발할 만한 기술로 무기를 만들어 자기들끼리 싸우는 데 쓰다가 망해서 없어져버린다.

이런 발상과 비슷한 맥락에서 꾸준히 이야기되어온 것은 세균을 이용한 실험이 엉뚱한 방향으로 흘러가버릴지도 모른다는 주장이었다.

세균을 이용하는 기술이 계속 발전하다 보면, 그 기술 때문에 사고가 터지거나 그 기술을 악용하는 사람 때문에 큰 피해를 입을 가능성도 같이 높아지지 않겠냐는 걱정은 유래가 깊다. 우주로 나아가려면 우주에서 식량 생산이나 쓰레기 재활용에 사용할 세균도 같이 개발해야 한다. 직접적으로 우주 탐사에 세균을 쓰는 방식이 아니더라도 사람들이 우주 탐사에 신경을 쓸 만큼 넉넉한 경제력을 갖추려면 일단 풍족하게 살 수 있어야 하고, 그러기 위해서는 세균을 조작하는 기술도 있어야 한다. 세균을 이용해서 식량을 쉽게 만들고 물자를 쉽게 구하고 병을 고치는 기술이 필요하다.

그런데 그러한 기술 개발 과정 중에 나쁜 짓을 하려는 악당들이 끼어들 수 있다. 이런 우려에서는 핵에 대한 공포에서 원자력 공학이 하던 역할을 생명 공학 기술이 하고, 핵폭탄의 위치에 세균 무기나 세균 테러가 자리한다.

사악한 악당들이 독한 세균을 길러서 사람을 공격하는 데 쓸지도 모른다는 생각은 1940년대에 이미 영화와 소설에서 선보였다. 1970~80년대에는 생명 공학 실험이 잘못되어 괴상한 괴물이 나타나거나 인류가 전염병으로 고통받는 내용의 영화가 상당히 자주 나오곤 했다. 1970년 2월 우리나라에서는, 공산당 스파이들이 일본에서 콜레라균을 비밀리에 구하고 있다는 뉴스가 보도되어 화제가 된 일도 있었다.

어떤 테러리스트가 어딘가에 글을 올려서 오늘 자기가 지하실에서 몰래 핵무기를 개발했다고 주장한다면 황당한 소리처럼 들릴 뿐이겠지만, 전염병을 퍼뜨릴 수 있는 세균을 잘 길러서 식품점의 음식에 뿌리고 왔다고 떠들고 다닌다면 그보다는 훨씬 더 진지하게 고민할 수밖에 없다. 세균 실험은 변두리의 작은 연구소에서도 늘 이루어지고 있다. 그러니 세균이나 미생물 때문에 재앙이 벌어진다는 이야기가 유독 자연스러워 보이는 면도 있다.

DNA 조작 기술이 점점 더 간편해지고 비용이 점점 낮아지는 것도 이런 두려움을 부추기는 것 같다. 핵융합 실험을 하기 위한 장비인 초전도핵융합연구장치 KSTAR는 어마어마한 예산을 집어삼키는 육중한 기계 덩어리로, 대전 유성구 구성동의 한 블록 전체를 차지하는 거대한 건물에 꽉 들어차 있다. 이런 장비를 사용하는 실험과 달리 대장균의 DNA를 간단하게 조작하는 것과 같은 실험은 여느 대학 한 켠에서 무보수나 다름없는 돈을 받고 일을 하는 대학원생들이 지금도 소리 없이 끙끙거리며 계속 해나가고 있다.

핵 공격이 아닌 세균 테러 전쟁

또 다른 이야기로는 그린 구green goo라고도 부르는 녹색 끈끈이 문제도 인기가 있었다. 녹색 끈끈이는 1980년대에 처음 등장한 회색 끈끈이grey goo 이야기를 변형해서 2000년대 초반에 가끔 언급되던 상상이다. 회색 끈끈이 이야기는, 분자와 원자 하나하나를 섬세하게 조작할 수 있는 나노 기술nano technology이 충분히 발달한 미래에 누군가 그 기술을 활용해 어떤 이상한 물질을 만들어낸다는 것이다. 이 물질은 주변의 분자와 원자를 분해해서 자기 자신과 아주 똑같은 것을 만들어내는 기능을 갖고 있다. 이것이 회색 끈끈이가 하는 일의 전부다.

별것도 아닌 간단한 기능일 뿐이지만 만일 이런 물질이 튼튼하고 기능이 오래 유지될 수만 있다면, 이 물질은 엉뚱한 형태로 재앙을 일으킬지도 모른다. 주변의 물체를 변화시켜서 자기와 같은 물질을 만들어낸다면 그 물질이 갈수록 불어나므로 더 빠른 속도로 주변의 물체를 자기와 같은 물질로 변화시킬 것이다. 이렇게 양이 늘어나면서 점점 더 빠른 속도로 주변을 자기와 같은 물질로 변화시키고, 얼마 지나지 않아 주변의 물체들은 왕창 이 물질로 바뀌게 된다. 실험실 책상도 마룻바닥도 창문틀도 심지어 풀이나 나무도 전부 분해되어 이 물질로 바뀐다. 결국 온 지구가 다 분해되어 이 물질만으로 뒤덮일지 모른다. 온 세상이 무의미한 회색 빛깔의 끈끈한 것으로 다 뒤덮여버린다는 이야기다.

녹색 끈끈이는 이런 식의 기술이 생물을 조작하는 기술과 결합되어 생길 수 있는 부작용을 상상해서 지어낸 말이다. 예를 들어 제법 튼튼하고 무엇이든 다 갉아먹으면서 엄청난 속도로 불어나는 세균을 개발했다고 해보자. 녹색 끈끈이에 대한 상상에 따르면 이런 세균이 아주 조금이라도 세상에 퍼져나오면, 그 세균은 세상의 온갖 것들을 다 먹어치우면서 숫자가 불어난다. 숫자가 불어날수록 먹어치우는 속도는 더 빨라지고, 그렇다 보니 숫자가 불어나는 속도도 점점 더 빨라진다. 주변은 삽시간에 그 시퍼런 세균으로 뒤덮이고, 얼마 지나지 않아 지구 전체가 그 초록색의 끈끈한 세균으로 모조리 가득 차게 된다는 이야기다. 그러면 지상에 다른 생물들은 살지 못하고 그저 이 녹색 끈끈이 세균 한 가지만 득실득실하게 된다.

섬뜩한 상상이지만 나는 이 이야기가 실현되긴 어렵다고 본다. 2000년대 초반에 지오프 브럼피엘Geoff Brumfiel이나 짐 질스Jim Giles 역시 녹색 끈끈이를 두고 새로운 기술의 현황을 정확하게 판단하지 못하고 지나치게 염려하고 걱정하며 막연한 반감을 갖는 사례쯤으로 언급한 적도 있다.

나는 녹색 끈끈이 이야기의 원조라고 할 수 있는 회색 끈끈이도 실제로 만들어내기는 쉽지 않다고 생각한다. 분자와 원자를 분해했다가 조립하는 물질을 만드는 것은 어려운 일이다. 그리고 그렇게 조립하려는 모양이 그 정도로 어려운 기능을 갖고 있는 자기 자신이라면 그것은 더더욱 어려운 일이다. 게다가 그런 물질이 계속 주변을 갉아먹으며 불어날 수 있도록 온도, 농도, 반응 속도가 꾸준히 유지되는 것 역시 어려운 일이라고 생각한다.

그럼에도 나는 녹색 끈끈이가 호기심을 끄는 이야기가 된 원인에는 조금 관심을 가져볼 필요가 있다고 본다.

녹색 끈끈이 이야기의 재미있는 점은, 이 세균이 무심하게 숫자만 불릴 뿐인데도 위험하다는 사실이다. 사람을 죽이는 무슨 독한 물질을 분비해낸다든가 사람에게 피해를 입힐 수 있는 기관이 달려있는 것도 아니다. 녹색 끈끈이 세균은 당장 사람에게는 별 해를 끼치지 않고 그냥 꾸준히 주변의 영양분을 먹어치우며 새끼를 치고 또 친다. 그게 전부다. 다만 잘 죽지 않고 끈질길 뿐이다. 그렇기 때문에 녹색 끈끈이를 처음 개발한 사람은 어쩌면 그냥 '잘 불어나는 튼튼한 세균을 만들었구나'라고 생각할 뿐, 어떤 두려움도 느끼지 못했을 수 있다.

그런데 이런 세균이 세상 바깥으로 나가면, 꿋꿋하게 새끼를 치며 늘어나는 재주 하나로 세상을 덮어버릴 수 있다. 실현 가능성은 낮은 이야기지만, 만약 땅에서 필요한 영양분을 쪽쪽 빨아먹으며 숫자를 불려 엄청난 양으로 온 세상에 퍼지는 데 성공한다면 얼마 후 땅에는 영양분이 부족해져 땅이 척박해질 것이다. 그러면 땅에서 사는 식물과 동물들까지도 살아가기 어려워진다.

그렇게 다른 생물들은 사라져가는 와중에, 살아남아 계속해서 퍼지는 것은 이 녹색 끈끈이 세균 하나뿐이다. 뒤늦게 온 세상에 철저히 퍼져있을 녹색 끈끈이를 없애보려고 하지만, 곳곳에 속속들이 퍼져있고 여차하면 금방 다시 새끼를 쳐 불어나는 이 세균을 다 없애기란 쉬운 일이 아니다.

물론 지구의 다양한 지역에 사는 갖가지 세균들 중에서는 결국 이 녹색 끈끈이 세균을 역으로 공격해서 먹고사는 것도 언젠가는 나타날 것이다. 그러면 녹색 끈끈이 세균이 불어나는 것도 어느 선에서는 멈출 것이다. 그렇지만 그때가 오기까지 시간이 오래 걸린다면 그 사이에 입는 피해가 클 것이라는 줄거리도 떠올려볼 수 있다.

그러므로 녹색 끈끈이 이야기의 진정한 교훈은 세균 연구가 잘못되어 벌어지는 위험이라는 것이 테러리스트의 테러라든가, 갑자기 전염병이 터져서 사람들이 줄줄이 쓰러지는 것이라든가, 좀비의 역병이 발생해서 괴물로 변한 사람들이 거리를 느릿느릿 몰려다니는 것과 같은 극적인 영화 장면과는 매우 다를 수도 있다는 점이다. 감염되면 사람의 눈빛이 변하고 다른 사람을 공격하게 만드는 세균만 재앙의 원인이 되는 것이 아니다. 별로 위험해 보이지도 않고, 당장 사람에게는 해를 끼치지도 않는 세균도 큰 재앙의 시작이 될 가능성을 갖고 있을지 모른다는 점을 녹색 끈끈이는 지적하고 있다.

그럼에도 세균 연구는 계속되어야 한다

세균에 대한 연구 중에 나쁜 세균 연구와 좋은 세균 연구가 딱 정해져 있다면 세균 연구를 관리하기가 쉽겠지만, 세상에 그런 것은 없다. 무슨 실험은 위험하므로 절대 하면 안 된다는 식으로, 절대 틀리는 법이 없는 위대한 권위자 학자께서 딱 정해주면 좋겠다고 생각하는 사람들은 자주 보인다. 하지만 아무리 훌륭한 학자라도 그런 것을 미리 알고 정하기란 힘들다.

그렇다고 세균 연구를 모조리 중단할 수도 없다. 우리가 어떤 생물들에게 둘러싸여 어떻게 살아가고 있는지, 어떻게 해야 건강해지고 어떻게 해야 아픈 사람들을 도울 수 있는지 알아내려면 세균 연구는 계속해나가야 한다. 김치를 담그고 요구르트를 만드는 일부터 식중독을 피하고 하수를 처리하는 일까지 온갖 일에 세균은 긴 세월 엮여있었다.

그런데 세균 연구를 안전하게 할 수 있도록 관리하는 제도를 만들어보겠다고 몇몇 나라들이 손쉽게 택하는 방식은 그냥 선진국에서 만들어둔 관리 방법을 그대로 따라 하는 것이다. 하기야 일본이나 미국, 혹은 유럽의 관리 제도를 적당히 베껴 따라 한다면, 그 밖의 나라들처럼 관리 제도를 운영하지 못한다는 비판을 받지는 않을 것이다.

그러나 나라마다 운영되는 제도가 다르고 각 나라의 상황이 모두 다르기 때문에 단순히 선진국을 따라 하는 것도 쉽지가 않다.

나라별로 잘하는 연구 분야나 발전하고 있는 산업이 다르고, 관리에 필요한 인력을 어느 정도나 구할 수 있는지도 나라마다 사정이 다르다. 그러니 한 나라에 정말로 안전한 연구 방법은 그저 선진국을 따라 해서 찾아내긴 어렵다. 선진국 제도 시찰이라는 명목으로 고위 공무원들과 정치인들을 줄줄이 대동하고 몇 번씩이나 해외 출장을 간다 한들 좋은 답을 쉽게 얻을 수는 없다.

이렇게 제도를 만들기가 어려울 때 당국이 빠지기 쉬운 유혹은 그냥 어떻게든 제도의 꼴만 대충 갖춰놓고, "우리 나름대로 흉내는 냈다"고 둘러대는 것이다.

제도가 엉성하고 해석이 불분명하면 무엇을 하라는 것인지 말라는 것인지 잘 알 수 없지만, 그래도 일단 뭔가 복잡하고 그럴듯하게 만들어놓으면, "우리도 위험한 세균 연구를 관리할 수 있는 제도를 만들었다"라고 연말에 윗사람에게 보고는 할 수 있을 것이다. 일단 대충 형식만 갖춰져 있으면 나중에 무슨 문제가 터졌을 때 어떻게든 제도를 위반한 대목을 찾아내서 "이 나쁜 연구원이 법을 어겨서 위험한 세균이 세상에 풀려났다"라면서 체포하면 그만이다. 그렇게 붙잡힌 사람이 그 모든 재앙의 책임자이자 악당이 되면 제도를 만들고 운영하는 당국의 공무원은 책임을 피할 수 있을 것이다.

짜릿한 걸작 서스펜스 소설을 여러 편 남긴 작가 코넬 울리치 Cornell Woolrich는 20세기 초에 쓴 단편 〈죽음의 무도〉에 어느 경찰 간부가 다음과 비슷한 내용을 말하는 장면을 넣었다. "일단 붙잡고 싶은 사람이 있으면, 모든 법과 규정을 찬찬히 열심히 들여다 보면 된다. 법과 규정을 샅샅이 뒤지다 보면 뭐가 되었든 어딘가 한 군데에는 걸릴 수밖에 없을 테니, 그러면 그 조항을 내세워서 붙잡아오면 된다."

나는 어떻게 관리하는 것이 마땅한지 정하기 어려운 복잡한 기술 문제에서는 법이나 제도의 운영이 이런 식으로 흘러갈 위험이 있다고 생각한다.

세균이 문제를 일으키면 책임을 덮어쓴 담당자 몇 사람을 잡아 갈 수는 있을 것이다. 하지만 정작 세균들은 검찰을 두려워하지도 않고, 변호사 비용을 무서워하지도 않는다. 그러니 정부와 공무원이 책임을 피하기 위한 제도나 담당자에게 책임을 덮어씌워 처벌하기 위한 제도보다는, 현실에서 충분히 벌어질 가능성이 있는 문제를 막을 수 있는 제도가 있어야 한다.

그렇다고 해서 기술 개발에 대한 제도를 기술에 대해 잘 아는 전문가들 손에 전부 맡겨야 한다는 것은 아니다. 물론 기술 개발에 대한 제도가 만들어지는 과정에서 기술을 전혀 모르는 이상한 사람들 손에서 일이 꼬이는 경우가 많기는 하다. 가끔은 제도의 방향이 그저 정치인들의 사상과 막연한 직감에 따라 정해져버리고, 전문가의 의견을 듣거나 업계의 현황을 반영하는 것은 단순히 제도를 만드는 과정 말미에서 약간 다뤄지는 정도로 그치기도 한다. 최악의 경우를 상상해보면 굉장히 중요한 세균 연구 안전에 대한 법을 만들 때 국회의원 보좌관이 어제 인터넷에서 급하게 검색해서 본 첫 번째 검색 결과에 따라 법의 방향이 홱 틀어질 수도 있을 것이다.

모든 사람들이 합리적으로 판단하며, 가장 깔끔하고 탁월한 분석이 가장 존중받아 제도가 만들어진다면 그림처럼 아름답겠지만, 실제로 그렇게 되기란 너무 어렵다. 그래서 나는 기술 개발에 대한 제도를 마련할 때 적어도 그 업계에서 실제로 일하며 고민하고 있는 현장 사람들의 의견이 충분히 널리 전해지도록 하는 일이라도 꾸준히 이어졌으면 한다. 의견을 교환해야 할 사람들 사이에 의견이 교환되지 않는 상황을 염려하면서 그 방향으로 빠지지 않도록 노력하자는 이야기다.

나는 "전문가 의견을 잘 듣자"라는 막연한 주장보다 더 과감하게 나갈 필요도 있다고 생각한다. 정부 기준에 따른 자문료 몇십만 원에 시간을 낼 수 있고 그럴듯한 직함을 가진 학자 몇 명을 불러서 "이 녹색 끈끈이 세균을 과연 세상에 내보내도 되는지"를 물어보는 게 전부라면, 과연 그것을 두고 안전한 제도를 만드는 길이라고 할 수 있겠는가?

첨단 기술 연구의 세부 분야에서는 어느 대가 못지않게, 그 분야에 대해 열심히 연구한 박사과정 대학원생이 그 내용을 가장 잘 아는 훌륭한 전문가인 때가 많다고 나는 느꼈다. 그렇다면 어떤 기술 분야를 관리하는 제도가 얼마나 현실성이 있는지 따질 때에, 어느 장관님의 생각 못지않게 한 대학원생이 알고 있는 지식이 더 중요한 경우도 제법 있을 것이다.

그런데 장관이 지나가다 읊조린 한마디는 감히 쉽게 쳐다볼 수도 없는 거대한 비석에 빛나는 귀금속으로 새겨진 영원한 계율처럼 여겨지고 대학원생이 애가 타서 용기 내어 꺼낸 이야기는 동네 개들이 인사를 나누면서 내는 소리처럼 취급되는 경우가 많다면 우리는 그것을 극복할 방법을 제일 먼저 찾아야 한다고 나는 생각한다.

나는 업계 현장에서 실무를 담당하는 당사자들의 이야기가 잘 전달되어 문제가 깊이 있게 논의될 수 있도록 노력해나가는 것이 사회에서 기술 연구를 제대로 관리하도록 만드는 한 방향이라고 여긴다. 그리고 그것이 우리 민주주의 사회에서 종말 부등식의 조건을 벗어나도록 하는 방향이기도 하다고 생각한다.

1장. 최초의 생명

김정률, 한성희. 소청도의 지질과 스트로마톨라이트 화석 산지. 한국지구과학회지.
2010;31(1):8-17.

문화재청. 천연기념물 제508호 옹진 소청도 스트로마톨라이트 및 분바위. 문화재청
홈페이지. 2009;10NOV2009.

이승률. 소청도 해역 화물선 침몰 화장쇠 전설 탓? 영흥도 이은 사고에 누리꾼 굿 하
자. 국제신문. 2017;5DEC2017.

Cobb M. Sexism in science: did Watson and Crick really steal Rosalind
Franklin's data?. The Guardian. 2015;23JUN2015.

Kruif PD. Microbe Hunters. Mariner Books published 28OCT2002. 1926.

Lane N. The unseen world: reflections on Leeuwenhoek (1677) Concerning
little animals. Philos Trans R Soc Lond B Biol Sci. 2015;370(1666):
20140344.

Macfarlane A. Reflections on Cambridge: In the Eagle pub in Cambridge
where Crick announced DNA discovery. Social Anthropology-Universi-
ty of Cambridge. 2012;JUL2012.

Pray LA. Discovery of DNA structure and function: Watson and Crick. Nature
Education. 2008;1(1):100.

Reichholf JH. Evolution: Eine kurze Geschichte von Mensch und Natur《거의 완벽한 진화》. 온다 - 안인희 옮김. 2018.

Rutherford A. DNA double helix: discovery that led to 60 years of biological revolution. The Guardian. 2013;25APR2013.

2장. 암흑시대

Dodd MS, Papineau D, Grenne T, Slack JF, Rittner M, Pirajno F, O'Neil J, Little CTS. Evidence for early life in Earth's oldest hydrothermal vent precipitates. Nature. 2017;543:60 - 64

McCollom TM. Miller-Urey and Beyond: What Have We Learned About Prebiotic Organic Synthesis Reactions in the Past 60 Years?. Annual Review of Earth and Planetary Sciences. 2013;41:207-229.

Pirazzini M, Rossetto O, Eleopra R, Montecucco C. Botulinum Neurotoxins: Biology, Pharmacology, and Toxicology. Pharmacological Reviews. 2017;69(2):200-235.

Shulman ST, Friedmann HC, Sims RH. Theodor Escherich: The First Pediatric Infectious Diseases Physician?. Clinical Infectious Diseases. 2007;45(8):1025-1029.

Vila J, Sáez-López E, Johnson JR, Römling U, Dobrindt U, Cantón R, Giske CG, Naas T, Carattoli A, Martínez-Medina M. Escherichia coli: an old friend with new tidings. FEMS Microbiology Reviews. 2016;40(40):437- 463.

Wexler AG, Goodman AL. An insider's perspective: Bacteroides as a window into the microbiome. Nat Microbiol. 2017;2:17026.

3장. 지구의 지배자

김병희. DNA에 돌연변이 발생 타이머 있다?. ScienceTimes. 2018; 1FEB2018.

김희준. 만약 30억 개의 염기쌍이 흩어져 있다면. 과학동아. 2000;SEP 2000.

박성민. 엉뚱한 실험으로 100배 성과…광촉매 CO2 연구 집중. HELLODD. 2016;8AUG2016.

변지민. 온난화 주범 이산화탄소로 청정연료 만드는 마법의 공장. 동아사이언스. 2016;29JUL2016.

최원석. 실수로 생긴 돌연변이 진화 이끌다. 한겨레신문. 2005;2JAN 2005.

Dutta D, De D, Chaudhuri S, Bhattacharya SK. Hydrogen production by Cyanobacteria. Microbial Cell Factories. 2005;4:36.

Knol AH. Life on a Young Planet《생명 최초의 30억년》. 뿌리와 이파리 - 김명주 옮김. 2007.

Part of a Feature The Color of Plants on Other Worlds from the April 2008 issue of Scientific American. Timeline of Photosynthesis on Earth. Scientific American. 2008;APR2008.

4장. 우리 시대

UNIST 홍보팀. 게놈 기술로 한국인의 유전적 뿌리 밝혔다. UNIST 홍보팀 보도자료. 2017;2FEB2017.

대한지질학회. 규조류. 지질학백과.

두산백과. 짚신벌레. doopedia(두산백과).

사이언스올 과학백과사전. 아메바. 사이언스 피디아〉과학백과사전. 2010.

생명과학대사전. 미토콘드리아. 도서출판 여초. 2014.

주영재. 20만년 전 아프리카 여성이 시초… 모든 인종, 유전적으로 93% 같아. 경향신문. 2011;3OCT2011.

Diatom Consortium. Thalassiosira pseudonana. https://www.ncbi.nlm.nih.gov/genome/?term=Thalassiosira+Pseudonana .

Jane Goodall. What separates us from chimpanzees?. TED2002. 2002.

Kaneko T, Nakajima N, et al. Microcystis aeruginosa NIES-843 DNA, complete genome. GenBank: AP009552.1. https://www.ncbi.nlm.nih.gov/nuccore/AP009552.1 .

Lane N, et al. Chance: The science and secrets of luck, randomness and probability《우연의 설계》. 반니 - 김성훈 옮김. 2017.

Margulis L, et al. What is Life?《생명이란 무엇인가》. 리수. 2016.

Mariscal C, Doolittle WF. Eukaryotes first: how could that be?. Philos Trans R Soc Lond B Biol Sci. 2015;370(1678):20140322.

Nowoshilow S, Schloissnig S, et al. The axolotl genome and the evolution of key tissue formation regulators. Nature. 2018;554:50‒55.

Touchman J. Comparison of whole genome sequences provides a highly detailed view of how organisms are related to each other at the genetic level. How are genomes compared and what can these findings tell us about how the overall structure of genes and genomes have evolved?. Nature Education Knowledge. 2010;3(10):13.

5장. 불로불사

국립산림과학원. 뿌리혹병. 국립산림과학원 산림과학지식 병해충검색. http://forest. go.kr .

동아닷컴 영상뉴스팀. 300살 푸른바다거북 방류… 멸종 위기종 다시 바다로. 동아일보. 2013;6JUL2013.

신성식, 박유미. 118세 김포 할머니 나이 세다 말았어요 123세 안양 할머니 가족들도 긴가민가. 중앙일보. 2011;15APR2011.

이원진. 휘발유 만드는 대장균…몸속서 비타민 흡수도 도와. 헬스조선. 2013;30SEP2013.

조성제. 전국 경북 감 뿌리혹병 확산 속수무책. 한국농어민신문. 2004; 18NOV2004.

Austad S. Aging and Evolution. Evolutionary Medicine. https://www.youtube. com/watch?v=BFdXxx19ggM .

Blount ZD. The unexhausted potential of E. coli. eLife. 2015;4:e05826.

Bollinger RR. Human secretory immunoglobulin A may contribute to biofilm formation in the gut. Immunology. 2003;109(4): 580 - 587.

Campisi J. Cellular senescence and apoptosis: How cellular responses might influence aging. Experimental Gerontology. 2002;38(1-2).

Fabian D, Flatt T. The Evolution of Aging. Nature Education Knowledge. 2011;3(10):9.

Hacker J, Blum-Oehler G. In appreciation of Theodor Escherich. Nature Reviews Microbiology. 2007;5:902.

Khrapko K. Evolution of Aging - Konstantin Khrapko. Serious Science. http://serious-science.org/videos/247 .

Koren O, Goodrich JK, Cullender TC, Spor A, Laitinen K, Bäckhed HK, Gonzalez A, Werner JJ, Angenent LT, Knight R, Bäckhed F, Isolauri E, Salminen S, Ley RE. Host remodeling of the gut microbiome and metabolic changes during pregnancy. Cell. 2012;150(3):470-80.

Kysela DT, Brown PJB, Huang KC, Brun YV. Biological Consequences and Advantages of Asymmetric Bacterial Growth. Annu Rev Microbiol. 2013;67:417 -435.

Mitteldorf J. Chaotic population dynamics and the evolution of ageing. Evolutionary ecology research. 2006;8(3).

Pollack M, Leeuwenburgh C. Apoptosis and Aging: Role of the Mitochondria. The Journals of Gerontology: Series A. 2001;56(11):B475 -B482.

Stanworth RD, Jones TH. Testosterone for the aging male; current evidence and recommended practice. Clin Interv Aging. 2008;3(1): 25 -44.

Wang P, Robert L, Pelletier J, Dang WL, Taddei F, Wright A, Jun S. Robust growth of Escherichia coli. Curr Biol. 2010;20(12): 1099-103.

6장. 은거

강석권, et al. 무공해 해충방제제 개발 과제의 최종보고서. 서울대 농업생명과학대학. 1998.

권기정. 고려 연꽃 씨앗 700년 만에 활짝. 경향신문. 2010;7JUL2010.

김동진. 16~18세기 우역 치료방과 방역 시스템의 발전. 연세의사학. 2016;19(2).

김양중. 찔리고 베인 상처 파상풍 주의. 한겨레신문. 2005;10MAY2005.

김지연. 질긴 생명력, 내생포자. 국제신문. 2015;19JAN2015.

서영표. 실수로 배달된 탄저균의 정체는?. 동아사이언스. 2015;28MAY 2015.

손병호, 안지나. 시베리아에 탄저균 확산… 유목민 덮친 온난화. 2016; 3AUG2016.

손석호. 여성 참전 유공자에게 듣는 호국 역사 오옥균 여사. 경북일보. 2018;5JUN
　　2018.

이인용. 토양에서 서식하는 미생물(세균)을 이용한 무공해 농약의 개발에 관한 연구.
　　제49회 전국과학전람회 출품분야 교원부 출품부문 농림수산.

질병관리본부. 파상풍. 감염병실험실진단. 제1부 세균질환:346.

BBC. Alive after 250 million years. http://news.bbc.co.uk/2/hi/sci/
　　tech/978774.stm .

Brar SK. Industrial Production of Bacillus Thuringiensis Based Bio-Insecti-
　　cide: Which Way Forward?. J Biofertil Biopestici. 2015;6:e126.

Nguyen-Mau S, Oh SY, Kern VJ, Missiakas DM, Schneewind O. Secretion
　　Genes as Determinants of Bacillus anthracis Chain Length. Journal of
　　Bacteriology. 2012;194(15):3841-3850.

Nobel Media AB. Robert Koch – Biographical. NobelPrize.org.
　　2018;5SEP2018.

US CDC. 탄저병에 관한 설명. 돌발성 및 동물성 감염성 질병 국립센터 US CDC.
　　https://www.cdc.gov/anthrax/pdf/evergreen-pdfs/anthrax-ever-
　　green-content-korean-508.pdf

Yung PT, Shafaat HS, Connon SA, Ponce A. Quantification of viable endo-
　　spores from a Greenland ice core. FEMS Microbiology Ecology.
　　2007;doi:10.1111/j.1574-6941.2006.00218.x .

7장. 감시자

구본혁. 김치유산균으로 아토피 치료한다. 헤럴드경제. 2018;30AUG 2018.

김동주. 김치 유산균, 영유아 설사 유발하는 로타바이러스' 감소 효과. 메디컬투데이.
2018;31MAY2018.

김원곤. 세계 지도자와 술 데킬라의 아버지, 아스텍 왕국의 술 풀케. 신동아. 2012;
22MAY2012.

김현회, 안정환. 안정환 블랙번 이적 불발, 진짜 이유는. 스포츠니어스. 2012;8FEB
2012.

두산백과. 고초균. doopedia(두산백과).

두산백과. 스타필로코커스 에피데르미데스. doopedia(두산백과).

두산백과. 포도상구균. doopedia(두산백과).

박용훈. 항암배추 가공 김치 항암기능성 효과 입증. 중도일보. 2018; 11FEB2018.

생명과학대사전. 젖산[간]균. 도서출판 여초. 2008.

오철우. 젖산균이 지배하는 신비한 미생물의 세계. 한겨레신문. 2001; 12SEP2001.

윤희일. 겨울 독감 잡는 김치 유산균. 경향비즈. 2017;25DEC2017.

이기노. 김치 맛·향 변화시키는 유산균 발견. 한국농어민신문. 2018; 12JUN2018.

이상훈. 식품알레르기 개선에 김치유산균 효과있다. 경기신문. 2017; 23AUG2017.

질병관리본부. 다래끼. 건강정보. http://health.cdc.go.kr/health/mobileweb/con-
tent/group_view.jsp?CID=A7588803F0 .

질병관리본부. 황색포도상구균 식중독 예방법. http://www.cdc.go.kr/CDC/cms/
content/mobile/15/49915_view.html .

한국의료분쟁조정중재원. 아랫입술 밑 가려움증에 대한 잘못된 진단으로 치료가 지
연된 사례. 한국의료분쟁조정중재원 조정중재사례. https://www.k-medi.
or.kr .

환경용어연구회. 고초균. 성인당 환경공학용어사전. 1996.

Dumas ER, Michaud AE, Bergeron C, Lafrance JL, Mortillo S, Gafner S. De-
odorant effects of a supercritical hops extract: antibacterial activity
against Corynebacterium xerosis and Staphylococcus epidermidis and
efficacy testing of a hops/zinc ricinoleate stick in humans through the

sensory evaluation of axillary deodorancy. Journal of Cosmetic Dermatology. https://doi.org/10.1111/j.1473-2165.2009.00449.x .

Escalante A, López Soto DR, Gutiérrez JEV, Giles-Gómez M, Bolívar F, López-Munguía A. Pulque a Traditional Mexican Alcoholic Fermented Beverage: Historical Microbiological and Technical Aspects. Front Microbiol. 2016;7:1026.

Gewin V. The skin's secret surveillance system Microorganisms that reside on the skin found to influence host immunity. NATURE NEWS Sharing. 2012;26JUL2012.

Hara T, Matsui H, Shimizu H. Suppression of Microbial Metabolic Pathways Inhibits the Generation of the Human Body Odor Component Diacetyl by Staphylococcus spp. PLoS ONE. 2014;9(11):e111833.

Johansson P, Paulin L, Säde E, Salovuori N, Alatalo ER, Björkroth KJ, Auvinen P. Genome Sequence of a Food Spoilage Lactic Acid Bacterium Leuconostoc gasicomitatum LMG 18811T in Association with Specific Spoilage Reactions. Appl Environ Microbiol. 2011;77(13):4344-4351.

Meadow JF, Altrichter AE, Kembel SW, Moriyama M, O'Connor TK, Womack AM, Brown GZ, Green JL, Bohannan BJM. Bacterial communities on classroom surfaces vary with human contact. Microbiome. 2014;2:7.

Sandra A, Afsah-Hejri L, Tunung R, Tuan Zainazor TC, Tang JYH, Ghazali FM, Nakaguchi Y, Nishibuchi M, Son R. Bacillus cereus and Bacillus thuringiensis in ready-to-eat cooked rice in Malaysia. International Food Research Journal. 2012;19(3):829-836.

Tomczak H, Dańczak-Pazdrowska A, Polańska A, Osmola-Mańkowska A, Pazdrowski J, Błażejewska-Gąsior W, Horla A, Hasse-Cieślińska M, Adamski Z. Microbiological analysis of acute infections of the nail fold on the basis of bait thread test. Postepy Dermatol Alergol. 2017;34(2):110-115.

8장. 독립선언

공보처. 충주비료공장 준공 - 충주비료공장. 국가기록원. 1961;CET 0030848.

구자근. 돌인척 하다 먹잇감 보이면 아구아구 쩝쩝. 인천일보. 2018; 5JUL2018.

김병희. 잃어버린 도성의 기억을 복원. 동대문운동장 및 야구장부지 발굴현장. 월간문
화재사랑. 2009;9OCT2009.

김운기. 충주비료공장 그때 그 사람들. 충북인뉴스. 13APR2006.

이성규. 복어 독살의 비약으로 이용되다 (상). ScienceTimes. 2010; 26MAR2010.

임원철. 동식물의 신비 짧은 꼬리 오징어 박테리아 공생관계. 부산일보.
1997;14MAY1997.

정석홍. 흥남비료연합기업소. 한국민족문화대백과사전 - 한국학중앙연구원. 1996.

최형국. 최형국의 무예 이야기 조선시대 화약 제조. 동아일보. 2013; 24MAY2013.

황선도. 독없는 양식복어가 독있는 자연산 복어와 만나면. 한겨레신문.
2012;13JUL2012.

황선도. 바다의 악마 아귀는 음흉한 낚시꾼. 한겨레신문. 2012;10MAR 2012.

Carabotti M, Scirocco A, Maselli MA, Severi C. The gut-brain axis: interactions
between enteric microbiota, central and enteric nervous systems. Ann
Gastroenterol. 2015;28(2):203-209.

Davies RR, Davies JAE. Rabbit gastrointestinal physiology. Vet Clin Exot
Anim. 2003;6:139 - 153.

Galloway JN, Leach AM, Bleeker A, Erisman JW. A chronology of human un-
derstanding of the nitrogen cycle. Philos Trans R Soc Lond B Biol Sci.
2013;368(1621):20130120.

Hendry TA, Freed LL, Fader D, Fenolio D, Sutton TT, Lopez JV. Ongoing
Transposon-Mediated Genome Reduction in the Luminous Bacterial
Symbionts of Deep-Sea Ceratioid Anglerfishes. mBio. 2018;9(3):e01033-
18.

King G. Fritz Haber's Experiments in Life and Death. SMITHSONIAN.COM.
2012;6JUN2012.

Liu Y, Wu L, Baddeley JA, Watson CA. Models of biological nitrogen fixation

of legumes A review. Agronomy for Sustainable Development.
2011;31(1):155-172.

Knol AH. Life on a Young Planet《생명 최초의 30억년》. 뿌리와 이파리 - 김명주 옮김. 2007.

Ott T, van Dongen JT, Günther C, Krusell L, Desbrosses G, Vigeolas H, Bock V, Czechowski T, Geigenberger P, Udvardi MK. Symbiotic leghemoglobins are crucial for nitrogen fixation in legume root nodules but not for general plant growth and development. Curr Biol. 2005;15(6):531-5.

Russell JB, Muck RE, Weimer PJ. Quantitative analysis of cellulose degradation and growth of cellulolytic bacteria in the rumen. FEMS Microbiology Ecology. 2009;67(2):183 - 197.

9장. 세균 사용설명서

미래유망융합기술 파이오니어사업. 암 치료용 박테리아 나노로봇 세계최초 개발. https://www.bioin.or.kr/board.do?cmd=view&bid=research&num=241601 .

미생물학백과. 선모. 제공처 한국미생물학회. http://www.msk.or.kr .

서현진. 생물+무생물=나노 로봇 세계 최초 개발. 로봇신문. 2013;2DEC 2013.

조용진. 박테리아 간 정보교환 메커니즘 밝혀냈다. 메디컬투데이. 2018; 8JUN2018.

American Association For The Advancement Of Science. Biggest Bacteria Ever Found -- May Play Underrated Role In The Environment. ScienceDaily. 1999;16APR1999.

Bergman B, Lin S, Larsson J, Carpenter EJ. Trichodesmium - a widespread marine cyanobacterium with unusual nitrogen fixation properties. FEMS Microbiology Reviews. 2013;37(3):286 - 302.

Boyer M, Wisniewski-Dyé F. Cell - cell signalling in bacteria: not simply a matter of quorum. FEMS Microbiology Ecology. 2009;70(1):1 -19.

Gibson DG, Glass JI, Lartigue C, Noskov VN, Chuang R, Algire MA, Benders

GA, Montague MG, Ma L, Moodie MM, Merryman C, Vashee S, Krishna-kumar R, Assad-Garcia N, Cynthia C, rews-Pfannkoch , Denisova EA, Young L, Qi Z, Segall-Shapiro TH, Calvey CH, Parmar PP, III CAH, Smith HO, Venter JC. Creation of a Bacterial Cell Controlled by a Chemically Synthesized Genome. Science. 2010;329(5987):52-56.

Hornyak T. Scientists create synthetic cell version 1 0. CNET. 2010;20MAY2010.

LaBarbera M, Why the Wheels Won't Go. The American Naturalist. 1983;121(3):395-408.

Millan AS, Santos-Lopez A, Ortega-Huedo R, Bernabe-Balas C, Kennedy SP, Gonzalez-Zorn B. Small-Plasmid-Mediated Antibiotic Resistance Is En-hanced by Increases in Plasmid Copy Number and Bacterial Fitness. Antimicrobial Agents and Chemotherapy. 2015;59(6):3335-3341.

Park SJ, Park S, Cho S, Kim D, Lee Y, Ko SY, Hong Y, Choy HE, Min J, Park J, Park S. New paradigm for tumor theranostic methodology using bacte-ria-based microrobot. Nature Scientific Reports. 2013;3:3394.

Swiecicki J, Sliusarenko O, Weibel DB. From swimming to swarming: Esche-richia coli cell motility in two-dimensions. Integr Biol (Camb). 2013;5(12):1490 - 1494.

10장. 세균 결투

김상운. 늘어선 2만여점 신안유물 보물창고의 회랑을 걷는 느낌. 동아일보. 2016; 29AUG2016.

대한결핵협회. 결핵정보. https://www.knta.or.kr/tbInfo/tbCondition/tbCondi-tion.asp .

두산백과. 스트렙토미세스 그리세우스. doopedia(두산백과).

땡칠이닥터. 바이오 신기술. BRIC 동향 뉴스. 2016.

약학용어사전. 항생제. 약학정보원. http://www.health.kr .

이상헌. 역사를 바꾼 발굴현장 4 사천 늑도 유적. 부산일보. 2004; 36MAR2004.

이현경. 황금알 21세기프런티어산업 上 과학계에 부는 연(硏)테크. 동아일보. 2011;29JUL2011.

질병관리본부. 결핵(Tuberculosis). http://www.cdc.go.kr/CDC/cms/content/mobile/45/68845_view.html .

토양사전. 방선균. 서울대학교출판부. 2000.

American Chemical Society National Historic Chemical Landmarks. Selman Waksman and Antibiotics. http://www.acs.org/content/acs/en/education/whatischemistry/landmarks/selmanwaksman.html .

Auerbacher I. Finding Dr. Schatz The Discovery of Streptomycin and a Life It Saved. iUniverse. 2006.

Bartowsky EJ. Oenococcus oeni and malolactic fermentation – moving into the molecular arena. Australian Journal of Grape and Wine Research. 2005;11(2):174-187.

Dubos RJ. Pasteur and Modern Science《파스퇴르 – 과학을 향한 끝없는 열정》. 사이언스북스 – 김사열, 이재열 옮김. 2006.

Fox M. Albert Schatz Microbiologist Dies at 84. The New York Times. 2005;2FEB2005.

Ingraham JL. March of the Microbes《한없이 작은, 한없이 위대한》. 이케이북 – 김지원 옮김. 2014.

Mistiaen V. Time, and the great healer. The Guardian. 2002;2NOV2002.

Salmond GPC, Fineran PC. A century of the phage: past, present and future. Nature Reviews Microbiology. 2015;13:777–786.

Sharma D, Cukras AR, Rogers EJ, Southworth DR, Green R. Mutational analysis of S12 protein and implications for the accuracy of decoding by the ribosome. J Mol Biol. 2007;374(4):1065–1076.

Tan SY, Tatsumura Y. Alexander Fleming (1881-1955): Discoverer of penicillin. Singapore Med J. 2015;56(7):366-7.

11장. 세균 동물원

생명과학대사전. 주글로에아. 도서출판 여초. 2008.

토양사전. 활성오니. 서울대학교출판부. 2000.

한국상하수도협회. 하수처리장 집약화 방안 타당성 검토 연구. 환경부. 2012.

환경미디어 편집국. 하수도 역사 50년 재조명. 환경미디어. 2004.

Afshinnekoo E, Meydan C, Chowdhury S, Jaroudi D, Boyer C, Bernstein N, Maritz JM, Reeves D, Gandara J, Chhangawala S, Ahsanuddin S, Simmons A, Nessel T, Sundaresh B, Pereira E, Jorgensen E, Kolokotronis SO, Kirchberger N, Garcia I, Gandara D, Dhanraj S, Nawrin T, Saletore Y, Alexander N, Vijay P, Hénaff EM, Zumbo P, Walsh M, O'Mullan GD, Tighe S, Dudley JT, Dunaif A, Ennis S, O'Halloran E, Magalhaes TR, Boone B, Jones AL, Muth TR, Paolantonio KS, Alter E, Schadt EE, Garbarino J, Prill RJ, Carlton JM, Levy S, Mason CE. Geospatial Resolution of Human and Bacterial Diversity with City-Scale Metagenomics. Cell systems. 2015;1(1)72-87.

Kwak J, Park J. What we can see from very small size sample of metagenomic sequences. BMC Bioinformatics. 2018;19(1):399.

Lee JY, Park EH, Lee S, Ko G, Honda Y, Hashizume M, Deng F, Yi S, Kim H. Airborne Bacterial Communities in Three East Asian Cities of China, South, Korea and Japan. Sci Rep. 2017;7:5545.

Oulas A, Pavloudi C, Polymenakou P, et al. Metagenomics tools and insights for analyzing next-generation sequencing data derived from biodiversity studies. Bioinform Biol Insights. 2015;9:75-88.

12장. 외계 생명체

Bell TE. Preventing Sick Spaceships. Science@NASA. 2007;11MAY2007.

Gibson EK, McKay DS, Thomas-Keprt KL, Wentworth SJ, Westall F, Steele A,

Romanek CS, Bell MS, Toporski J. Life on Mars: evaluation of the evidence within Martian meteorites ALH84001, Nakhla, and Shergotty. Precambrian Research. 2001;106(1 - 2):15-34.

Griffin A. Diverse bacteria found on International Space Station like that on Earth, scientists reveal. Indipendent. 2017;5DEC2017.

Griggs MB. We are basically positive that the Russians did not find alien bacteria in space. Popular Science. 2017;29NOV2017.

Pearce BKD, Pudritz RE, Semenov DA, Henning TK. Origin of the RNA world: The fate of nucleobases in warm little ponds. Proc Natl Acad Sci USA. 20174;114(43):11327 - 11332.

Slobodkin A, Gavrilov S, Ionov V, Iliyin V. Spore-Forming Thermophilic Bacterium within Artificial Meteorite Survives Entry into the Earth's Atmosphere on FOTON-M4 Satellite Landing Module. PLoS One. 2015;10(7):e0132611.

Webb S. If the Universe Is Teeming with Aliens WHERE IS EVERYBODY?《모두 어디 있지?》. 한승 - 강윤재 옮김. 2005.

13장. 우주 탐사

고대영. CJ제일제당 대상, 중국발 육류 수요 확대 환경규제에 라이신 홍행 조짐. 이투데이. 2017;4DEC2017.

뉴시스. 국민 1인당 배출쓰레기 하루 929.9g - OECD평균의 60% . 중앙일보. 2018; 29MAR2018.

미생물학백과. 코리네박테리움. 제공처 한국미생물학회. http://www.msk.or.kr .

사이언스올 과학백과사전. 석유미생물. 사이언스 피디아 〉 과학백과사전. 2010.

연합뉴스. 종이에 물 바르면 전기 생산 1회용 종이배터리 개발. 연합뉴스. 2018;20/ AUG/2018.

연합뉴스. 화성서도 지구처럼 공기로 숨 쉴 수 있을까. 연합뉴스. 2018/ 19JUN2018.

정영현. 70도 고온에서 박테리아 키워 내는 노동자들. 매일노동뉴스. 2008;4AUG

2008.

CNC 북한학술정보. 백두산 식물. CNC 북한학술정보 북한지리정보. http://geography.yescnc.com .

Baqué M, de Vera JP, Rettberg P, Billi D. The BOSS and BIOMEX space experiments on the EXPOSE-R2
mission: Endurance of the desert cyanobacterium
Chroococcidiopsis under simulated space vacuum, Martian
atmosphere, UVC radiation and temperature extremes. Acta Astronautica, 2013;91:180-186.

Cheung CL, Tabor A. Could Electricity-Producing Bacteria Help Power Future Space Missions?. NASA. https://www.nasa.gov/feature/ames/could-electricity-producing-bacteria-help-power-future-space-missions .

Choi C. Space Colonists Could Use Bacteria to Mine Minerals on Mars and the Moon. Scientific American. 2010;10SEP2010.

ESA. Closed Loop Compartments - COMPARTMENT IV: PHOTOAUTOTOPHIC COMPARTMENT. http://www.esa.int/Our_Activities/Space_Engineering_Technology/Melissa/Compartment_IV_The_photoautotophic_compartment .

ESA. ESA's MELiSSA life-support programme wins academic recognition. http://www.esa.int/Our_Activities/Space_Engineering_Technology/ESA_s_MELiSSA_life-support_programme_wins_academic_recognition .

Georgiou A. THIS BACTERIA COULD HELP HUMANS TO COLONIZE MARS, HUNT FOR ALIEN LIFE. Newsweek. 2018; 14JUN2018.

Herkewitz W. Here's How We'll Terraform Mars With Microbes. Popular Mechanics. 2015;7MAY2015.

Horack JM, Dooling D. Meet Conan the Bacterium. NASA. https://science.nasa.gov/science-news/science-at-nasa/1999/ast14dec99_1 .

Mueller O, Grallath E, Toelg G. Nitrogen in lunar igneous rocks. Lunar Science Conference, 7th, Houston, Tex. 1976;Proceedings Volume 2(A77-34651 15-91) New York, Pergamon Press, 1976, 1615-1622.

Pennsylvania State University. Microbes may help astronauts transform human waste into food. Pennsylvania State University. 2018;25JAN2018.

Verseux C, Baqué M, Lehto K, de Vera JP, Rothschild LJ, Billi D. Sustainable life support on Mars - the potential roles of cyanobacteria. International Journal of Astrobiology. 2016; 15(1)65-92.

Wamelink GWW, Frissel JY, Krijnen WHJ, Verwoert MR, Goedhart PW. Can Plants Grow on Mars and the Moon: A Growth Experiment on Mars and Moon Soil Simulants. PLOS ONE. 2014;9(8):e103138.

Wilford G. Nasa plans to make oxygen from atmosphere on Mars. Indipendent. 2017;19AUG2017.

Zatat N. Discovering life on Mars is less likely as researchers find toxic chemicals on its surface. Indipendent. 2017;7JUL2017.

14장. 최후의 생명

Brown F. Armageddon 《아마겟돈》. 서커스 - 고호관 옮김. 2016.

Brumfiel G. A little knowledge. Nature. 2003;424:246 - 248.

Nature Editorial. Don't believe the hype. Nature. 2003;424:237.

Woolrich C. The Dancing Detective 《죽음의 무도》. 미스테리아 (엘릭시르). 2017;12.

WIRED Staff. GREEN GOO: THE NEW NANO-THREAT. WIRED. 2004; 19JUL2004.

1장. 최초의 생명

19쪽 소청도 스트로마톨라이트

출처: 문화재청 국가문화유산포털 천연기념물 제508호 자료 사진

라이선스: 공공누리 제1유형

27쪽 조선시대 안경

출처: 국립민속박물관 소장품 민속 38154

라이선스: 공공누리 제1유형

29쪽 식물의 단면도

출처: The collected letters from Antoni van Leeuwenhoek, Vol. II, Amsterdam, Sweets and
   Zeitlinger LTD (1941)

라이선스: PUBLIC DOMAIN

2장. 암흑시대

47쪽 대장균이 서로 뭉쳐있는 모습의 현미경 사진

출처: USDA - Eric Erbe, digital colorization by Christopher Pooley, both of USDA, ARS,
   EMU.

라이선스: PUBLIC DOMAIN

57쪽 보툴리눔균을 현미경으로 확대해 본 모습

출처: US Centers for Disease Control and Prevention's Public Health Image Library

라이선스: PUBLIC DOMAIN

60쪽 샴페인 벤트의 열수분출공

출처: US National Oceanic and Atmospheric Administration

라이선스: PUBLIC DOMAIN

3장. 지구의 지배자

67쪽 남세균의 한 종류인 링비야의 확대된 모습

출처: Filamentous cyanobacterium of a genus Lyngbya, as collected in Baja California, Mexico, NASA

라이선스: PUBLIC DOMAIN

71쪽 먹을 수 있는 형태로 판매되는 스피룰리나

출처: Perdita at the English Wikipedia

라이선스: PUBLIC DOMAIN

75쪽 호주 서부의 호상철광층

출처: Banded Iron Formation at the Fortescue Falls, Graeme Churchard from Bristol, UK

라이선스: CC BY 2.0 https://creativecommons.org/licenses/by/2.0

4장. 우리 시대

87쪽 털납작벌레

출처: Bernd Schierwater, Eitel M, Osigus H-J, DeSalle R, Schierwater B (2013) Global Diversity of the Placozoa. PLoS ONE 8(4): e57131.

라이선스: CC BY 4.0 (https://creativecommons.org/licenses/by/4.0/deed.en)

93쪽 아메바의 구조

출처: The royal natural history (1893)

라이선스: PUBLIC DOMAIN

95쪽 핵이 있는 생물 세포의 모습

출처: LadyofHats - Mariana Ruiz

라이선스: PUBLIC DOMAIN

108쪽 5억 년 전 무렵 출현한 삼엽충과 그 전후에 살았던 옛 생물들의 모습

출처: Advanced Text-book of Geology (1872) - British Library HMNTS 07108.ee.25.

라이선스: PUBLIC DOMAIN

5장. 불로불사

120쪽 O-157을 확대한 모습

출처: Peggy S. Hayes, Courtesy: Public Health Image Library, US CDC

라이선스: PUBLIC DOMAIN

133쪽 세포 자멸 때 세포를 파괴하는 물질의 구조

출처: David Goodsell, RCSB PDB Molecule of the Month, SEP 2014

라이선스: CC BY 4.0 https://creativecommons.org/licenses/by/4.0

137쪽 흔히 남성 호르몬이라고 불리는 테스토스테론의 분자 구조

출처: Jynto, 25/MAR/2018, Italian Wikipedia

라이선스: PUBLIC DOMAIN

6장. 은거

147쪽 검은발고양이

출처: Patrick Ch. Apfeld, derivative editing by Poke 2001

라이선스: CC BY 3.0 https://creativecommons.org/licenses/by/3.0

147쪽 집고양이

출처: 필자가 직접 촬영한 사진

라이선스: PUBLIC DOMAIN

153쪽 탄저균을 배양한 모습

출처: US Centers for Disease Control

라이선스: PUBLIC DOMAIN

7장. 감시자

172쪽 황색포도상구균을 확대한 모습

출처: Matthew J. Arduino, DRPH, US CDC

라이선스: PUBLIC DOMAIN

179쪽 고초균을 관찰한 초기 학자들이 그린 그림

출처: Albany medical annals (1886)

라이선스: PUBLIC DOMAIN

183쪽 흔히 유산균으로 통칭되는 세균인 젖산간균의 한 종류를 확대한 모습

출처: Dr. Mike Miller, US CDC

라이선스: PUBLIC DOMAIN

8장. 독립선언

193쪽 심해에 사는 아귀류 물고기의 모습

출처: Report on the deep-sea fishes collected by H.M.S. Challenger during the years 1873-
1876 Günther, Albert C. L. G.

라이선스: PUBLIC DOMAIN

199쪽 반추위 속 미생물

출처: Andrew Williams, CSIRO http://www.scienceimage.csiro.au/image/1497

라이선스: CC BY 3.0 https://creativecommons.org/licenses/by/3.0

208쪽 콩 재배를 권장하는 내용의 1950년대 홍보 포스터

출처: 국립민속박물관 소장품 민속 46380

라이선스: 공공누리 제1유형

215쪽 충주비료공장 전경을 담은 팸플릿

출처: 국립민속박물관 소장품 민속 67974

라이선스: 공공누리 제1유형

9장. 세균 사용설명서

222쪽 살모넬라 티퓌뮤리움을 확대한 모습

출처: Volker Brinkmann, Max Planck Institute for Infection Biology, Berlin, Germany A
Novel Data-Mining Approach Systematically Links Genes to Traits. PLoS Biology
Vol. 3/5/2005, e166

라이선스: CC NY 2.5 https://creativecommons.org/licenses/by/2.5

225쪽 트리코데스미움이 무리를 이룬 모습

출처: NASA Moderate Resolution Imaging Spectroradiometer (MODIS) on NASA's Aqua
satellite, 19 December 2014

라이선스: PUBLIC DOMAIN

227쪽 옛 유럽 사람들이 생각한 바다의 거대한 괴물 뱀 모습

출처: Olaus Magnus's Sea Orm, 1555

라이선스: PUBLIC DOMAIN

231쪽 세균의 겉모습과 구조

출처: A diagram of a typical prokaryotic cell. Mariana Ruiz Villarreal, LadyofHats

라이선스: PUBLIC DOMAIN

241쪽 GenBank 웹사이트의 내용을 담은 CD

출처: BF Francis Ouellette

라이선스: PUBLIC DOMAIN

10장. 세균 결투

247쪽 결핵균을 확대한 모습

출처: Mycobacterium tuberculosis Bacteria, NIAID, US NIH

라이선스: CC BY 2.0 https://creativecommons.org/licenses/by/2.0/deed.en

253쪽 전형적인 방선균류의 모습

출처: CDC/Dr. David Berd (PHIL #2983), 1972, US CDC Public Health Image Library

라이선스: PUBLIC DOMAIN

259쪽 박테리오파지류의 생김새를 3차원 컴퓨터 그래픽으로 구현한 것

출처: Oona Räisänen

라이선스: PUBLIC DOMAIN

263쪽 크리스퍼 기술에 대해 보도한 뉴스 화면

출처: 국제방송교류재단 Arirang TV, 2017-08-03 07:25:19 KST Update, First edit of disease-causing gene in human embryos

라이선스: 공공누리 제1유형

11장. 세균 동물원

269쪽 현재 중랑 물 재생센터가 된 청계천 하수처리장의 초기 모습(1974년)

출처: 서울특별시 서울사진아카이브 121016142524054655

라이선스: 공공누리 제1유형

272쪽 주글로에아 종류의 세균과 그와 비슷하게 활동하는 해당하는 미생물들이 엉겨붙는 전형적인 형태를 스케치한 그림

출처: Types of Zoogloea. Illustration from 1911 Encyclopædia Britannica, article BACTERIOLOGY. Encyclopædia Britannica, 1911.

라이선스: PUBLIC DOMAIN

277쪽 일반적으로 실험실에서 사용하는, DNA 염기 서열을 읽는 장비

출처: A MiSeq from Illumina, Konrad Förstner

라이선스: PUBLIC DOMAIN

279쪽 메타유전체학 연구에서 분석하는 전형적인 자료 형태

출처: 필자가 연구 중에 직접 사용하던 자료 중 일부를 변형한 것

라이선스: PUBLIC DOMAIN

12장. 외계 생명체

291쪽 콜레라균의 모습

출처: Dr. Edwin P. Ewing, Jr. (PHIL #1034), 1976. US CDC Public Health Image Library

라이선스: PUBLIC DOMAIN

297쪽 아폴로 11호의 대원들이 지구로 돌아온 후 격리되어 있던 곳

출처: Interior view of a Mobile Quarantine Facility, NASA

라이선스: PUBLIC DOMAIN

299쪽 미르 우주정거장

출처: As photographed through a hatch window on the Space Shuttle Discovery, Russia's Mir space station is backdropped against Earth's horizon. 12 June 1998. NASA.

라이선스: PUBLIC DOMAIN

306쪽 ALH84001 운석

출처: NASA JSC, http://www-curator.jsc.nasa.gov/curator/antmet/marsmets/alh84001/photos.htm

라이선스: PUBLIC DOMAIN

307쪽 ALH84001 운석을 확대한 모습

출처: Structures on ALH84001 meteorite, NASA

라이선스: PUBLIC DOMAIN

13장. 우주 탐사

319쪽 코리네박테리움 속에 속하는 세균을 확대한 모습

출처: US CSC Public Health Image Library (PHIL), with identification number #7323

라이선스: PUBLIC DOMAIN

321쪽 메틸로코쿠스 캡술라투스를 확대한 모습

출처: Anne Fjellbirkeland, The Genome of a Methane-Loving Bacterium. PLoS Biol
    2/10/2004: e358.

라이선스: CC BY 2.5 , https://creativecommons.org/licenses/by/2.5

327쪽 국제우주정거장에서 식물을 키우는 실험을 하는 모습

출처: NASA, https://www.nasa.gov/mission_pages/station/research/10-074.html

라이선스: PUBLIC DOMAIN

327쪽 1977년 9월 25일에 바이킹 2호가 촬영한 화성 풍경

출처: NASA, http://nssdc.gsfc.nasa.gov/imgcat/html/object_page/vl2_22g144.html

라이선스: PUBLIC DOMAIN

331쪽 지구를 침공하는 화성인들의 모습을 묘사한《우주 전쟁》의 삽화

출처: Henrique Alvim Correa - H.G. Wells' "War of the Worlds"

라이선스: PUBLIC DOMAIN